A *Ciência* de Leonardo da Vinci

FRITJOF CAPRA

A *Ciência* de *L*EONARDO DA VINCI

Um Mergulho Profundo na Mente
do Grande Gênio da Renascença

Tradução
BRUNO COSTA

Editora
Cultrix
SÃO PAULO

Título original: *The Science of Leonardo*

Copyright © 2007 Fritjof Capra
Copyright da edição brasileira © 2008 Editora Pensamento-Cultrix Ltda.

1ª edição 2008.
4ª reimpressão 2015.

Todos os direitos reservados. Nenhuma parte deste livro pode ser reproduzida ou usada de qualquer forma ou por qualquer meio, eletrônico ou mecânico, inclusive fotocópias, gravações ou sistema de armazenamento em banco de dados, sem permissão por escrito, exceto nos casos de trechos curtos citados em resenhas críticas ou artigos de revistas.

A Editora Cultrix não se responsabiliza por eventuais mudanças ocorridas nos endereços convencionais ou eletrônicos citados neste livro.

Revisão técnica (citações em italiano de Leonardo da Vinci): Rejane Maria Bernal Ventura.

Agradecimentos a Carlos Gonçalves, docente da Universidade de São Paulo e pesquisador em história da matemática, pela orientação na tradução dos termos matemáticos para o português; e ao dr. Marlos Antonio Borges, pela leitura e sugestões dos termos médicos.

Créditos das imagens da capa:
Modelo de uma máquina voadora. Florença, Museu de História da Ciência. Archivio Fotografico IMSS Firenze, Fotografia di Simon Hazelgrove
Retrato de Leonardo da Vinci. Florença Galleria degli Uffizi. © 1990. Photo Scala, Florença – cortesia do Ministero Beno e Att. Culturali

Dados Internacionais de Catalogação na Publicação (CIP)
(Câmara Brasileira do Livro, SP, Brasil)

Capra, Fritjof
    A ciência de Leonardo da Vinci: um mergulho profundo na mente do grande gênio da Renascença / Fritjof Capra; tradução Bruno Costa. – São Paulo: Cultrix, 2008.

    Título original: The science of Leonardo
    Bibliografia.
    ISBN 978-85-316-1003-5

    1. Ciência renascentista 2. Cientistas – Itália – História – Até 1500 – Biografia 3. Cientistas – Itália – História – Século 16 – Biografia 4. Leonardo, da Vinci, 1452-1519 5. Leonardo, da Vinci, 1452-1519 – Cadernos de notas, esboços etc. I. Título.

08-00515   CDD-509.2

Índices para catálogo sistemático:
1. Cientistas: Biografia e obra   509.2

Direitos de tradução para a o Brasil adquiridos com exclusividade pela
EDITORA PENSAMENTO-CULTRIX LTDA., que se reserva a
propriedade literária desta tradução.
Rua Dr. Mário Vicente, 368 – 04270-000 – São Paulo, SP
Fone: (11) 2066-9000 – Fax: (11) 2066-9008
http://www.editoracultrix.com.br
E-mail: atendimento@editoracultrix.com.br
Foi feito o depósito legal

Para Elizabeth e Juliette

Devo primeiramente fazer alguns experimentos antes de prosseguir, pois é minha intenção mencionar a experiência primeiro, e então demonstrar pelo raciocínio por que tal experiência é obrigada a operar de tal maneira. E essa é a regra verdadeira que aqueles que especulam sobre os efeitos da natureza devem seguir.

— Leonardo da Vinci, c. 1513

SUMÁRIO

Agradecimentos	11
Créditos das Imagens	14
Prefácio	15
Prefácio para a Edição Brasileira	19
Introdução: Um Intérprete da Natureza	25

PARTE I ✑ LEONARDO, O HOMEM

CAPÍTULO 1	Graça Infinita	39
CAPÍTULO 2	O Homem Universal	55
CAPÍTULO 3	O Florentino	85
CAPÍTULO 4	Uma Vida Bem Empregada	109

PARTE II ✑ LEONARDO, O CIENTISTA

CAPÍTULO 5	A Ciência na Renascença	153
CAPÍTULO 6	Ciência nascida da experiência	172
CAPÍTULO 7	Geometria Feita com Movimento	203

CAPÍTULO 8   Pirâmides de Luz — 222

CAPÍTULO 9   O Olho, os Sentidos e a Alma — 245

EPÍLOGO: "Leia-me, ó leitor, se em minhas palavras encontra deleite." — 264

APÊNDICE: A Geometria das Transformações de Leonardo — 273

Notas — 280

Os Cadernos de Notas de Leonardo: Fac-símiles e Transcrições — 300

Bibliografia — 303

Citações em Italiano — 307

Índice Remissivo — 356

AGRADECIMENTOS

Quando iniciei as pesquisas para este livro, ingressei num campo que me era totalmente estranho, e sou grato a muitos amigos e colegas por terem ajudado a me orientar no mundo dos estudos sobre Leonardo.

Sou especialmente grato

à minha esposa, Elizabeth Hawk, por ajudar-me a identificar os principais estudiosos contemporâneos, instituições de pesquisas e bibliotecas especiais;

a Claire Farago por esclarecer muitas questões básicas sobre a linguagem de Leonardo e as edições críticas de seus cadernos de notas, e especialmente por apresentar-me à Biblioteca Elmer Belt, na Universidade da Califórnia, Los Angeles;

a Carlo Pedretti pelas valiosas conversas e correspondências sobre a história e a datação dos desenhos e textos de Leonardo;

a Domenico Laurenza pelo encorajamento e apoio, por esclarecer as discussões e correspondências sobre os vários aspectos da ciência de Leonardo e pelo auxílio valioso na tradução de certas passagens dos originais manuscritos;

a Linda Warren, chefe da Biblioteca Elmer Belt, e a Monica Taddei, chefe da Biblioteca Leonardiana em Vinci, por conceder-me acesso irrestrito às coleções das edições fac-similares completas dos manuscritos de Leonardo, e pela generosa ajuda com a pesquisa bibliográfica;

a Eduardo Kickhöfel pela valiosa assistência de pesquisa na Biblioteca Leonardiana, e pelas muitas discussões interessantes sobre a ciência de Leonardo;

a Franco Bulletti da Giunti Editore, em Florença, por uma discussão fascinante sobre o processo de produção de suas edições fac-similares dos manuscritos de Leonardo;

a Clara Vitulo, curadora da Biblioteca Reale, de Turim, por ter organizado uma exibição especial do auto-retrato de Leonardo, do Codex do Vôo dos Pássaros e de outros desenhos originais da coleção da biblioteca;

a Rowan Watson, diretora da Documentação de Materiais do Victoria and Albert Museum, por ter me mostrado os Codexs Forster da coleção do National Art Library e por uma discussão interessante sobre sua história;

e a Françoise Viatte, diretora do Departamento de Artes Gráficas do Louvre, pelo seu estímulo, discussões úteis e pela correspondência trocada sobre as obras de Leonardo na coleção do Louvre.

Durante minha pesquisa e redação deste livro, discuti várias áreas da ciência e da tecnologia contemporâneas e sua relevância para as obras de Leonardo com colegas e amigos. Sou especialmente grato

a Pier Luigi Luisi pelas conversas inspiradoras durante as primeiras etapas do projeto e pela sua calorosa hospitalidade em Zurique e em Roma;

a Ugo Piomelli pelas numerosas discussões esclarecedoras sobre a dinâmica dos fluidos de Leonardo;

A Ann Pizzorusso pela correspondência informativa sobre a história da geologia;

a Brian Goodwin pelas discussões esclarecedoras sobre a morfogênese na botânica;

a Ralph Abraham pela leitura crítica do capítulo sobre a matemática de Leonardo;

a George Lakoff por muitas conversas inspiradoras sobre a ciência cognitiva contemporânea;

e a Magdalena Corvin, Amory Lovins e Oscar Motomura pelas discussões estimulantes sobre a natureza do design.

Também sou muito grato a Satish Kumar por ter-me dado a oportunidade de ministrar o curso "Os atributos da ciência de Leonardo" no Schumacher College, na Inglaterra, durante o verão de 2006, e aos participantes do curso pelo questionamento, críticas e sugestões úteis.

Gostaria de agradecer meus agentes literários John Brockman e Katinka Matson pelo encorajamento e conselhos valiosos.

Sou profundamente grato ao meu irmão, Bernt Capra, por ler todo o manuscrito, pelo apoio entusiástico e pelas numerosas sugestões úteis. Sou muito grato a Ernest Callenbach, Amelia Barili e à minha filha, Juliette Capra, por lerem partes do manuscrito e tecido muitos comentários críticos.

Também reconheço meu débito para com minha assistente, Trena Cleland, pela sua edição cuidadosa e sensata da primeira prova do manuscrito, e por manter meu escritório de casa em ordem enquanto eu me concentrava na redação do livro.

Sou grato ao meu editor Roger Scholl, da Doubleday, pelo seu apoio e conselho, e por sua extraordinária edição do texto.

E por último, mas não menos importante, gostaria de expressar minha profunda gratidão à minha esposa, Elizabeth, pelas incontáveis discussões sobre a arte renascentista, por ajudar-me a selecionar as ilustrações do livro e pela sua paciência e apoio entusiasmado durante muitos meses de trabalho extenuante.

CRÉDITOS DAS IMAGENS

The Royal Collection © 2007, Her Majesty Queen Elizabeth II (Figs I-I, 2-1, 2-2, 3-1, 4-1, 4-2, 4-5, 5-1, 6-1, 6-2, 6-3, 6-4, 7-2, 7-3, 7-7, 8-2, 9-1, 9-4, E-I)

Réunion des Musées Nationaux/Art Resource, NY, Bibliothèque de l'Institut de France, Paris, França (Figs. 2-5, 6-6, 6-7, 7-1, 7-4, 8-5, 8-6, 8-7, 9-2)

Réunion des Musées Nationaux/Art Resource, NY, Louvre, Paris, França (Figs. 1-2, 2-4, 4-3)

Biblioteca Ambrosiana, Milano (Figs. 2-3, 8-1, 8-3)

Biblioteca Reale, Turim, com permissão do Ministero per i Beni e le Attività culturali (Figs. P-l, 4-4, E-2)

Laboratorio Fotográfico, Biblioteca Nacional de España, Madri (Figs. 6-5 *esquerda*, 7-6)

Polo Museale Fiorentino (Figs. l-1, 3-2)

V&A Images/ Victoria and Albert Museum, Londres (Fig. 7-5)

The British Library Board (Fig. 8-4)

Klassik Stiftung Weimar (Fig. 9-3)

Archivio Fotografico IMSS Firenze, Fotografia de Eurofoto (Fig. 6-5 *direita*)

Archivio Fotografico IMSS Firenze, Fotografia di Simon Hazelgrove (Fig. 6-8)

Museo d'Arte Antica, Castello Sforzesco, Milão (Fig. 2-6)

PREFÁCIO

Leonardo da Vinci, talvez o maior pintor e gênio da Renascença, foi matéria de centenas de livros populares e eruditos. Sua enorme *oeuvre*, que inclui mais de 100 mil desenhos e mais de 6 mil páginas de anotações, e a extrema diversidade de seus interesses atraíram inúmeros estudiosos de uma grande variedade de disciplinas acadêmicas e artísticas.

No entanto, há surpreendentemente poucos livros sobre a ciência de Leonardo, ainda que ele tenha deixado volumosas anotações repletas de descrições detalhadas de seus experimentos, magníficos desenhos e extensas análises de suas descobertas. Além disso, a maior parte dos autores que discutiram o trabalho científico de Leonardo o viu através das lentes newtonianas, e acredito que isso lhes tenha dificultado a compreensão da essência da sua natureza.

Leonardo tinha a intenção de algum dia apresentar os resultados de sua pesquisa científica num corpo de conhecimento coerente e integrado. Ele nunca conseguiu, porque ao longo de sua vida sentiu-se sempre mais inclinado a ampliar, aprimorar e documentar suas descobertas do que a organizá-las de modo sistemático. Por isso, nos séculos posteriores à sua morte, os eruditos que estudaram os seus famosos cadernos de notas tenderam a considerá-lo desorganizado e caótico. Na mente de Leonardo, todavia, sua ciência não era de modo algum desorganizada. Ela forneceu-lhe um panorama coerente e unificador dos fenômenos naturais — ainda que radicalmente diferente daquele de Galileu, Descartes e Newton.

Só agora, cinco séculos depois, quando os limites da ciência newtoniana já começam a se tornar bastante evidentes e a visão de mundo cartesiana, mecanicista começa a dar lugar a uma visão ecológica e holística, semelhante à de Leonardo, podemos começar a apreciar o poder da sua ciência e sua enorme relevância para a nossa era moderna.

O meu objetivo é apresentar uma visão coerente do método científico e das realizações do grande gênio da Renascença e avaliá-los da perspectiva do pensamento científico atual. Estudar Leonardo dessa perspectiva não apenas nos permitirá reconhecer na sua ciência um corpo sólido de conhecimento, mas também mostrará por que ele não pode ser entendido sem sua arte, nem sua arte sem a sua ciência.

Como cientista e autor, afastei-me do meu trabalho habitual neste livro. Ao mesmo tempo, no entanto, foi um livro profundamente gratificante de escrever, já que o trabalho científico de Leonardo tem me fascinado por mais de três décadas. Quando comecei minha carreira de escritor no início da década de 1970, meu plano era escrever um livro popular sobre a física das partículas. Concluí os três primeiros capítulos, então abandonei o projeto para escrever *The Tao of Physics**, no qual incorporei a maior parte do material do manuscrito inicial. O meu manuscrito original começava com uma breve história da ciência ocidental moderna, e tinha como abertura a belíssima declaração de Leonardo da Vinci sobre os fundamentos empíricos da ciência, que hoje serve de epígrafe a este livro.

Desde a homenagem que prestei a Leonardo como o primeiro cientista moderno (muito antes de Galileu, Bacon e Newton) em meu primeiro manuscrito, continuo fascinado pelo seu trabalho científico, e ao longo dos anos tenho me referido a ele várias vezes em meus escritos, sem, no entanto, ter estudado seus extensos cadernos de notas em detalhe. O ímpeto para isso veio em meados de 1990, quando vi uma grande exposição dos desenhos de Leonardo na The Queens Galery, no palácio de Buckingham, em Londres. Enquanto observava aqueles magníficos desenhos, que reuniam, muitas vezes na mesma página, arquitetura e anatomia humana, a turbulência da água e a turbulência do ar, redemoinhos, a ondulação dos cabelos humanos e os padrões de crescimento das gramas, percebi que os estudos sistemáticos de Leonardo das formas vivas e inanimadas equivaliam a uma ciência de qualidade e completude fundamentalmente diferente da ciência mecanicista de Galileu e Newton. No cerne de suas investigações, parece-me, estava uma persistente exploração de modelos, interligando fenômenos de uma vasta diversidade de áreas.

---

* *O Tao da Física*, Editora Cultrix, São Paulo, 1985.

Tendo estudado em vários de meus livros anteriores as contrapartes modernas à abordagem de Leonardo, conhecidas hoje como teoria da complexidade e teoria dos sistemas, percebi que já era hora de estudar os cadernos de notas de Leonardo seriamente e avaliar seu pensamento científico da perspectiva dos mais recentes avanços da ciência moderna.

Embora Leonardo nos tenha deixado, nas palavras do eminente estudioso da Renascença Kenneth Clark, "um dos mais volumosos e completos registros de uma mente ativa que já chegaram até nós", seus cadernos de notas não nos fornecem quase nenhuma pista do caráter e da personalidade do autor.[1] Leonardo, tanto em suas pinturas como em sua vida, parece ter cultivado um certo mistério. Por causa dessa aura de mistério e de seus extraordinários talentos, Leonardo da Vinci se tornou uma figura lendária mesmo em vida, e sua lenda foi ampliada em diferentes graus nos séculos após sua morte.

Ao longo da história, ele personificou a era da Renascença, embora cada época tenha "reinventado" Leonardo de acordo com o *zeitgeist* da época. Para citar Kenneth Clark de novo, "Leonardo é o Hamlet da história da arte, que cada um de nós deve recriar para si mesmo".[2] Portanto, foi inevitável que nas páginas seguintes eu reinventasse Leonardo. A imagem que surge do meu relato, em termos científicos atuais, é a de um Leonardo como um pensador sistemático, um ecologista, um teórico da complexidade, cientista e artista com uma profunda reverência pela vida, e a de um homem com um grande desejo de trabalhar em benefício da humanidade.

A poderosa intuição que tive nessa exibição em Londres de que o Leonardo que descrevi acima é realmente "o Leonardo do nosso tempo" foi confirmada pela minha pesquisa posterior e a investigação dos cadernos de notas. Como escreveu o historiador de arte Martin Kemp no catálogo de uma exposição anterior dos desenhos de Leonardo na Hayward Gallery, em Londres:

Parece-me que há uma essência nas realizações [de Leonardo], embora imperfeitamente transmitida e recebida pelas diferentes gerações, que permanece intuitivamente acessível. Suas produções artísticas foram percebidas como sendo mais do que arte — elas são parte de uma visão que engloba um profundo senso do inter-relacionamento das coisas. A enorme complexidade da vida no contexto do mundo está de alguma forma implicada nisso, quando ele caracteriza uma de suas partes constituintes (...). Acredito que sua visão da totalidade do mundo como uma espécie de organismo único tem especial relevância para nós hoje, agora que nosso potencial tecnológico se tornou tão impressionante.[3]

O retrato de Leonardo feito por Kemp nessa exibição, caracterizado de modo tão eloqüente na passagem acima, espelha-se no meu próprio retrato. É esse Leonardo que surgirá de minha investigação de sua síntese peculiar de ciência e arte.

Fritjof Capra
Berkeley, dezembro de 2006

PREFÁCIO PARA A EDIÇÃO BRASILEIRA

Mais uma vez Capra nos surpreende com o seu jeito original de enxergar o mundo e a própria vida, desta vez a partir de suas pesquisas sobre o lado científico de Leonardo da Vinci.

Ao avançar na leitura e apreciar as realizações de Leonardo na passagem do século XV para o XVI, ocorreu-me recorrentemente a seguinte indagação: hoje, em pleno século XXI, quantos Leonardos temos no mundo? Quem são eles? Onde estão? O que estão fazendo? Quantos deles aplicam conscientemente sua criatividade a objetivos nobres? Quantos se dedicam a objetivos supérfluos, desperdiçando o dom que possuem? E quantos outros dirigem sua genialidade a atividades ligadas ao crime organizado e até a colocam a serviço de guerras? Em suma, o que fazemos com o talento humano? Ao usar a história de Leonardo como referencial para refletir sobre essa questão, nós nos damos conta do quanto precisamos estar atentos, como sociedade, ao mundo que criamos em nosso dia-a-dia.

Se imaginarmos que estamos na vida, como num grande jogo, para exercitar a nossa criatividade e descobrir até onde ela pode chegar, Leonardo é um referencial de extraordinário valor. Foi isso, talvez, que Capra intuiu ao decidir escrever este livro. O caso Leonardo nos faz pensar sobre os limites do potencial humano quando se ousa aplicá-lo inclusive na solução de "equações impossíveis".

Talentos são potencializados por circunstâncias favoráveis. Pais buscam criar as melhores condições para que os filhos evoluam continuamente. Mestres e líderes ajudam as pessoas a florescer em uma medida que até pode parecer fora do comum. Mas não seria essa a medida natural e não uma exceção? Parece que é a grande abundância de contextos desfavoráveis, mais do que a falta de circunstâncias construtivas, que limita o florescimento do potencial humano. Grande parte do talento inerente ao ser humano pode estar sendo abafada pelo processo educacional equivocado que ainda prevalece em nossa sociedade. E também por modelos de organização hierárquicos de comando e controle e a imensa quantidade de normas que cerceiam a inventividade e a engenhosidade naturais do ser humano. Se, por outro lado, atentarmos para a trajetória profissional das pessoas, para a forma como elas buscam a realização no trabalho, perceberemos como a nossa sociedade leva pessoas geniais a desviar seus talentos para finalidades que podemos considerar "não-naturais", que não só estão em desacordo com a ética e com a busca do bem comum, como podem até mesmo prejudicá-lo e destruí-lo.

Ao ler este livro e apreciar a "luta" de Leonardo, podemos também compreender como funcionam as forças políticas que muitas vezes abafam os talentos ou os colocam na contramão da ética. Nos tempos atuais, em que o poder econômico fala mais alto, quanto do que Leonardos conscientes criam em várias partes do mundo está sendo abortado por ser percebido como "ameaça" por parte de quem usufrui as vantagens do sistema em vigor?

É muito provável que a história venha sendo pontilhada de casos de grandes inventos que foram engavetados porque afetariam a estrutura econômica vigente e prejudicariam aqueles que mais se beneficiam dela. Essas são algumas das distorções dos dias de hoje que a leitura atenta desta intrigante obra de Fritjof Capra nos suscita a perceber. Mais do que isso, este livro nos estimula a pensar sobre o que podemos fazer para que essas distorções deixem de ocorrer e o sistema vigente seja muito mais construtivo, tanto para o mundo atual quanto para as futuras gerações.

O que aconteceria se os Leonardos de hoje – milhões deles – se unissem num grande mutirão para resolver os grandes problemas que vivemos neste século? O que aconteceria se conseguíssemos equacionar claramente algumas poucas questões de grande relevância mundial e assegurássemos que toda a genialidade existente na humanidade fosse diligentemente aplicada na resolução rápida dessas equações? Será que isso poderia gerar um verdadeiro salto na evolução da humanidade?

Acredito firmemente que as possibilidades de que esse salto aconteça são grandes. Mas é preciso assegurar que os Leonardos de hoje floresçam. Que tenham espaço. Que não sejam abafados pelo sistema político-econômico-social que anseia sobreviver. Como líderes, podemos ajudar significativamente a abrir os caminhos. Como cidadãos conscientes também. Nosso poder, neste mundo cada vez mais interconectado, cresce a cada dia. É clara a visão de que a genialidade existente no planeta poderá ser efetivamente redirecionada para a solução de nossos problemas maiores. Talvez aqui esteja nosso grande teste como espécie. Como reverter o processo de aplicação, muitas vezes irresponsável, do potencial humano – e que vem sendo alavancado pelas tecnologias que criamos em um ritmo cada vez mais acelerado – e direcioná-lo para propósitos nobres e para o benefício de todos no planeta? Essa parece ser a equação que representa o nosso maior desafio. Um desafio do qual Leonardo não se esquivaria. Examinado a partir de ângulos como esses, este novo livro de Capra é um excepcional catalisador de ações positivas para um futuro melhor para todos.

Oscar Motomura
www.oscarmotomura.com.br

A *Ciência*

de

*L*EONARDO DA VINCI

Figura P-1: Auto-retrato de Leonardo, c. 1512, Biblioteca Reale, Turim

INTRODUÇÃO

Um Intérprete da Natureza

Na história intelectual do Ocidente, a Renascença — um período que vai do início do século XV ao fim do século XVI — marca o período de transição da Idade Média para o mundo moderno. Nos idos de 1460, quando o jovem Leonardo da Vinci recebeu sua formação como pintor, escultor e engenheiro em Florença, a visão de mundo de seus contemporâneos ainda estava ligada ao pensamento medieval. A ciência no sentido moderno, como um método empírico e sistemático de adquirir conhecimento sobre o mundo natural, ainda não existia. O conhecimento sobre os fenômenos naturais, alguns precisos, outros não, foram dados por Aristóteles e outros filósofos da Antigüidade, e foram fundidos à doutrina cristã pelos teólogos escolásticos que o apresentaram como a crença oficialmente autorizada. As autoridades condenaram os experimentos científicos como subversivos, encarando qualquer ataque à ciência de Aristóteles como um ataque à própria Igreja.

Leonardo da Vinci rompera com essa tradição. Cem anos antes de Galileu e Bacon, ele desenvolveu sozinho uma nova abordagem empírica de ciência, que compreendia a observação sistemática da natureza, o raciocínio lógico e algumas formulações matemáticas — as principais características do que hoje é conhecido por método científico. Ele percebeu claramente que estava trilhando um novo caminho. Chamava a si mesmo humildemente de *omo senza lettere* [um homem iletrado], mas com alguma ironia e orgulho de seu novo método, vendo-se como um "intérprete entre o homem e a natureza". Para onde quer que se voltasse havia novas descobertas a serem feitas, e sua criatividade científica, que combinava uma apaixonada curiosidade intelectual com grande paciência e engenhosidade experimental, foi a principal força motriz ao longo da sua vida.

Durante quarenta anos, Leonardo reuniu seus pensamentos e observações em seus famosos cadernos de notas, juntamente com descrições de centenas de experimentos, rascunhos de cartas, projetos arquitetônicos e tecnológicos, e lembretes a si mesmo sobre pesquisas e escritos futuros. Quase toda página de seus cadernos de notas está repleta de textos e desenhos magníficos. Acredita-se que a coleção completa chegava a treze mil páginas quando Leonardo morreu, sem ter podido classificá-las, como pretendia. Nos séculos posteriores, quase a metade da coleção original se perdeu, mas mais de seis mil páginas foram preservadas e traduzidas do original italiano. Esses manuscritos se encontram agora dispersos por bibliotecas, museus e coleções particulares, algumas em grandes compilações denominadas códices, outras como páginas rasgadas e fólios isolados, e uns poucos ainda como cadernos de notas na encadernação original.[1]

A CIÊNCIA DA PINTURA

Leonardo era dotado de excepcionais poderes de observação e memória visual. Era capaz de desenhar os turbilhões da água ou os movimentos velozes de um pássaro com precisão que só seria alcançada novamente com o advento da fotografia serial. Ele estava bem consciente do extraordinário talento que possuía. De fato, ele considerava o olho como o principal instrumento tanto do pintor como do cientista. "O olho, do qual se diz ser a janela da alma", ele escreveu, "é o principal meio pelo qual o senso comum pode mais abundante e magnificentemente contemplar as infinitas obras da natureza."[2]

A abordagem de Leonardo do conhecimento científico era visual. Era a abordagem de um pintor. "A pintura", declarou, "contém em si mesma todas as formas da natureza."[3] Essa afirmação, na verdade, é a chave para entender a ciência de Leonardo. Ele assegura repetidas vezes, especialmente nos primeiros manuscritos, que a pintura envolve o estudo das formas naturais, e enfatiza a relação íntima entre a representação artística dessas formas e a compreensão intelectual de sua natureza intrínseca e princípios subjacentes. Por exemplo, na coleção de suas notas sobre a pintura, conhecidas como *Trattato della Pittura* [Tratado de Pintura], ele escreve:

A ciência da pintura estende-se a todas as cores das superfícies dos corpos, e às formas dos corpos encerrados nessas superfícies (...). [A pintura] por meio de especulações sutis e filosóficas considera todos os atributos das formas (...). E é de fato ciência, filha legítima da natureza, porque a pintura foi gerada por ela.[4]

Para Leonardo, a pintura era tanto arte como ciência — uma ciência das formas naturais, dos atributos, completamente diferente da ciência mecanicista que surgiria dois séculos depois. As formas de Leonardo são formas vivas, continuamente moldadas e transformadas pelos processos subjacentes. Durante sua vida, estudou, desenhou e pintou as rochas e os sedimentos da Terra, modelados pela água; o crescimento das plantas, determinado pelo seu metabolismo; e a anatomia animal (e humana) em movimento.

A NATUREZA DA VIDA

A natureza como um todo estava viva para Leonardo. Ele viu os padrões e processos do microcosmo como semelhantes àqueles do macrocosmo. Com freqüência, desenhou analogias entre a anatomia humana e a estrutura da Terra, como na bela passagem a seguir, do Codex Leicester:

Poderíamos dizer que a Terra possui uma força vital de crescimento, que sua carne é o solo, seus ossos são os sucessivos estratos de rocha que formam as montanhas; sua cartilagem são as rochas porosas; seu sangue, os cursos de água. O lago de sangue que se estende em volta do coração é o oceano. Sua respiração é o aumento e a diminuição do sangue na pulsação, assim como na Terra há o fluxo e refluxo dos mares.[5]

Embora a analogia entre microcosmo e macrocosmo remonte a Platão e fosse bem conhecida na Idade Média e na Renascença, Leonardo desembaraçou-a de seu contexto mítico original e tratou-a estritamente como uma teoria científica. Sabemos hoje que algumas das analogias da passagem citada acima são falhas, e de fato Leonardo corrigiu-as mais tarde.[6] Contudo, podemos reconhecer facilmente na declaração de Leonardo uma antecipação da atual teoria de Gaia — teoria científica que considera a Terra um ser vivo, um sistema que se auto-organiza e se auto-regula.[7]

No nível mais fundamental, Leonardo sempre buscou compreender a essência da vida. Isso escapou muitas vezes aos primeiros autores, porque até recentemente a essência da vida era definida pelos biólogos apenas em termos de células e moléculas, aos quais Leonardo, que viveu dois séculos antes da invenção do microscópio, não tinha acesso. Mas hoje, uma nova compreensão sistêmica da vida começa a surgir na linha de frente da ciência — uma compreensão do ponto de vista de processos metabólicos e seus padrões de organização. E são esses precisamente os fenômenos explorados por Leonardo ao longo da vida.

UM PENSADOR SISTÊMICO

No jargão científico de hoje, Leonardo da Vinci é o que chamaríamos de um pensador sistêmico.[8] Compreender um fenômeno, para ele, significa relacioná-lo com outros fenômenos por meio da similaridade de padrões. Quando estudou as proporções do corpo humano, comparou-as às proporções dos edifícios da arquitetura renascentista. Suas investigações dos músculos e dos ossos levaram-no a estudar e desenhar engrenagens e alavancas, interligando, portanto, a fisiologia animal e a engenharia. Os padrões de turbulência na água levaram-no a observar padrões similares nas correntes de ar; e a partir disso, passou a investigar a natureza do som, a teoria da música e a construção de instrumentos musicais.

Essa habilidade excepcional para interligar observações e idéias de diferentes disciplinas está no cerne da abordagem de Leonardo da aprendizagem e pesquisa. Ao mesmo tempo, foi também a razão de ele ter conduzido e ampliado suas investigações para muito além do papel original na formulação de uma "ciência da pintura", explorando quase todo o âmbito dos fenômenos naturais conhecidos em sua época, bem como muitos outros desconhecidos anteriormente.

O trabalho científico de Leonardo era praticamente desconhecido durante sua vida e permaneceu oculto por mais de dois séculos após sua morte, em 1519. O pioneirismo de suas idéias e descobertas não influenciou diretamente os cientistas que o sucederam, embora durante os 450 anos seguintes sua concepção de uma ciência das formas de vida ressurgisse em várias ocasiões. Nesses períodos, os problemas com os quais ele se debateu foram revisitados com graus de sofisticação cada vez maiores, à medida que os cientistas avançavam na compreensão da estrutura da matéria, das leis da química e do eletromagnetismo, das biologias celular e molecular, da genética, e do papel crucial da evolução no desenvolvimento das formas de vida.

Hoje, da perspectiva da ciência do século XXI, podemos reconhecer em Leonardo da Vinci um precursor de toda uma linhagem de cientistas e filósofos cujo foco central estava na natureza das formas orgânicas. Incluem-se aí Immanuel Kant, Alexander von Humboldt e Johann Wolfgang von Goethe no século XVIII; Georges Cuvier, Charles Darwin e D'Arcy Thompson no século XIX; Alexander Bogdanov, Ludwig von Bertalanffy e Vladimir Vernadsky no início do século XX; e Gregory Bateson, Ilya Prigogine e Humberto Maturana no final do século XX; assim como os morfologistas contemporâneos e os teóricos da complexidade como Brian Goodwin, Ian Stewart e Ricard Solé.

A concepção orgânica da vida em Leonardo continuou como uma corrente oculta da biologia através dos séculos, e durante curtos períodos surgiu no primeiro plano e dominou o pensamento científico. Contudo, nenhum dos cientistas dessa linhagem estava ciente de que o grande gênio da Renascença era o pioneiro de muitas idéias que estavam investigando. Enquanto os manuscritos de Leonardo acumulavam pó nas antigas bibliotecas da Europa, Galileu Galilei era celebrado como o "pai da ciência moderna". Não posso deixar de afirmar que o verdadeiro fundador da ciência moderna foi Leonardo da Vinci, e me pergunto como o pensamento científico ocidental teria se desenvolvido se seus cadernos de notas tivessem sido conhecidos e estudados em profundidade logo após sua morte.

SÍNTESE DE ARTE E CIÊNCIA

Para descrever matematicamente as formas orgânicas da natureza, não podemos usar a geometria euclidiana nem as equações clássicas da física newtoniana. Precisamos de um novo tipo de matemática qualitativa. Hoje, essa matemática está sendo formulada no contexto da teoria da complexidade, tecnicamente conhecida por dinâmica não-linear.[9] Isso envolve equações não-lineares complexas e modelos gerados por computador, nas quais as formas curvas são analisadas e classificadas com a ajuda da topologia, uma geometria de formas em movimento. Nada disso estava disponível a Leonardo, é claro. Mas, de modo surpreendente, ele chegou a testar uma forma rudimentar de topologia em seus estudos matemáticos de "quantidades contínuas" e "transmutações", muito antes de esse importante ramo da matemática ser desenvolvido por Henri Poincaré no início do século XX.[10]

A principal ferramenta de Leonardo para a representação e análise das formas da natureza era a sua extraordinária facilidade para o desenho, que quase sempre correspondia à rapidez de sua visão. Observação e documentação eram fundidas num único ato. Ele usou seu talento artístico para produzir desenhos de uma beleza espantosa e que ao mesmo tempo serviam de diagramas geométricos. Para Leonardo, o desenho foi o veículo perfeito para a formulação de seus modelos conceituais — uma "matemática" perfeita para a sua ciência das formas orgânicas.[11]

O duplo propósito dos desenhos de Leonardo — o de arte e o de ferramenta de análise científica, mostra-nos por que sua ciência não pode ser entendida sem sua arte, nem sua arte sem sua ciência. Sua afirmação de que "a pintura contém em si mesma todas as formas da natureza" serve aos dois propósitos. Para praticar sua arte, ele precisava de conhecimento científico das formas da natureza; para analisar as formas da natureza, precisava de suas habilidades artísticas para desenhá-las.

Além de seu intelecto perspicaz e de seus poderes de observação, sua engenhosidade experimental e seu grande talento artístico, Leonardo também tinha uma inclinação prática. Enquanto conduzia suas investigações das formas da natureza, contemplando-as com olhos de cientista e pintor, as aplicações úteis de suas descobertas nunca estavam longe de sua mente. Passou a maior parte de sua vida concebendo máquinas de todos os tipos, inventando numerosos dispositivos mecânicos e ópticos, e projetando edifícios, jardins e cidades.

Quando se dedicou ao estudo da água, ele a viu não apenas como um meio da vida e uma força motriz da natureza, mas também como uma força para os sistemas industriais, semelhante ao papel que o vapor — outra forma da água — desempenharia na Revolução Industrial três séculos depois. Suas extensas investigações das correntes de ar e do vento e do vôo dos pássaros o levaram a inventar várias máquinas voadoras, muitas delas baseadas em princípios aerodinâmicos comprovados. De fato, as realizações de Leonardo como projetista e engenheiro estão no mesmo nível de seus talentos como artista e cientista.

O OLHO E A APARÊNCIA DAS FORMAS

No seu *Tratado de Pintura*, Leonardo deixa claro que a pintura é a perspectiva unificadora e o encadeamento integrador que percorre todas as áreas de estudo. Desse trabalho, surge uma estrutura conceitual coerente, que ele deve ter pretendido usar na eventual publicação de seus cadernos de notas.

Como todos os verdadeiros cientistas, Leonardo baseou sua ciência na observação sistemática. Daí seu ponto de partida ter sido o olho humano. Suas cuidadosas investigações da anatomia do olho e da origem da visão não tinham paralelo em sua época. Ele prestou atenção particularmente nas conexões entre o olho e o cérebro, que ele demonstrou numa série de belos desenhos do crânio humano. Usando de maneira brilhante dissecções anatômicas, Leonardo mostrou pela primeira vez o percurso completo da visão através da pupila e das lentes do nervo óptico, até uma cavidade específica do cérebro, conhecida pelos neurologistas hoje como o terceiro ventrículo cerebral.[12]

Foi aí que ele situou "a sede da alma", onde todas as impressões dos sentidos se encontram. O conceito de alma de Leonardo aproxima-se muito do que os cientistas cognitivos de hoje chamam de "cognição", o processo de conhecimento.[13] Sua teoria de como os nervos sensoriais atravessam os nervos dos órgãos dos sentidos e chegam ao cérebro é tão engenhosa que duvido que os neurocientistas de hoje possam conceber algo melhor, se lhes fossem dadas as restrições de ter de trabalhar sem nenhum conhecimento de eletromagnetismo, bioquímica e microbiologia.

Leonardo via as suas descobertas na óptica e na fisiologia da visão como as bases de sua ciência da pintura, a começar pela ciência da perspectiva, a admirável inovação da arte renascentista. "A pintura é baseada na perspectiva", explica, "e a perspectiva nada mais é que o sólido conhecimento da função do olho."[14] Da perspectiva ele passou à exploração da geometria dos raios de luz, conhecida hoje como óptica geométrica; os efeitos da luz incidindo sobre esferas e cilindros, a natureza da sombra e dos contrastes e a justaposição de cores.

Esses estudos sistemáticos, ilustrados numa longa séria de desenhos intrincados, eram a base científica da extraordinária habilidade artística de Leonardo para compreender e reproduzir as mais sutis complexidades visuais. Mais renomada era a sua invenção e domínio de uma arte especial de sombreamento — uma fusão de sombras, conhecida como *sfumato*, que borram delicadamente o contorno dos corpos. Nas palavras do historiador de arte Daniel Arasse,

> Expressão suprema da ciência da pintura e de seu caráter divino, o *sfumato* de Leonardo era o poder por trás da poesia de suas pinturas e do mistério que parece emanar delas.[15]

Por fim, esses sofisticados estudos dos efeitos de luz e sombra levaram Leonardo a investigar detalhadamente a própria natureza da luz. Apenas como instrumentos rudimentares, ele usou seus fenomenais poderes de observação, sua habilidade para reconhecer a similaridade de padrões e uma grande compreensão intuitiva da luz que adquiriu como pintor para formular conceitos que eram diametralmente opostos às idéias de seus contemporâneos, mas quase idênticos àqueles que Christian Huygens proporia duzentos anos mais tarde em sua famosa teoria das ondas de luz.[16]

AS FORMAS VIVAS DA NATUREZA

Os estudos de Leonardo das formas vivas iniciaram-se com a aparência que elas tinham ao olho do pintor e prosseguiram então com investigações detalhadas de sua natureza intrínseca. No macrocosmo, os principais temas de sua ciência eram os movimentos do ar e da água, as formas geológicas e as transformações da Terra, e a diversidade botânica e os padrões de crescimento das plantas. No microcosmo, seu foco principal estava no corpo humano — sua beleza e proporções, a mecânica de seus movimentos e como ele pode ser comparado ao de outros animais em movimento, em particular, ao vôo dos pássaros.

A ciência das formas vivas, para Leonardo, é a ciência do movimento e da transformação, seja quando ele estudava as montanhas, rios e plantas ou o corpo humano. Entender a forma humana significa entender o corpo em movimento. Leonardo demonstrou em incontáveis desenhos, belos e elaborados, como os nervos, músculos, tendões, ossos e articulações trabalham juntos para movimentar os membros; como os membros e as expressões faciais executam gestos e ações.

Como sempre, Leonardo se valeu dos achados de suas pesquisas extensivas com a pintura. Nas palavras de Daniel Arasse,

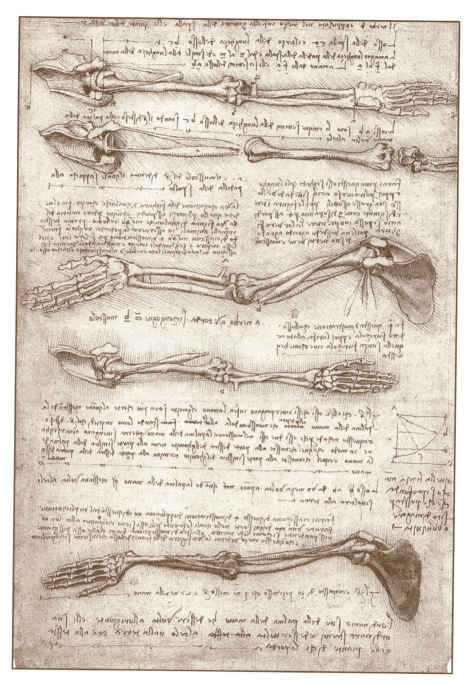

Figura I-1: Os Mecanismos do Braço, c. 1510, Estudos Anatômicos, fólio 135v

Desde as primeiras *Madonnas*, passando pelos retratos, até *São João Batista*, Leonardo capturou a figura em movimento. O impacto imediato e excepcional da *Última Ceia* deveu-se muito ao fato de Leonardo ter substituído o arranjo tradicional por uma composição rítmica que mudou consideravelmente a própria idéia do tema.[17]

Como pintor, Leonardo sentia que devia usar gestos para retratar a constituição das mentes e emoções que os provocavam. Ele afirmou, ao pintar uma figura humana, que a tarefa mais importante era "expressar com gestos as paixões da alma".[18] De fato, na visão de Leonardo, retratar a expressão corporal do espírito humano era a mais elevada aspiração de um artista. Como explica a historiadora de arte Irma Richter nos comentários introdutórios da sua clássica seleção dos cadernos de notas, para Leonardo, "o corpo humano era uma expressão exterior e visível da alma; modelada pelo seu espírito".[19] Veremos que essa visão da alma e do espírito, não-mutilada pela cisão mente-corpo que René Descartes introduziria nos século XVII, é perfeitamente consistente com a idéia de "mente corporificada" na ciência cognitiva de hoje.[20]

Ao contrário de Descartes, Leonardo nunca pensou no corpo como uma máquina, apesar de ter sido um engenheiro brilhante que projetou inúmeras máquinas e dispositivos mecânicos. Ele reconheceu nitidamente, e documentou em representações esplêndidas, que a anatomia de homens e animais implicava funções mecânicas (ver figura I-1). "A natureza não pode dar movimento aos animais sem instrumentos mecânicos", explicou.[21] Mas para ele isso não implicava que os organismos vivos fossem máquinas. Implicava apenas que, para compreender os movimentos dos animais, ele precisava explorar os princípios da mecânica, o que fez por muitos anos de maneira detalhada e sistemática. Ele compreendeu claramente que os meios pelos quais os corpos se movimentam são mecânicos. Mas, para Leonardo, sua origem se encontrava na alma, cuja natureza não era mecânica, mas espiritual.[22]

O LEGADO DE LEONARDO

Leonardo não se dedicava à ciência e à engenharia para dominar a natureza, como Francis Bacon advogaria um século mais tarde. Ele tinha um profundo respeito pela vida, uma compaixão especial pelos animais e grande admiração e respeito pela complexidade e abundância da natureza. Embora ele mesmo um inventor e criador brilhante, sempre pensou que a engenhosidade da natureza era vastamente superior às criações humanas. Ele percebeu que seria sábio respeitarmos a natureza e aprender com ela. Essa é uma atitude que ressurgiu nos dias de hoje na prática do design ecológico.[23]

A síntese de arte e ciência de Leonardo está imbuída de uma profunda consciência ecológica e sistêmica. Não admira que ele tenha falado com grande desdém dos chamados "compendiadores", os reducionistas daquela época:

> Os compendiadores de obras ofendem o conhecimento e o amor (...). Que valor tem aquele que, compendiando as partes das coisas que professa para dar um conhecimento completo, deixa de fora a parte mais importante das coisas que compõem o todo? (...) Oh, estupidez humana! ?(...) Não vêem que incorrem no mesmo erro daquele que despoja uma árvore de seus galhos repletos de folhas, intercaladas por flores e frutos aromáticos, só para demonstrar que a árvore é boa para se fazer tábuas.[24]

Essa afirmação é um testemunho revelador da maneira de pensar de Leonardo e também inquietantemente profética. Reduzir a beleza da vida a partes mecânicas e valorizar as árvores apenas pela sua madeira é uma caracterização extraordinariamente precisa da maneira de pensar que domina o mundo de hoje. Na minha opinião, isso torna o legado de Leonardo ainda mais relevante para a nossa época.

As nossas ciências e tecnologias tornaram-se cada vez mais estreitas em seu foco, e não conseguimos compreender nossos problemas multifacetados de uma perspectiva interdisciplinar. Precisamos com urgência de uma ciência que honre e respeite a unidade de toda vida, que reconheça a interdependência fundamental de todos os fenômenos naturais e restabeleça de novo nossa conexão com a Terra viva. O que precisamos hoje é exatamente o tipo de pensamento e ciência que Leonardo da Vinci antecipou e esboçou cinco séculos atrás, no ápice da Renascença e no limiar da era científica moderna.

PARTE I

U M

Graça Infinita

O mais antigo retrato literário de Leonardo da Vinci, e para mim o mais comovente, é o do pintor e arquiteto toscano Giorgio Vasari em seu livro clássico *Vidas dos Artistas* (*Vite dè piu eccelenti architetti, pittori et scultori*), publicado em 1550.[1] Vasari tinha apenas 8 anos de idade quando Leonardo morreu, mas reuniu informações sobre o mestre de muitos artistas que o conheceram e se lembravam bem dele, especialmente de um discípulo e amigo próximo de Leonardo, Francesco Melzi. Um conhecido de Leonardo, o cirurgião e colecionador de arte Paolo Giovio, escreveu um breve panegírico, inacabado e de uma página apenas.[2] O capítulo de Vasari "Vida de Leonardo da Vinci", portanto, é o que se aproxima mais de um relato contemporâneo.

Além de exímio pintor e arquiteto, Vasari foi um ávido colecionador de desenhos dos grandes mestres e das histórias sobre eles. A idéia de escrever um livro sobre a história da arte italiana do século XIII ao XVI lhe foi sugerida por Giovio durante um jantar em Roma.[3] O livro se tornou um *best-seller* em sua primeira publicação, e seu grande apelo popular resistiu à passagem dos séculos, graças ao retratos vibrantes e pitorescos do autor, repletos de detalhes biográficos encantadores. Por meio de uma série de histórias cativantes da vida de grandes artistas, o *Vidas* de Vasari transmitia a natureza revolucionária da arte renascentista italiana. Apesar de muitas imprecisões e de uma tendência para a idolatria e as lendas, o trabalho de Vasari continua sendo a principal fonte para todos os que se interessam por esse período da arte e cultura européias.

CARACTERÍSTICAS E ASPECTOS

Os parágrafos de abertura do capítulo de Vasari sobre Leonardo são uma declaração contundente das excepcionais características e aspectos do mestre:

> No curso normal dos acontecimentos, muitos homens e mulheres nascem com várias características e talentos notáveis, mas, às vezes, de uma maneira que transcende a natureza, uma única pessoa é prodigiosamente dotada pelos céus com beleza, graça e talento em tal abundância que deixa muito atrás os outros homens, todas as suas ações parecem inspiradas e, de fato, tudo o que faz provém claramente de Deus e não da arte humana.
>
> Todos reconheceram a verdade disso em Leonardo da Vinci, artista de uma beleza física fora do comum, que exibiu graça infinita em tudo o que fez e que cultivou seu gênio de maneira tão brilhante que todos os problemas aos quais se dedicou foram resolvidos com facilidade. Tinha grande força e destreza, homem de espírito régio e de uma tremenda largueza de vistas; e seu nome se tornou tão famoso que não foi estimado apenas em vida, mas sua reputação perdurou e tornou-se ainda maior depois de sua morte.

O retrato efusivo que Vasari faz de Leonardo pode parecer exagerado, mas sua descrição ecoou em muitos relatos e referências contemporâneas, nos quais Leonardo foi comparado aos gênios clássicos e aos sábios da Antiguidade — Arquimedes, Pitágoras e com freqüência a Platão.[4] De fato, quando Rafael, outro grande mestre da Renascença italiana, pintou seu afresco *A Escola de Atenas* no Vaticano, conferiu a Platão as características de Leonardo, vestindo-o com uma toga rosa (a cor favorita de Leonardo), com o indicador levantado, num gesto bem conhecido e característico das pinturas de Leonardo.

A beleza física de Leonardo em sua juventude e na meia-idade deve ter sido excepcional, já que é mencionada por todos os seus comentadores contemporâneos, ainda que isso não fosse comum à época. Um escritor anônimo chamado Anonimo Gaddiano exclamou, "Ele foi tão incomum e multifacetado que a natureza parece ter produzido nele um milagre, não apenas na beleza de sua pessoa, mas nos muitos dons com que ela o dotou e que ele dominou completamente".[5] Outros se maravilharam com a combinação singular de

Figura 1-1: *Andrea del Verrocchio, David, Museo Nazionale, Florença*

força física e graça que ele parecia incorporar. Muitos autores, incluindo Vasari, referiam-se a ele com o epíteto mais elevado — *il divino*.

Quando jovem, Leonardo gostava de se vestir de modo chamativo. "Ele usava um manto rosa", nos diz o Anonimo Gaddiano, "que lhe caía só até os joelhos, embora naquela época o costume fosse usar vestes longas. Sua barba descia até o meio do peito e era bem penteada e encaracolada."

Tudo indica que, à medida que ficava mais velho, Leonardo passou a se vestir de maneira mais convencional, mas sua aparência era sempre elegante e refinada. Paolo Giovio o descreveu como "uma autoridade em todas as questões relacionadas à beleza e à elegância, especialmente em cerimônias pomposas". A própria descrição de Leonardo acerca do refinamento inerente aos pintores é igualmente reveladora:

> O pintor senta-se diante de sua obra à vontade, bem-vestido, movendo o levíssimo pincel em meio a belas cores. Adorna-se com as roupas que lhe apraz, sua casa é limpa e repleta de imagens agradáveis, e não raro se faz acompanhar de música e leitores de inúmeras obras belas.[6]

Não há nenhum retrato indisputável de Leonardo quando jovem, mas reza a lenda que ele foi modelo para inúmeros anjos e outras figuras juvenis retratadas pelos artistas renascentistas. O mais verossímil deles é o encantador David adolescente esculpido por Andrea del Verrocchio no tempo em que Leonardo era estudante (ver fig. 1-1). A forma esguia, os cabelos ondulados e o rosto admiravelmente belo fazem jus às descrições contemporâneas do jovem Leonardo, e os historiadores de arte apontaram muitas características faciais das estátuas que parecem prenunciar as dos célebres retratos do velho mestre.[7]

Há um número razoável de retratos de Leonardo mais velho, a maioria dos quais o idealizam como um sábio venerável.[8] O mais autêntico deles é considerado o único auto-retrato existente do artista, um desenho cativante, muito detalhado, com sanguina, que ele fez quando estava por volta dos 60 anos, embora aparente mais idade do que tinha de fato (ver figura P-1, na p. 24). O desenho se encontra na Biblioteca Reale, em Turim, e é conhecido como o auto-retrato de Turim. Infelizmente, foi gravemente afetado por séculos de exposição ao ar e à luz. O papel está agora coberto de nódoas (manchas cor de ferrugem ocasionadas por excesso de umidade e subseqüente acúmulo de sais de ferro) e o desenho raramente é exibido ao público.

Apesar do mau estado de conservação, o auto-retrato de Turim, reproduzido em inúmeros pôsteres e livros, exerce um efeito poderoso no espectador. Isso é ainda mais verdadeiro quando se tem a sorte de passar algum tempo com o original, observando-o de diferentes ângulos e distâncias, o que revela as expressões complexas e sutis desse retrato. Leonardo desenhou esse retrato numa época de dissabores e incertezas pessoais. Ele estava ciente de que a parte mais importante de sua vida ficara para trás, sua visão enfraquecera e sua saúde se debilitava. Morava em Roma nessa época, onde era reverenciado. Mas já começava a se tornar ultrapassado como artista, eclipsado por rivais mais jovens, como Rafael e Michelangelo, que estavam no auge e eram os favoritos da corte papal.

No auto-retrato de Leonardo, essa época difícil reflete-se num traço de desilusão, ou talvez de desdém, em torno da boca. Contudo, debaixo das sobrancelhas espessas e da fronte majestosa, seus olhos — as "janelas da alma" — preservavam a intensidade silenciosa de seu olhar, assim como uma profunda serenidade. A expressão resultante, para mim, é a de um intelecto poderoso, crítico, temperado pela sabedoria e pela compaixão.

Ao longo dos anos, o auto-retrato de Turim se tornou não apenas a imagem icônica de Leonardo, mas o modelo para os retratos arquetípicos de velhos sábios nos séculos que o sucederam. "Essa face tal qual uma enorme montanha sulcada", escreveu o historiador de arte Kenneth Clark, "com sua sobrancelha nobre, os olhos cavernosos, o contraforte ondulado da barba, são como a face de todos os grandes homens do século XIX tal como a câmera os preservou para nós — Darwin, Tolstói, Walt Whitman."[9]

Uma qualidade que não é visível no auto-retrato de Leonardo mas sempre é mencionada por seus contemporâneos é a sua natureza gentil e bondosa, nas palavras da duquesa Isabela d'Este, "esse ar de docilidade e suavidade que lhe é tão característico". "A disposição de Leonardo era tão adorável que a todos ele inspirava afeição", escreve Vasari. "Era tão generoso que abrigava e alimentava todos os seus amigos, ricos ou pobres." Também era eloqüente e cativante em suas conversas. De fato, Vasari afirmava que ele era tão persuasivo que fazia com que "os outros se curvassem às suas vontades".

Leonardo combinava essa disposição suave e encantadora com uma grande força física. Em seus anos de juventude, foi ao que tudo indica um verdadeiro atleta, "mais habilidoso no levantamento de pesos", como nos conta o Anonimo Gaddino, e um excelente cavaleiro. Segundo Vasari, "era tão forte fisicamente que conseguia resistir a qualquer violência; com sua mão direita ele podia vergar o anel de ferro de uma campainha ou uma ferradura como se fossem arame". Vasari pode ter exagerado na força de Leonardo (e sabemos que Leonardo era canhoto), mas suas proezas atléticas parecem ter sido famosas.

Durante seus anos em Milão, entretinha a corte com fábulas, canções e conversas encantadoras. "Cantava magnificamente acompanhando-se da *lira* para o deleite de toda a corte", nos conta Paolo Giovio. Mas Leonardo também prosseguia em sua pesquisa científica com grande concentração e muitas vezes precisava fugir e passar longos períodos sozinho. "O pintor e o desenhista devem ser solitários", ele escreveu no *Tratado de Pintura,* "e acima de tudo quando estão absorvidos naquelas especulações e considerações que, passando-lhe continuamente pelos olhos, fornecem os materiais para que sejam bem guardadas na memória."[10] Esses retiros freqüentes para períodos de solidão, passados em contemplação e contínua observação da natureza, provavelmente contribuíram para a aura de mistério que o envolvia.

TRAÇOS DA PERSONALIDADE

Ao longo da vida, Leonardo manteve um ar de serena confiança, que o ajudou a superar os reveses profissionais e os desapontamentos com tranqüilidade de espírito e lhe permitiu prosseguir calmamente em seus experimentos mesmo em tempos de grande turbulência. Ele estava consciente de seu gênio singular e de suas habilidades, embora nunca tenha se vangloriado delas. Em nenhum lugar de seus cadernos de notas ele se gaba da originalidade de suas invenções e descobertas nem ostenta a superioridade de suas idéias, mesmo quando explica como elas diferem das crenças tradicionais.

Outra qualidade que o distinguia era a sua paixão pela vida e por todos os seres vivos. Ele se dedicou ao estudo de todas as formas de vida não apenas intelectualmente, mas emocionalmente também. Tinha grande admiração e reverência pela criatividade da natureza, e sentia uma compaixão especial pelos animais. Seu amor pelos cavalos era bem conhecido de seus contemporâneos e pode ser visto em seus desenhos, nos quais usou seu aguçado poder de observação para transmitir o movimento dos animais e as "proporções nobres" em detalhes minuciosos. Vasari afirmou que Leonardo sempre teve cavalos. Igualmente tocante é a famosa história de Vasari sobre Leonardo comprando os pássaros no mercado para libertá-los:

Não raro quando passava por lugares onde se vendiam pássaros ele pagava o preço pedido, tirava-os de suas gaiolas e deixava que ganhassem o céu, devolvendo-lhes a liberdade perdida.

Seu amor pelos animais também foi a razão de ele ter se tornado vegetariano — algo desconhecido na Itália da Renascença e daí em diante amplamente divulgado. A justificação de Leonardo para o seu vegetarianismo combina sua firme postura moral a uma perspicaz observação científica. Ele argumentava que, ao contrário das plantas, os animais eram sensíveis à dor pois eram capazes de se movimentar, e que ele não queria lhes causar dor e sofrimento matando-os para comer:

A natureza ordenou que os organismos vivos com capacidade de se movimentar devem sentir dor a fim de preservar aquelas partes que se enfraqueceriam ou seriam destruídas pelo movimento. Organismos vivos incapazes de se movimentar não têm de se chocar contra objetos à sua frente; portanto, a dor é desnecessária às plantas, e por isso, quando se partem, elas não sentem dor como os animais.[11]

Em outras palavras, na mente de Leonardo, os animais desenvolviam uma sensibilidade à dor porque isso lhes dava uma vantagem seletiva para evitar ferimentos enquanto se movimentavam.

Em todos os relatos, Leonardo é um homem de uma ternura fora do comum. Ele tinha uma enorme compaixão pelo sofrimento de pessoas e animais. Era energicamente contrário à guerra, que chamava de *pazzia bestialissima* [a loucura mais bestial]. Em vista disso, parece contraditório que tenha oferecido seus serviços como engenheiro militar a vários governantes de sua época.

Parte da resposta a essa contradição tem a ver com sua atitude pragmática quando se tratava de assegurar uma renda estável que lhe permitiria seguir suas pesquisas científicas. Com seu talento extraordinário para projetar máquinas de todos os tipos e considerando as intermináveis rivalidades políticas e conflitos na península italiana, Leonardo reconheceu de modo astuto que um emprego como consultor de engenharia militar e arquiteto seria uma das melhores maneiras de assegurar sua independência financeira.

No entanto, também fica claro em seus cadernos de notas que era fascinado pelas máquinas de guerra destrutivas, talvez do mesmo modo que os cataclismos e desastres naturais o fascinavam. Passou um tempo considerável projetando e desenhando máquinas de destruição — morteiros, balas de canhão explosivas, catapultas, bestas gigantes, e assim por diante, ainda que tenha permanecido inexoravelmente avesso à guerra e à violência.

Como ressalta o biógrafo Serge Bramly, apesar de seus muitos anos como engenheiro militar, Leonardo jamais participou de uma ofensiva. A maioria de seus conselhos consistia no projeto de estruturas para defender e resguardar uma vila ou cidade.[12] Durante o conflito entre Florença e Pisa, propôs o desvio do rio Arno como um modo de evitar uma batalha sangrenta. Foi além e acrescentou que depois disso se deveria construir uma via navegável que reconciliaria os combatentes e traria prosperidade para ambas as cidades.

A sua mais explícita condenação da guerra consiste numa longa e detalhada descrição de como pintar uma batalha, escrita quando Leonardo tinha quase 40 anos. Mesmo alguns poucos trechos desse texto, que tem várias páginas, revela quão vividamente o artista pretendeu retratar os horrores da guerra:

> Primeiro você pintará a fumaça da artilharia, mesclada no ar com a poeira levantada pela agitação dos cavalos e dos combatentes (…). Deixe o ar repleto de setas de todos os tipos, algumas atiradas para cima, algumas caindo, outras voando em linha reta. As balas da artilharia deixarão para trás uma trilha de fumaça (…). Se mostrar um homem caído no chão, reproduza as marcas deixadas por ele na poeira, que se transformaram numa poça de sangue coagulado (…). Pinte um cavalo arrastando o cadáver de seu cavaleiro, deixando atrás de si no solo e no barro a trilha por onde o corpo foi arrastado. Faça os subjugados e derrotados pálidos, com as sobrancelhas levantadas e enrugadas, e a pele acima das sobrancelhas sulcada pela dor (…) represente alguns chorando com suas bocas escancaradas e em fuga (…); outros agonizando, rilhando os dentes, revirando os olhos, com seus punhos cerrados contra o corpo e as pernas contorcidas.[13]

Uma década após ter escrito isso, Leonardo, que tinha então mais de 50 anos e estava no auge da fama, recebeu a comissão de um mural enorme, que lhe deu a oportunidade de colocar em prática suas palavras. A Signoria, o governo da cidade de Florença, decidiu celebrar a glória militar de Florença decorando a nova Câmara do Conselho com dois imensos afrescos representando suas vitórias em duas batalhas históricas — contra Milão, em Aghiari, e con-

Figura 1-2: *Peter-Paul Rubens sobre Leonardo,* A Batalha pelo Estandarte, *c. 1600-1608, Museu do Louvre, Paris*

tra Pisa, em Cascina. A Signoria comissionou o primeiro a Leonardo, e o outro a seu jovem rival, Michelangelo.

A *Batalha de Anghiari* foi a comissão pública mais importante que Leonardo recebera. Ele concluiu o enorme cartão* (ou esboço) em um ano, conforme estipulado em contrato, e passou então meio ano pintando a cena central do afresco, um grupo de cavaleiros lutando por um estandarte. Devido a problemas técnicos que resultaram na rápida deterioração do mural, nunca pôde terminar a enorme pintura. (Michelangelo deixou Florença para pintar os afrescos da Capela Sistina, sem começar sua *Batalha de Cascina.*) A parte central da composição de Leonardo, conhecida como *A Batalha pelo Estandarte*, permaneceu na parede da Câmara do Conselho no Palazzo Vecchio durante quase sessenta anos até que a Signoria finalmente removesse seus últimos traços. Ao longo dessas décadas deslumbrou os espectadores e foi copiada por vários outros mestres da Renascença.

---

* Cartão significa aqui estudo prévio em escala que serve de modelo para a realização da obra. Para mais detalhes, ver Marcondes, Luiz Fernando. *Dicionário de Termos Artísticos.* Edições Pinakhoteke, Rio de Janeiro, 1998. [N. do T.]

Leonardo deixou vários estudos preparatórios para *A Batalha de Anghiari*, a partir dos quais os historiadores de arte reconstituíram a composição geral da pintura.[14] Embora pretendesse apresentar o desenrolar da batalha com grande clareza e precisão histórica, Leonardo usou o episódio central como uma declaração simbólica para expor a fúria e a "loucura bestial" da guerra.

A cópia esplêndida de *A Batalha pelo Estandarte* por Peter-Paul Rubens (Fig. 1-2), agora no Louvre, mostra a composição inacreditavelmente tensa da enorme confusão na qual, nas palavras de Vasari, "fúria, ódio e raiva são tão visíveis nos homens como nos cavalos". Além disso, vestindo os combatentes com trajes teatrais não-realistas em vez das armaduras de batalhas, Leonardo ampliou o caráter simbólico da cena, sublinhando a declaração artística de sua repugnância pela violência. Se tivesse concluído o afresco, e este tivesse sobrevivido, poderia perfeitamente figurar ao lado do *Guernica* de Picasso como uma das condenações mais vigorosas da arte à loucura da guerra.

SEGREDOS E CONTRADIÇÕES

Biógrafos muitas vezes demonstraram sua exasperação pela tarefa quimérica de apresentar um retrato claro de Leonardo, o homem. Ele foi mundano, eloqüente e elegante, mas também solitário, habituado a passar longos períodos de intensa concentração. Tinha uma mente antes de tudo prática, ainda que se deleitasse com fábulas, alegorias e fantasias.[15] Exibia força física e energia viril bem como uma elegância refinada e uma graça feminina. Como Serge Bramly comenta sarcasticamente, "Com Leonardo, tudo parece ter dois lados".[16]

Leonardo não apenas incorporou a tensão dinâmica entre os paradoxos de sua personalidade, mas foi ele próprio fascinado pelos opostos durante toda sua vida. Embora tenha buscado um padrão de proporções humanas ideais, foi curiosamente atraído pelas figuras grotescas. "Gostava tanto das fisionomias bizarras, com barbas e cabelos selvagens", relata Vasari, "que poderia seguir por todo o dia alguém que tivesse lhe chamado a atenção. Memorizava sua aparência tão bem que, ao voltar para casa, podia desenhá-lo como se estivesse diante de seus olhos."[17]

Leonardo desenhou várias dessas "figuras grotescas", que gozaram de grande popularidade em sua época e foram as precursoras das famosas caricaturas dos séculos XVIII e XIX. Talvez a mais típica das caricaturas de Leonardo seja a daquele homem idoso, resoluto, calvo, com uma terrível carranca e um nariz adunco, que é com freqüência justaposta na mesma página a um belo jovem de traços levemente femininos. Velhice e juventude, virilidade e graça são exemplos de interação entre os opostos — do *yang* e do *yin*, como são chamados na filosofia chinesa —, tão notáveis na personalidade e na arte de Leonardo.

A fascinação do artista pelas formas grotescas também o levou a planejar os mais extravagantes trotes, quase sempre macabros, que encantavam os cortesãos de Milão e Roma. Na corte papal em Roma, Vasari nos conta que Leonardo conseguiu um enorme lagarto ao qual ele prendeu, "com uma mistura de mercúrio, algumas asas, feitas das escamas de outros lagartos, que se agitavam quando ele se movia. Então, depois de conferir-lhe olhos, chifres e uma barba, amansou a criatura e a mantinha numa caixa que costumava mostrar aos amigos, o que quase os matava de susto". Noutra ocasião, de acordo com Vasari, Leonardo retirou e limpou os intestinos de um novilho e "deixou-os tão finos que podiam ser comprimidos na palma da mão. Então fixou numa das extremidades um par de foles que ficavam noutra sala, e que quando inflados preenchiam a sala onde estavam, forçando todos lá dentro a se apertarem nos cantos". Segundo relatos, ele perpetrou inúmeras extravagâncias desse tipo.

O desafio de apresentar um retrato consistente de Leonardo da Vinci é ainda mais complicado pelo fato de ele ter sido muito sigiloso sobre seus pensamentos e sentimentos pessoais. Nas milhares de páginas dos manuscritos que chegaram até nós praticamente não se encontra um traço da vida emocional de Leonardo. Há poucas referências afetivas a alguém, familiares ou amigos, e quase nenhuma pista sobre seus sentimentos a respeito de pessoas e acontecimentos da sua época. Embora fosse um mestre na expressão de emoções sutis em suas pinturas, parece que Leonardo manteve seus sentimentos mais recônditos para si mesmo.

Essa discrição também se estende à sua sexualidade. É amplamente aceito que Leonardo era homossexual, mas não há nenhuma prova definitiva disso. Historiadores da arte apontaram vários elementos em seus desenhos e escritos que poderiam indicar sua atração por homens, e foi observado com freqüência que não há registro de nenhuma mulher na vida de Leonardo, embora se saiba que ele parecia estar sempre cercado por jovens belos e encantadores.[18] Ainda que houvesse vários artistas florentinos bem-sucedidos e assumidamente homossexuais na Renascença, Leonardo guardava segredo sobre sua sexualidade tanto quanto nos outros aspectos da sua vida pessoal.

Leonardo era também igualmente sigiloso sobre seu trabalho científico. Ainda que tenha pretendido publicar os resultados de suas investigações, manteve-os em segredo durante toda sua vida, temendo, ao que tudo indica, que suas idéias pudessem ser roubadas.[19] Em Milão, projetou seu estúdio de maneira que a plataforma onde estivesse trabalhando pudesse ser baixada até o pavimento inferior, usando um mecanismo de polias e contrapesos, para escondê-lo de olhos inquisitivos sempre que não estivesse trabalhando.[20]

Muito já foi feito nesse contexto a respeito do fato de Leonardo, que era canhoto, ter escrito todas as suas anotações em escrita espelhada, da direita para a esquerda. De fato, ele podia escrever com ambas as mãos e em ambas as direções. Mas, como muitos canhotos, provavelmente achava mais conveniente e rápido escrever da direita para a esquerda quando ele rabiscava suas anotações pessoais. Por outro lado, como Bramly ressalta, essa escrita extraordinária também convinha bem ao seu gosto pela discrição.[21]

A principal razão de Leonardo não ter partilhado seu conhecimento científico, embora tenha dividido seu conhecimento sobre pintura com amigos artistas e discípulos, foi que ele encarava isso como um capital intelectual — as bases de sua habilidade na engenharia e na técnica cênica, suas principais fontes regulares de renda. Ele temia que, dividindo esse *corpus* de conhecimento, tivesse diminuídas suas chances de trabalhos regulares.

Além disso, Leonardo não via a ciência como um empreendimento coletivo da maneira que nós a vemos hoje. Nas palavras do historiador de arte e estudioso do classicismo Charles Hope, "Ele não tinha (...) um verdadeiro entendimento da maneira pela qual a ampliação do conhecimento era um processo cumulativo e colaborativo, como foi tão evidente no caso do maior empreendimento intelectual de sua época, a recuperação da herança da Antigüidade clássica".[22] Leonardo não teve instrução formal e não era capaz de ler os livros de erudição da época, em latim, mas os estudava em traduções italianas sempre que as conseguia. Procurava especialistas de várias áreas para pedir emprestado livros e extrair informações, mas não partilhava suas próprias descobertas com eles — nem em conversas, até onde sabemos, nem em correspondências e publicações.

A discrição sobre seu trabalho científico é o aspecto mais significativo de Leonardo não ser considerado um cientista no sentido moderno. Se tivesse partilhado e discutido suas descobertas com os intelectuais da sua época, sua influência no posterior desenvolvimento da ciência ocidental poderia muito bem ter sido tão profunda quanto o seu impacto na história da arte. Tal como foi, teve pouca influência sobre os cientistas que lhe sucederam, porque seu trabalho científico ficou escondido durante sua vida e permaneceu encerrado em seus cadernos de notas por muito tempo depois de sua morte. Como considerou Kenneth Keele, eminente especialista em Leonardo, "A solidão intelectual do artista-cientista Leonardo não foi apenas contemporânea dele; mas durou séculos".[23]

INDÍCIOS DO GÊNIO

Como Leonardo da Vinci é amplamente tido como o arquétipo do gênio, é interessante nos perguntarmos o que entendemos por esse termo. Quais são os fundamentos que nos justificam chamar Leonardo de gênio, e como ele pode ser comparado com outros artistas e cientistas famosos por sua genialidade?

Na época de Leonardo, o termo "gênio" não tinha o sentido moderno de uma pessoa dotada de extraordinários poderes intelectuais e criativos.[24] A palavra latina "gênio" se originou na religião romana, na qual denotava o espírito da *gens*, a família. Era entendido como um espírito guardião, associado primeiro a indivíduos e depois também a povos e lugares. Os extraordinários feitos de artistas e cientistas eram atribuídos ao gênio deles, ou espíritos acompanhantes. Esse significado de gênio prevaleceu durante toda a Idade Média e Renascença. No século XVIII, o sentido da palavra mudou para o sentido mais familiar, moderno, para denotar esses próprios indivíduos, como na frase "Newton foi um gênio".

Independentemente do termo usado, o fato de certos indivíduos terem poderes criativos excepcionais e inexplicáveis, fora do alcance dos simples mortais, foi reconhecido através das eras. Foi associado muitas vezes à inspiração divina, especialmente com relação aos poetas. Por exemplo, no século XII, a monja e mística alemã Hildegard von Bingen foi famosa por toda a Europa como naturalista, compositora, artista e dramaturga. Ela própria, no entanto, não levou crédito pelo incrível âmbito e profundidade de seus talentos, mas comentou que não passava de "uma pluma soprada por Deus".[25]

Na Renascença italiana, a associação entre os excepcionais poderes criativos e a inspiração divina era expressa de maneira muito direta conferindo-se a esses indivíduos o epíteto *divino*. Entre os mestres renascentistas, Leonardo, assim como seus jovens contemporâneos, Rafael e Michelangelo, foram aclamados como divinos.

Desde o desenvolvimento da psicologia moderna, da neurociência e da pesquisa genética, tem havido uma discussão acalorada sobre as origens, as características mentais e a constituição genética dos gênios. No entanto, numerosos estudos de célebres figuras históricas mostraram uma diversidade desconcertante de fatores hereditários, psicológicos e culturais, que desafiam todas as tentativas de se estabelecer algum padrão comum.[26] Enquanto Mozart foi uma famosa criança prodígio, o talento de Einstein só se manifestou tardiamente. Newton cursou uma universidade de prestígio, ao passo que Leonardo foi essencialmente um autodidata. Os pais de Goethe tiveram uma boa educação e uma posição social elevada, mas os de Shakespeare parecem ter sido relativamente insignificantes; e assim por diante.

Apesar dessa ampla gama de circunstâncias, os psicólogos conseguiram identificar um conjunto de atributos mentais que parecem ser indícios característicos dos gênios, além do talento excepcional numa determinada área.[27] Tudo isso era característico em Leonardo num grau elevado.

Primeiro, uma intensa curiosidade e um grande entusiasmo pela descoberta e pelo entendimento. Essa foi de fato uma qualidade notável de Leonardo, que Kenneth Clark chama de "o homem com a curiosidade mais incansável da história".[28] Outro sinal impressionante do gênio é uma capacidade extraordinária de se manter profundamente concentrado por longos períodos de tempo. Isaac Newton, ao que parece, era capaz de manter um problema matemático em sua mente por semanas até que ele se rendesse aos seus poderes mentais. Perguntado sobre como fazia suas notáveis descobertas, conta-se que Newton respondia, "Eu mantenho o problema constantemente em vista e aguardo até que as primeiras luzes pouco a pouco o iluminem por completo".[29] Leonardo parece ter trabalhado de maneira parecida, e a maior parte do tempo não apenas em um, mas em vários problemas simultaneamente.

Temos um vívido testemunho dos excepcionais poderes de concentração de Leonardo do seu contemporâneo Matteo Bandello, que quando garoto observou o artista pintando *A Última Ceia*. Ele teria visto o mestre chegar bem cedo de manhã, nos conta Bandello, subir nos andaimes e se pôr imediatamente a trabalhar:

> Permanecia às vezes lá do amanhecer ao pôr-do-sol, sem largar o pincel, esquecendo-se de beber e comer, pintando sem pausas. Por vezes, permanecia dois, três ou quatro dias sem tocar no pincel, embora passasse várias horas por dia em frente ao trabalho, com os bra-

ços cruzados, examinando e criticando as figuras para si próprio. Também o vi, tomado por algum súbito impulso, ao meio-dia, com o sol a pino, deixar a Corte Vecchia, onde trabalhava no seu maravilhoso cavalo de argila, e seguir direto para Santa Maria delle Grazie, sem procurar sombra, escalar os andaimes, tomar o pincel, dar uma ou duas pinceladas e ir embora logo depois.[30]

Estreitamente associado aos poderes de intensa concentração que são característicos dos gênios está a habilidade para memorizar grande quantidade de informação num todo coerente, numa única *gestalt*. Newton retinha em sua mente as provas matemáticas que ele deduzia por meses antes de colocá-las no papel e publicá-las. Conta-se que Goethe entretinha seus companheiros de carruagem recitando seus romances, palavra por palavra, antes de passá-los para o papel. E há a famosa história de Mozart, que quando criança escreveu com perfeição a partitura do *Miserere* de Gregorio Allegri, uma canção complexa para um coral a cinco vozes, depois de ouvi-la uma única vez.

Leonardo, segundo alguns, era capaz de seguir pessoas com feições fora do comum por horas, memorizar sua aparência e desenhá-las com total precisão ao voltar para o estúdio. O pintor e escritor milanês Giovanni Paolo Lomazzo conta a história de como Leonardo certa vez desejou pintar alguns camponeses rindo:

> Escolheu alguns homens que ele achou apropriados ao seu propósito e, depois de ter se familiarizado com eles, organizou-lhes um banquete com alguns de seus amigos. Sentando-se ao lado deles, começou a contar os contos mais desvairados e ridículos que se pode imaginar, fazendo com que eles, que não estavam a par de suas intenções, gargalhassem ruidosamente. Enquanto isso, observava atentamente seus trejeitos e as coisas ridículas que faziam, e imprimia-os em sua mente; depois que eles foram embora, retirou-se para seu quarto e lá os desenhava com uma perfeição que fazia aqueles que observavam os desenhos gargalhar, como se rissem das próprias histórias contadas por Leonardo no banquete.[31]

Nos capítulos seguintes, apresentarei a cronologia da vida de Leonardo, seguindo sua trajetória desde o pequeno povoado de Vinci a Florença, o próspero centro da arte renascentista, até a corte Sforza em Milão, a corte papal em

Roma, e seu último lar no vale do Loire, no palácio do rei da França. Entretanto, a documentação dessa vida rica e fascinante quase não contém pistas para as fontes da genialidade de Leonardo. Na verdade, a estudiosa do classicismo Penelope Murray observa na introdução da sua antologia *Genius: The History of an Idea*,

> Permanece algo de fundamentalmente inexplicável sobre a natureza de poderes tão prodigiosos. Atribuímos a extraordinária qualidade da poesia de Shakespeare, por exemplo, a música de Mozart e as pinturas de Leonardo à genialidade de seus criadores porque reconhecemos que essas obras não são apenas o produto do aprendizado, da técnica ou do mero trabalho árduo. Não há dúvida de que podemos traçar fontes e influências (...) mas até agora nenhuma análise pôde explicar as capacidades desses indivíduos singulares e talentosos em produzir trabalhos criativos de qualidade e valor duradouros.[32]

Em vista do persistente fracasso dos cientistas em lançar luz sobre as origens do gênio, parece que, no fim das contas, a explicação de Vasari pode ainda ser a melhor: "Às vezes, de uma maneira que transcende a natureza, uma única pessoa é prodigiosamente dotada pelos céus com beleza, graça e talento em tal abundância que deixa muito atrás os outros homens, todas as suas ações parecem inspiradas e, de fato, tudo o que ele faz provém claramente de Deus, e não da arte humana".

DOIS

O Homem Universal

O clima intelectual da Renascença foi decisivamente moldado pelos movimentos filosófico e literário do humanismo, que fizeram das aptidões individuais sua preocupação central. Foi uma mudança fundamental do dogma medieval que entendia a natureza humana de um ponto de vista religioso. A Renascença ofereceu uma perspectiva mais secular, com foco voltado para o intelecto humano individual. O novo espírito do humanismo se expressava por meio de uma grande ênfase nos estudos clássicos, que expuseram os estudiosos e os artistas a uma grande diversidade de idéias filosóficas gregas e romanas que estimulavam o pensamento crítico individual e prepararam o terreno para o surgimento gradual de uma concepção mental racional e científica.

Em Florença, o berço da Renascença, o apoio entusiástico dos humanistas às descobertas e ao aprendizado deu início a um novo ideal humano — *l'uomo universale*, o infinitamente versátil homem "universal", instruído em todos os ramos do conhecimento e capaz de inovar em muitos deles. Esse ideal tornou-se tão estreitamente associado à Renascença que mais tarde historiadores se referiam a ele como o ideal do "homem renascentista". Na sociedade florentina do século XV, não apenas os artistas e os filósofos mas também os mercadores e os estadistas se esforçavam para ser "universais". Aprendiam grego e latim, eram versados nos trabalhos de Aristóteles e familiarizados com os tratados clássicos de história natural, geografia, arquitetura e engenharia.[1]

Os humanistas florentinos foram inspirados por vários indivíduos de seu meio que pareciam incorporar com perfeição o ideal do *uomo universale*. Um dos primeiros e mais famosos foi Leon Battista Alberti, nascido meio século antes de Leonardo, de quem parece ser o precursor perfeito.[2] De Alberti, como Leonardo, dizia-se que fora abençoado com uma beleza excepcional e grande força física, era também um cavaleiro habilidoso e um músico de talento. Além disso, foi um arquiteto famoso e um pintor de alto nível, escreveu uma bela prosa em latim, estudou direito canônico e civil assim como física e matemática, e foi o autor de vários tratados pioneiros nas artes visuais. Quando jovem, Leonardo foi fascinado por Alberti: lia-o avidamente, comentava seus escritos e imitava-o em sua própria vida e trabalho.

Em seus últimos anos, Leonardo, é claro, superou Alberti tanto na dimensão como na profundidade de seu trabalho. A diferença entre Leonardo e os outros "homens universais" da Renascença italiana não era apenas a de ter ido mais longe do que qualquer outro em suas investigações, questionado o que nunca ninguém havia questionado antes, mas a de ter transcendido as fronteiras disciplinares de sua época. Ele o fez reconhecendo os padrões que interligavam as formas e os processos nos diferentes domínios e integrando suas descobertas em uma visão de mundo unificada.

De fato, parece ter sido assim que Leonardo compreendia o significado de *universale*. Sua famosa declaração, *"Facile cosa è farsi universale"* — "É fácil tornar-se universal" — foi muitas vezes interpretada como significando que a infinita versatilidade era fácil de se adquirir. No entanto, quando lemos essa afirmação no contexto em que foi feita, um significado completamente diferente se torna evidente. Discutindo as proporções do corpo, Leonardo escreveu em seu *Tratado de Pintura*,

> Para o homem que sabe como, é fácil tornar-se universal, uma vez que todos os animais terrestres se parecem uns com os outros quanto às partes de seus corpos, ou seja, músculos, nervos e ossos, e diferem apenas em comprimento e tamanho.[3]

Para Leonardo, em outras palavras, ser universal significava reconhecer as similaridades nas formas de vida que interligam diferentes facetas da natureza — nesse caso, as estrutura anatômica de animais diferentes. O reconhecimento de que as formas de vida da natureza exibem tais padrões básicos foi a intuição-chave da escola da biologia romântica do século XVIII. Esses padrões eram chamados de *Urtypen* [arquétipos] na Alemanha, e na Inglaterra, Charles Darwin admitiu que esse conceito tinha um papel central no início de sua formulação da evolução.[4] No século XX, o antropólogo e ciberneticista Gregory Bateson expressou a mesma idéia na frase sucinta "o padrão que conecta".[5]

Portanto, Leonardo da Vinci foi o primeiro de uma linhagem de cientistas a salientar os padrões que interligam as estruturas básicas e os processos dos sistemas vitais. Hoje, essa abordagem da ciência é chamada de "pensamento sistêmico". Isso é, a meu ver, a essência do que Leonardo queria dizer com *farsi universali*. Traduzindo livremente sua afirmação para a linguagem científica moderna, eu a reformularia dessa maneira: "Para alguém capaz de perceber os padrões interligados, é fácil ser um pensador sistêmico".

A SÍNTESE DE LEONARDO

A síntese de arte e ciência de Leonardo torna-se mais fácil de ser apreendida quando percebemos que, na sua época, esses termos não eram usados com o mesmo sentido que têm hoje. Para os seus contemporâneos, *arte* significa habilidade (no sentido que ainda usamos hoje quando falamos da "arte da medicina", ou "arte de administrar"), enquanto *scientia* significava conhecimento, ou teoria. Leonardo insistia sempre que a "arte", ou a habilidade, da pintura deve estar apoiada pela "ciência" do pintor, ou conhecimentos sólidos das formas de vida, por meio do seu entendimento intelectual de sua natureza intrínseca e dos princípios subjacentes.

Ele também ressaltou que seu entendimento era um processo intelectual contínuo — *discorso mentale* — e que a própria pintura, portanto, merecia ser considerada um empreendimento intelectual.[6] "Os verdadeiros princípios científicos da pintura", ele escreveu no *Trattato*, "são entendidos pela mente apenas, sem operações manuais. Essa é a teoria da pintura, que reside na mente que a concebe."[7] Essa concepção de pintura o distingue de outros teóricos da Renascença. Ele encarava como uma missão elevar sua arte da categoria de um mero ofício para uma disciplina intelectual tão importante quanto as tradicionais sete artes liberais. (Na Idade Média, os sete ramos de aprendizado conhecidos como artes liberais eram o "trivium" da gramática, lógica e retórica, cujo estudo conferia o grau de bacharel em artes, mais o "quadrivium" da aritmética, geometria, astronomia e música, que conferiam o grau de mestre em artes.)

O terceiro elemento da síntese de Leonardo, além da *arte* [habilidade] e *scientia* [conhecimento], é a *fantasia*, a imaginação criativa do artista. Na Renascença, a confiança nas capacidades do indivíduo se tornou tão grande que surgiu uma nova concepção do artista como um criador. De fato, os humanistas italianos eram ousados a ponto de comparar as criações artísticas à criação divina. Essa comparação foi aplicada pela primeira vez à criatividade dos poetas e foi então estendida, especialmente por Leonardo, aos poderes criativos do pintor:

> Se o pintor deseja ver belezas que o façam se apaixonar, ele é o senhor que lhes pode dar origem, e se deseja ver coisas monstruosas que apavoram, coisas engraçadas que o façam rir, ou coisas que verdadeiramente inspirem compaixão, ele é o senhor dessas coisas e seu Deus(...). De fato, o que quer que haja no universo, em essência, presença ou imaginação, ele a tem primeiro em sua mente e depois em suas mãos.[8]

Para Leonardo, a imaginação do artista permanece sempre intimamente relacionada ao seu entendimento intelectual da natureza. "As invenções da sua *fantasia*", explica Martin Kemp, "nunca estão em desarmonia com a dinâmica universal compreendida racionalmente; são fabulosas, ainda que plausíveis, cada elemento de sua composição derivando das causas e efeitos da natureza."[9] Ao mesmo tempo, Leonardo insistia na característica divina da criatividade do pintor. "A natureza divina da ciência da pintura", declarou, "transforma a mente do pintor assemelhando-a à mente divina."[10]

Leonardo percebeu que a *fantasia* não estava limitada aos artistas, mas é sobretudo uma qualidade geral da mente humana. Chamava todas as criações humanas — tanto os artefatos como as obras de arte — de "invenções", e fez uma interessante distinção entre as invenções humanas e as formas de vida criadas pela natureza. "A natureza abrange apenas a criação das coisas simples", argumentava, "mas o homem, a partir dessas coisas simples, produz uma infinidade de compostos."[11]

Da perspectiva científica moderna, essa distinção não se sustenta mais, pois sabemos que, no processo evolutivo, a natureza também produz formas de vida por meio de uma infinidade de novos compostos das células e das moléculas. Todavia, em sentido amplo, a distinção de Leonardo ainda é válida como uma distinção entre formas surgidas da evolução e formas criadas pelo homem. Na linguagem científica contemporânea, a expressão "coisas simples" seria substituída por "estruturas emergentes", e sua noção de "compostos" por "estruturas definidas".[12]

Ao longo da vida, Leonardo se referia a si mesmo como um inventor. No seu modo de ver, um inventor era alguém que criava um artefato ou obra de arte por meio da junção de vários elementos numa nova configuração que não se manifestava na natureza. Essa definição se aproxima muito da nossa noção de criador, que não existia na Renascença. (O termo de Leonardo *disegnatore*, às vezes erroneamente traduzido por "designer", quer dizer sempre "desenhista, projetista"; um equivalente melhor de "designer" é o seu termo *compositore*.) O conceito de criação como uma profissão distinta surgiu apenas no século XX em conseqüência da produção de massa e do capitalismo industrial.[13] Durante a era pré-industrial, a criação era sempre uma parte integral de um processo mais amplo que incluía a resolução de problemas, a inovação, a conformação, a decoração e a manufatura. Esse processo se dava tradicionalmente nos domínios da engenharia, da arquitetura, do artesanato, e das belas artes.

Por isso, Leonardo não separava o processo de criação — a configuração abstrata de múltiplos elementos — do processo de produção material. Contudo, ele sempre parecia estar mais interessado no processo de criação do que na sua realização concreta. É importante lembrar que a maioria das máquinas e dispositivos mecânicos que ele inventou, projetou e representou em desenhos esplêndidos nunca foram construídos; grande parte de suas invenções militares e projetos de engenharia civil não foram executados; e embora fosse famoso como arquiteto, seu nome não está associado a nenhuma construção conhecida. Mesmo como pintor, parece estar freqüentemente mais interessado na solução de problemas compositivos — o *discorso mentale* — que na verdadeira conclusão da pintura.

Parece-me, portanto, que o vasto âmbito de atividades e realizações de Leonardo da Vinci, o arquétipo do *uomo universale*, pode ser mais bem examinado nas três categorias de artista, criador e cientista. Na sua própria síntese, as atividades de inventor, ou criador assim como aquelas de artista, estão inextricavelmente relacionadas a *scientia*, o conhecimento dos princípios naturais. Ele se referia a si mesmo, em uma de suas expressões mais interessantes, como "o inventor é o intérprete entre o homem e a natureza".[14]

A SUBLIME MÃO ESQUERDA

Na prática, foi a excepcional facilidade para desenhar de Leonardo que criou o elo entre os três domínios da arte, criação e ciência, como ele próprio reconheceu:

> O desenho [o fundamento da pintura], ensina o arquiteto a executar seu edifício de forma agradável à vista; a pintura também ensina os oleiros, ourives, tecelões, bordadores; encontrou os caracteres por meio dos quais as línguas são expressadas, deu aos aritméticos suas cifras e ensinou os geômetras a representar suas figuras; instruiu os especialistas em perspectiva, astrônomos, construtores de máquinas e engenheiros.[15]

Com seu aguçado poder de observação e sua "sublime mão esquerda" (como seu amigo, o matemático Luca Pacioli, a chamava), Leonardo era capaz de desenhar, com detalhes meticulosos, flores, pássaros em vôo, redemoinhos, músculos, ossos e expressões humanas com uma precisão sem paralelo (ver figura 2-1). Escrevendo sobre os estudos para as suas primeiras *Madonnas*, Kenneth Clark comentou, "eles mostram a inigualável perspicácia de sua visão, que lhe permitia transmitir cada movimento ou gesto com uma graciosidade convicta e inconsciente de um grande bailarino executando um passo familiar".[16]

Os desenhos anatômicos de Leonardo eram tão radicais em sua concepção que permaneceram sem rival até o fim do século XVIII, quase trezentos anos depois. De fato, foram considerados como o início da ilustração anatômica moderna.[17] Para apresentar o conhecimento que havia adquirido de suas exaustivas dissecções anatômicas, Leonardo introduziu numerosas inovações: estruturas desenhadas de várias perspectivas; desenhos em cortes transversais, e vistas explodidas; mostrando a remoção dos músculos em camadas sucessivas para expor a profundidade de um órgão ou uma característica anatômica. Nenhum de seus predecessores ou contemporâneos chegou perto dele em detalhe e precisão anatômica.

Aos poucos contemporâneos que tiveram o privilégio de observá-los, os manuscritos anatômicos de Leonardo deviam parecer quase miraculosos. Quando o cardeal de Aragão visitou o velho mestre na França, em 1517, seu secretário, Antonio de Beatis, escreveu em seu diário: "Esse cavalheiro escreveu um tratado de anatomia, mostrando os membros, músculos, nervos, veias,

*Figura 2-1: Madona e Criança e Outros Estudos, c. 1478-1480,
Desenhos e papéis diversos, vol. III, fólio 162r*

juntas, intestinos e tudo o que pode ser explicado no corpo de homens e mulheres de uma forma que nunca fora feita antes".[18]

Leonardo chamava seus desenhos anatômicos de "demonstrações", adotando uma terminologia tipicamente usada por matemáticos para se referir a seus diagramas, e afirmava com orgulho que elas davam "verdadeiro conhecimento das [várias] formas, o que não foi possível nem para os escritores antigos nem para os modernos (...) sem uma imensa, tediosa e confusa quantidade de texto e tempo".[19] De fato, examinando os Estudos Anatômicos, fica evidente que o principal foco de Leonardo está nos desenhos. O texto que os acompanha é secundário, e, às vezes, ausente. De certo modo, esses manuscritos lembram os ensaios científicos modernos nos quais os principais enunciados são equações matemáticas, com algumas poucas linhas explanatórias entre elas (ver figura 2-2).

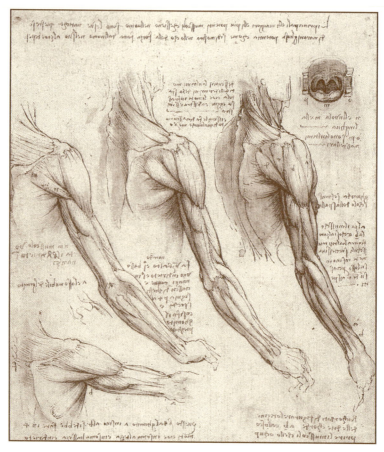

Figura 2-2: Músculos do braço e do ombro em vista rotacional, c. 1510, Estudos Anatômicos, fólio 141v

Leonardo usou as mesmas técnicas inovadoras que ele aperfeiçoou em seus desenhos anatômicos na sua vasta coleção de desenhos técnicos de mecanismos e máquinas. Uma infinidade de elementos mecânicos em diferentes combinações é apresentada em corte ou vista explodida, de vários lados, com grande maestria de perspectiva visual e representações sutis de luz e sombra (ver figura 2-3). Desenhos de máquinas semelhantes foram produzidos por outros engenheiros renascentistas. Contudo, como apontou o historiador de arte Daniel Arasse, enquanto esses são apenas explanatórios, os de Leonardo são *convincentes,* persuadindo o observador da factibilidade e solidez das criações do autor:

> Seus desenhos de trabalho não possuem apenas uma rara elegância; são contextualizados visualmente e têm a aparência concreta de objetos que existem: o ângulo ou ângulos de visão, a sutileza das sombras e o próprio tratamento do fundo no qual são desenhados lhes confere uma eficácia extraordinariamente convincente.[20]

Como artista, Leonardo introduziu uma novidade na prática de desenhos preparatórios que cria um intrigante contraponto à precisão de seus desenhos técnicos e científicos.[21] Em muitos de seus estudos para pinturas ele refazia os es-

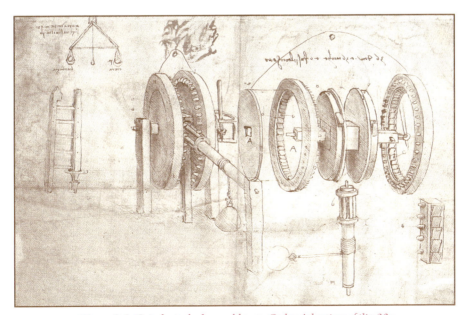

Figura 2-3: Guindaste de duas roldanas, Codex Atlanticus, fólio 30v

boços de uma figura repetidas vezes, esboçando várias linhas alternativas e variações de posição das figuras, até encontrar a forma ideal. Esses esboços preparatórios possuem uma extraordinária qualidade dinâmica. Pode-se quase sentir o ritmo da "sublime mão esquerda" de Leonardo enquanto ele tenta as diferentes possibilidades, traduzindo seu *discorso mentale* num emaranhado de linhas. No tempo de Leonardo, essa técnica não tinha precedentes, como Martin Kemp descreve:

> Nunca antes um artista havia preparado suas composições com tal tumulto de linhas alternativas. As técnicas de desenho de livros padrão dos séculos XIV e XV, que Verrocchio havia tornado mais descontraídas em certa medida, foram lançadas num *brain storm* de esboços dinâmicos. Essa flexibilidade nos esboços preparatórios se tornou regra para os séculos seguintes e foi introduzida quase que unicamente por Leonardo.[22]

Às vezes — como, por exemplo, no estudo para o seu famoso *A Virgem e o Menino com Santa Ana* — Leonardo levaria ao extremo sua técnica de esboço dinâmico, produzindo o que Arasse descreve como "um borrão ilegível. Nada mais pode ser distinguido nesse caos, mas seu olho captou no movimento de suas mãos a forma recôndita, subterrânea e latente, que luta para tornar-se uma figura. Leonardo marca isso com um estilo, e virando a folha pelo avesso, torna-a visível com uma linha distinta".[23]

Para mim, essa é uma ilustração fascinante do processo conhecido pelos teóricos da complexidade como "manifestação" — a manifestação espontânea de novas formas ordenadas a partir do caos e da confusão.[24] Segundo a teoria da complexidade, a criatividade — a geração de novas formas — é uma propriedade-chave de toda a vida, e envolve o processo mesmo que Leonardo revelou em seus magníficos desenhos preparatórios. Eu argumentaria que nossos *insights* mais criativos surgem desses estados de incerteza e confusão.

A ALMA DA PINTURA

Embora tenha mantido suas idéias científicas em segredo, Leonardo compartilhou livremente suas visões sobre a pintura com seus estudantes e colegas artistas. Ao morrer, deixou mais de seiscentas páginas de instruções detalhadas para pintores, cobrindo todos os aspectos de sua ciência e arte da pintura. A partir de sua vasta coleção, espalhada pelos 18 cadernos de notas de Leonardo (mais da metade dos quais, como já foi dito, estão hoje perdidos), seu amigo e discípulo Francesco Melzi compilou a famosa antologia conhecida como *Trattato della Pittura* [Tratado de Pintura].[25] Publicado pela primeira vez em 1651, foi logo traduzido por toda a Europa, e permaneceu como um texto clássico para estudantes de arte por três séculos.

A primeira parte do *Trattato*, conhecida como "Paragone" [Paragão, comparação], é um longo e polêmico "debate" que compara a pintura à poesia, à música e à escultura.[26] Esse tipo de polêmica estava na moda no século XV, e os argumentos bastante originais de Leonardo a favor da pintura são tão vívidos e espirituosos que podemos facilmente imaginá-lo apresentando-os num debate de verdade.

"A pintura serve a um sentido mais nobre que a poesia", ele argumenta, "e representa as figuras das obras da natureza com mais verdade do que os poetas." Ele continua num tom mais leve: "Tome um poeta que descreve os encantos de uma dama para seu amante e tome um pintor que a figure, e você verá para onde a natureza apontará o julgamento do enamorado".[27] A música deve ser chamada de "irmã mais nova da pintura", sugere Leonardo, "já que compõe a harmonia das conjunções de suas partes proporcionais (...). No entanto, a pintura sobrepuja e governa a música, pois não morre imediatamente após sua criação da maneira como a desafortunada música o faz".[28] E quanto à escultura? Certamente, nenhuma pintura resiste tanto quanto o mármore e o bronze. É verdade, admite, "a escultura tem a maior resistência ao tempo". Entretanto, a pintura é muito superior, pois a escultura "não produzirá corpos luminosos e transparentes como as figuras veladas que exibem a pele nua sob véus. Não produzirá os diminutos seixos de cores variegadas sob a superfície das águas cristalinas". Os escultores, ele continua, "não podem representar (...) espelhos e semelhantes coisas lustrosas, nem névoas, nem o mau tempo, nem uma infinidade de outras coisas que é desnecessário mencionar, pois seria por demais tedioso".[29]

O verdadeiro propósito da vibrante polêmica de Leonardo era sugerir argumentos convincentes para a consideração da pintura como uma atividade mental e uma ciência, muito acima da categoria de mero ofício. No início da Renascença, a pintura era classificada como "arte mecânica", ao lado de ofícios como os trabalhos em metal e ouro, joalheria, tapeçaria e bordadura. Nenhuma dessas artes mecânicas se sobressaía em termos de prestígio, e seus praticantes permaneciam relativamente anônimos. Em geral, o comissionamento especificaria a qualidade dos materiais brutos (folha de ouro, lápis-lazúli, etc.), o que era mais importante para o patrono que o nome do artista.[30]

Quando Florença se tornou o maior centro artístico do século XIV, seus pintores começaram a trocar entre si conhecimentos e experiências e desenvolveram coletivamente muitas inovações técnicas. Aperfeiçoaram a técnica do afresco (a arte de pintar *al fresco*, ou seja, em cobertura de gesso recém-umedecida), introduziram a pintura em painéis e, um século depois, foram os precursores da perspectiva e da pintura a óleo. Os pintores florentinos e escultores também estabeleceram um elaborado sistema de aprendizagem com um rigoroso controle de qualidade, sob a supervisão de corporações profissionais, que aumentavam seu prestígio e elevavam gradualmente suas profissões acima do mundo dos artesãos anônimos.

Leonardo se comprometeu a promover esse processo de emancipação para convencer a sociedade de que a pintura devia ser considerada uma tarefa intelectual, uma verdadeira arte liberal. Para distinguir a pintura dos trabalhos manuais, Alberti, em seu livro de 1435 *De Pictura* [Da Pintura], já havia discutido a importância da matemática, uma das artes liberais daquela época, como o fundamento da perspectiva e da geometria das sombras, e, por conseqüência, como o cerne intelectual da pintura como um todo.[31] Leonardo seguiu os passos de Alberti, mas foi muito além dele ao promover a pintura como uma disciplina intelectual baseada não apenas na matemática mas no conhecimento teórico "de todas as propriedades das formas".[32]

Como pintor, Leonardo destacou-se na modelagem de sutis gradações de luz e sombra, conhecida pelos historiadores de arte como *chiaroscuro*. Revolucionou completamente a pintura ao reconceitualizar as técnicas tradicionais. "No uso que fazia de luz e sombra, Leonardo foi o precursor de toda a subseqüente pintura européia", escreve Kenneth Clark.[33]

A essência da inovação de Leonardo reside no seu uso da sombra como um elemento unificador, um tema que salienta as diferentes propriedades de tom e cor. Como Martin Kemp explica em sua perspicaz análise da *Virgem do Rochedo*,

> A partir do suave substrato de sombra aveludada surgem as cores, reveladas apenas pela presença de luz (...) Dentro dessa unidade de sombra, uma infinidade de séries sutis de ajustes são elaborados para acomodar os valores tonais inerentes às diversas cores, do amarelo mais suave aos azuis mais profundos.[34]

Um dos indícios mais importantes de um mestre da pintura da tradição florentina era a habilidade para representar figuras que aparentassem relevo tridimensional. "A primeira tarefa de um pintor", escreve Leonardo, "é fazer uma superfície plana parecer um corpo em relevo, projetando-se dessa superfície, e aquele que supera os outros nessa habilidade merece todo louvor."[35] Como explica Kenneth Clark, Leonardo não se contentava em obter esse efeito por meio "da delicada combinação de desenho e modelagem de superfície que os pintores do *quattrocento* [século XV] levaram à perfeição. Ele deseja obter o relevo por meio do uso científico de luz e sombra".[36] Segundo Leonardo, essa realização [do relevo] é a "a alma da pintura".[37]

A técnica de Leonardo na utilização de luz e sombra dá às suas figuras "grande vigor e relevo", como Vasari colocou, culminando na sua famosa criação do *sfumato*, a delicada fusão de sombras que acabaria por se tornar o princípio unificador de suas pinturas. "No *sfumato* de Leonardo residia a força por trás da poesia de suas pinturas", sustentava Arasse, "e o mistério que parece emanar delas."[38]

Está claro pelos escritos de Leonardo sobre o uso de luz e sombra que ele derivou seu conhecimento de uma série de experimentos sistemáticos com o brilho de uma lamparina projetado numa variedade de sólidos geométricos. Ele desenhou numerosos diagramas complexos mostrando a formação, a projeção, as intersecções e as gradações de sombras em inúmeras combinações. Como mostrarei mais adiante, suas investigações detalhadas sobre a visão, a natureza da luz e da sombra, e a aparência das formas foram as vias de acesso para a sua ciência da pintura.[39]

As primeiras anotações conhecidas sobre sombra e luz de Leonardo datam aproximadamente de 1490,[40] mas é evidente pela sua *Virgem do Rochedo* (1483-86) que ele já havia dominado perfeitamente os conceitos básicos vários anos antes. Seu poder de observação, combinado com seu entendimento intuitivo da luz, permitiu-lhe transpor não apenas as mais sutis gradações de *chiaroscuro*, mas também efeitos de luz secundários complexos — brilhos refletidos, áreas de luz difusa, brilhos sutis, e efeitos similares — com maestria sem precedentes. Segundo Kemp, "Ninguém até o século XIX realizaria com um grau de intensidade comparável a representação das complexidades esquivas dos fenômenos visuais".[41]

DISCORSO MENTALE

Leonardo não poderia ter desenvolvido seu domínio do *chiaroscuro* nem seu característico estilo *sfumato* sem o maior avanço da pintura renascentista — o uso de tintas a óleo. A pintura a óleo permite sobrepor camadas de tinta sem borrar as cores (desde que as camadas sequem individualmente), retomar o trabalho repetidamente e misturar as tintas com facilidade, tudo aquilo que era essencial para que Leonardo realizasse seus efeitos especiais de relevo e *sfumato*.

Acredita-se que a pintura a óleo foi inventada pelo mestre flamengo Jan van Eyck. De acordo com Vasari, a técnica foi introduzida na Itália primeiro em Nápoles, Urbino e Veneza antes de finalmente alcançar Florença, onde causou sensação. Quando Leonardo era aprendiz na oficina de Verrocchio, os pintores toscanos ainda não haviam dominado totalmente a técnica da pintura a óleo. Leonardo tornou-se uma figura central em seu aperfeiçoamento, junto com seu colega Perugino, que passou seus segredos a Rafael.[42]

Com o passar dos anos, Leonardo adquiriu um domínio sublime na aplicação de finíssimas camadas de tinta para criar os tons luminosos que conferem às suas pinturas um encanto especial. Como Serge Bramly descreve, "A luz passa através de suas pinturas como se passasse por um vitral, direto para a superfície preparada abaixo, que a reflete de volta, criando assim a impressão que emana das próprias figuras".[43]

O lento e cuidadoso processo de pintura requerido pelos óleos era ideal para o método de Leonardo. Ele poderia passar semanas entre camadas de tinta, retrabalhando e refinando seus painéis por anos a fio, refletindo sobre cada detalhe de sua concepção, empenhando-se no discurso mental que via como essência de sua arte e ciência. Esse *discorso mentale*, o processo intelectual de pintura, era muitas vezes mais importante para Leonardo do que a conclusão do trabalho em si. Como resultado, a produção total de sua vida como pintor foi relativamente pequena, especialmente em vista do profundo impacto que teve na história subseqüente da arte européia.

Por outro lado, as obras-primas finalizadas de Leonardo sempre envolveram inovações radicais em diversos níveis — artístico, filosófico e científico. Por exemplo, a *Virgem do Rochedo* (Fig. 2-4) não foi apenas revolucionária em sua reprodução de luz e sombra. Também representou uma meditação complexa e controversa sobre o destino de Cristo, expresso por meio dos gestos e posições relativas dos quatro protagonistas, bem como no simbolismo intrincado das rochas e da vegetação ao redor.[44]

Figura 2-4: Virgem do Rochedo, c. 1483-1486, Museu do Louvre, Paris

As próprias rochas são reproduzidas com estarrecedora precisão geológica. Leonardo retratou uma formação geológica complexa composta de arenito desgastado, cortado numa camada de rocha mais dura conhecida pelos geólogos como diabásio. Numerosos detalhes quase imperceptíveis na textura das rochas e padrões de erosão revelam o profundo conhecimento do artista, único em seu tempo, de tais formações geológicas.[45] Finalmente — em uma ruptura dramática do uso decorativo tradicional das plantas no *quattrocento* —, a vegetação ao redor da gruta rochosa é reproduzida não apenas com refinado detalhe botânico mas também em seu hábitat característico, com total precisão sazonal e ecológica.[46]

Observações de inovações similares podem ser feitas a respeito da *Última Ceia*, da *Mona Lisa* ou da *Virgem e Menino com Santa Ana*. Não admira que cada uma dessas obras-primas tenha causado grande comoção entre os contemporâneos de Leonardo, gerando animadas discussões e numerosas cópias, que expandiram o *discurso mental* do mestre por todos os círculos artísticos e intelectuais da Europa.

IL CAVALLO

No "Paragão", Leonardo introduz uma de suas extensas argumentações a respeito da superioridade da pintura sobre a escultura com as seguintes palavras autoconfiantes:

> Como me dedico à escultura não menos do que à pintura, e pratico ambas no mesmo grau, a mim me parece que sem entrar em suspeita de injustiça posso julgar qual das duas é de maior engenhosidade e de maior dificuldade e perfeição.[47]

Em uma veia semelhante, Vasari se refere a Leonardo como "escultor e pintor florentino" no título de sua biografia. E, ainda assim, não temos nenhuma escultura conhecida de Leonardo. Sua reputação como escultor assenta-se em uma única peça: um monumental cavalo de bronze que ele nunca fundiu, mas que ocupou Leonardo intensamente por mais de dez anos.

Quando, no final de seus 30 anos, estava empregado como "pintor e engenheiro" na corte de Ludovico Sforza, em Milão, Leonardo recebeu a encomenda de uma estátua eqüestre em honra ao pai do duque. A tremenda riqueza da cidade na época encorajava projetos grandiosos, e por isso Ludovico queria que o monumento eqüestre fosse *grandissimo*, talvez três ou quatro vezes o tamanho natural. Nunca se tentara fazer uma escultura de bronze desse porte antes. Os desafios sem precedentes do projeto fascinaram Leonardo, e mesmo que ele de modo geral não fosse muito afeiçoado à escultura, aceitou a encomenda de bom grado. Era um projeto no qual empregaria seus interesses científicos em anatomia, proporção e do corpo animal em movimento, bem como suas habilidades de engenharia e seu talento artístico. Contado belamente por Serge Bramly em sua biografia, *Leonardo: Discovering the Life of Leonardo da Vinci*, o episódio é ligado estreitamente às vicissitudes da dinastia dos Sforza.[48]

Primeiramente, Leonardo considerou um cavalo empinando sobre um inimigo subjugado. A poderosa vitalidade dessa imagem agradou-o, mas os problemas estruturais mostraram-se proibitivos mesmo para seu gênio. Como poderia criar um cavalo de várias toneladas que pudesse ficar sobre duas patas? Mesmo se criasse suportes adicionais fazendo uma das pernas da frente repousar sobre o inimigo subjugado, como poderia fundir e equilibrar o conjunto? Após um longo e cuidadoso exame dessas desconcertantes dificuldades técnicas, Leonardo abandonou a idéia de um cavalo empinado e acabou decidindo pela clássica pose de uma antiga estátua eqüestre, conhecida como *Regisole*, que ele tanto admirava em Pavia.[49] Ele teria se impressionado especialmente pela graça natural da estátua. "O movimento é mais louvável do que qualquer outra coisa", anotou em seu caderno. "O trote assemelha-se ao de um cavalo bravio."[50]

Enquanto ponderava sobre várias poses do cavalo de bronze e os problemas de engenharia a ele associados, Leonardo parecia ter esquecido completamente seu cavaleiro. A estátua do duque Francesco, vestido em armadura, seria fundida separadamente e adicionada depois, mas com o passar dos anos Leonardo ficou tão absorto pela beleza física, proporções e movimentos do cavalo que se referia ao monumento simplesmente como *il cavallo*.

Uma vez escolhida a pose final do cavalo, Leonardo visitou várias vezes os estábulos principescos de Ludovico, bem como aqueles de outros ricos nobres milaneses, em busca de modelos para seu *cavallo*. Identificou diversos puros-sangues esplêndidos, tomou suas medidas meticulosamente para determinar suas proporções, e fez desenhos de observação de diversas posições. De modo típico, deixou-se levar pelos aspectos intelectuais da empreitada, expandindo-a em um enorme projeto de pesquisa, e terminou com um tratado completo sobre a anatomia do cavalo.[51] Além disso, produziu uma grande quantidade de estudos artísticos de cavalos, agora reunidos em um volume especial da Royal Collection no Castelo de Windsor. Na opinião do crítico de arte Martin Kemp, "Ninguém jamais captou de modo tão convincente a sinuosa beleza de um cavalo bem nascido e criado".[52]

Finalmente, após quatro anos de estudos preparatórios, Leonardo construiu um modelo de argila em tamanho natural da escultura. Medindo mais de sete metros de altura, elevava-se acima das estátuas eqüestres mais famosas da época — a de Marco Aurélio, no Capitólio em Roma, a *Gattamelata* de Donatello, em Pádua, e o *Colleoni* de Verrocchio, em Veneza. Não admira que o colossal modelo tenha gerado enorme excitação quando foi mostrado em frente ao castelo Sforza por ocasião do casamento da sobrinha de Ludovico, Bianca Maria, com o imperador Maximiliano. "O porte impetuoso, realista desse cavalo, como se ofegasse, é impressionante", escreveu Paolo Giovio, "assim como a habilidade do escultor e seu profundo conhecimento da natureza." Vasari asseverou que aqueles que viram o modelo de argila tiveram a impressão de nunca ter visto uma obra de arte tão magnífica. Os poetas da corte compuseram epigramas em latim em louvor ao *gran cavallo*, e a fama de Leonardo como escultor logo se espalhou pela Itália.

Enquanto completava o modelo, Leonardo pensou muito sobre o extraordinário desafio de fundir uma peça tão grande. Reuniu todas as suas notas sobre o assunto em dezessete fólios de um livro (agora agrupados no fim do Codex Madri II), começando com as palavras: "Aqui será mantido um registro de tudo relacionado ao cavalo de bronze em construção".[53]

O método tradicional de fundição era dividir o trabalho em diversas peças menores a serem fundidas separadamente, mas Leonardo concluiu que não seria possível fazer todas as peças com uma espessura uniforme. Como resultado, ele não seria capaz de estimar seu peso e preestabelecer o equilíbrio geral da escultura. Tendo investigado todos os aspectos do problema com sua atenção usual aos detalhes meticulosos, decidiu fundir o cavalo em uma peça, algo que nunca havia sido tentado antes. Suas volumosas notas permitiram que historiadores de arte reconstituíssem o método de Leonardo em detalhe.[54] Implicava a escavação de um poço enorme para enterrar o molde de cabeça para baixo, de modo que o metal fundido pudesse correr pela barriga do animal enquanto o ar escapava para cima pelos pés.

Leonardo deixou desenhos muito detalhados e belos da estrutura de ferro que havia projetado para a cabeça e o pescoço do cavalo, mantidos em posição por um engenhoso conjunto de ganchos e fios. Outros desenhos mostram a estrutura de madeira que pretendia construir para transportar o molde gigante, bem como o maquinário elaborado para manobrá-lo. Suas descrições cobrem todos os aspectos imagináveis do processo de fundição — de receitas para ligas e métodos para controlar a temperatura nas fornalhas a ensaios de roupagem com modelos em pequena escala.

No começo de 1494, tudo estava pronto para a fundição. Os materiais haviam sido adquiridos, e provavelmente foram iniciadas as escavações do poço e a construção das quatro fornalhas especialmente projetadas. Mas a necessidade política se interpôs. Durante os dois anos anteriores, diversos líderes políticos italianos haviam morrido, alianças européias haviam mudado, e agora Carlos VIII, o novo rei da França, estava prestes a atacar Milão. Sob essa ameaça iminente, Ludovico decidiu usar as preciosas 72 toneladas de bronze para o novo canhão em prejuízo do *gran cavallo*. Leonardo permaneceu otimista de que pudesse prosseguir mais tarde e continuou a trabalhar em seu projeto. Mas o dinheiro de Ludovico acabou. Ficou claro que o glorioso monumento nunca seria fundido. Cerca de um ano depois, Leonardo acrescentou uma simples nota a uma carta que havia escrito para o duque: "Sobre o cavalo nada direi, pois estou a par da situação".[55]

Os moldes de Leonardo nunca foram usados, e seu modelo gigante de argila acabou esfacelando-se e desintegrou-se. Sua fama como escultor, contudo, permaneceu viva, assim como seu novo método de fundição. Duzentos anos depois, foi usado na França para uma enorme estátua eqüestre de Luís XIV, quase tão grande quanto o *gran cavallo*. "Até a postura do cavalo era a mesma", Bramly nos conta, "e por uma notável coincidência, a mesma má sorte caiu sobre a estátua: foi destruída durante a Revolução e não podemos vê-la. Mas o fato de que foi fundida mostra que o método [de Leonardo] era consistente."[56]

LEONARDO, O PROJETISTA

Ao refletir sobre a grande diversidade de interesses e ocupações de Leonardo, praticamente todos aqueles que não podem ser vistos estritamente como "arte" ou "ciência" podem ser incluídos sob a ampla categoria de "projetos". A noção de projeto como disciplina distinta surgiu apenas no século XX: como resultado, ver Leonardo como projetista significa aplicar uma categoria moderna que não existia em seu tempo.[57] Todavia, parece intrigante examinar seus vastos interesses de nossa perspectiva contemporânea.

Projeto, naquela época e agora, sempre foi uma parte integral de um processo mais amplo de dar forma aos objetos.[58] Como princípio, o processo de criação é puramente conceitual, envolvendo a visualização de imagens, o arranjo de elementos em um padrão em resposta a necessidades específicas, e o desenho de uma série de esboços representando as idéias do projetista. Todas essas são atividades que fascinavam Leonardo, e nas quais ele tinha excelência.

À medida que o processo de criação amadurece e se aproxima da fase de implementação, sua dependência de outras disciplinas aumenta. Assim, classificamos diferentes tipos de criação de acordo com os domínios nos quais operam. As disciplinas de criação de hoje incluem aquelas associadas com engenharia civil, militar e mecânica; projeto arquitetônico; projeto de paisagens e jardins; projeto urbanístico; *design* de moda e roupa; cenografia; e *design* gráfico. Leonardo da Vinci foi ativo em todas essas "disciplinas de criação" ao longo de sua vida.

Bons projetistas têm a habilidade de pensar sistematicamente e de sintetizar. Eles se sobressaem na visualização, na organização dos elementos conhecidos em novas configurações, na criação de novas relações; e são habilidosos em transmitir esses processos mentais na forma de desenhos quase tão rápido quanto ocorrem. Leonardo, é claro, possuía todas essas habilidades em um grau muito elevado. Além disso, tinha uma inclinação excepcional para perceber e solucionar problemas técnicos — outra característica-chave de um bom projetista — tanto assim que, de fato, era quase natural para ele.

Muitas das máquinas e dispositivos mecânicos que desenhava não eram originais. Mas quando os tomava dos esboços de inventores anteriores, invariavelmente modificava e melhorava seu projeto, muitas vezes de modo que se tornavam irreconhecíveis. Quando trabalhou no enorme cartão da *Batalha de Anghiari*, construiu um engenhoso andaime que, de acordo com Vasari, "poderia elevar ou abaixar, retraindo ou expandindo-o de acordo com a necessidade". Enquanto passava várias horas nos estábulos dos Sforza desenhando cavalos puro-sangue a partir de modelos vivos, também projetava e esboçava um modelo de estábulo com fileiras automatizadas de suprimento dos comedouros e de água, bem como escoamento para estrume líquido, que proporcionou a base para os estábulos dos Médici 25 anos depois.[59] No que quer que se aplicasse, a mente de Leonardo estava sempre às voltas com inovações técnicas.

DA ENGENHARIA À CIÊNCIA

Foi durante seu emprego como "pintor e engenheiro" na corte dos Sforza que a inventividade técnica de Leonardo atingiu seu ápice. Os deveres de um artista em uma corte renascentista incluíam, além de pintar retratos e projetar cortejos cívicos e festividades, uma variedade de pequenos trabalhos de engenharia que demandavam engenhosidade e talento raros no manuseio de materiais.[60] Os múltiplos talentos criativos de Leonardo eram perfeitamente apropriados para isso. Inventou um grande número de dispositivos espantosos durante essa época, que lhe conferiram fama considerável como "engenheiro-mágico".

Muitas dessas invenções eram extraordinárias para a época.[61] Entre elas estavam portas que abriam e fechavam automaticamente por meio de contrapesos; uma lamparina de mesa com intensidade variável; mobília dobrável; um espelho octogonal que gerava um número infinito de imagens múltiplas; e um espeto engenhoso, no qual "o assado girará devagar ou rápido, segundo a intensidade do fogo".[62] Outras invenções de natureza mais industrial incluíam uma prensa para fazer azeite e uma variedade de máquinas têxteis para girar, tecer, torcer fibra, aparar feltro e fabricar agulhas.[63] Leonardo foi um inventor incansável ao longo de sua vida. O número total de invenções atribuídas a ele foi estimado em trezentos.[64]

Mas essa combinação de artista-engenheiro não era incomum na Renascença. O professor de Leonardo, Verrocchio, por exemplo, foi um renomado ourives, escultor e pintor, bem como um respeitado engenheiro. O grande arquiteto renascentista Brunelleschi foi treinado como ourives mas a princípio obteve notoriedade em Florença como escultor. Mais tarde, quando ficou famoso como arquiteto, também foi aclamado por seu gênio inventivo como engenheiro, civil e militar. Brunelleschi morreu seis anos antes do nascimento de Leonardo. O jovem Leonardo admirou-o muito e declarou sua dívida com o grande arquiteto desenhando diversos dos famosos dispositivos para içamento e planos arquitetônicos de Brunelleschi.[65]

O que fez Leonardo único como projetista e engenheiro, contudo, foi que muitos dos novos projetos que apresentou em seus cadernos de notas envolviam avanços tecnológicos que só seriam percebidos séculos mais tarde.[66] Em segundo lugar, ele foi o único homem entre os famosos engenheiros renascentistas que fez a transição da engenharia para a ciência. Como no caso da pintura, a engenharia tornou-se um "discurso mental" para ele. Saber *como* algo funcionava não era o suficiente para Leonardo; ele também precisava saber *por quê*. Assim, teve início um processo inevitável, que o conduziu da tecnologia e da engenharia rumo à ciência pura. Como observou o historiador de arte Kenneth Clark, podemos ver os processos em ação nos manuscritos de Leonardo:

> Primeiro, há questões sobre a construção de certas máquinas, então (...) questões sobre os primeiros princípios de dinâmica; finalmente, questões que nunca foram perguntadas antes sobre ventos, nuvens, a idade da Terra, geração, o coração humano. A mera curiosidade transformou-se em intensa pesquisa científica, independente dos interesses técnicos que a precederam.[67]

PROJETO ARQUITETÔNICO

Leonardo atuou no campo da arquitetura por toda sua vida, mas seu nome não está associado a nenhuma igreja ou outra construção, nem é mencionado em qualquer contrato arquitetônico. Ainda assim, foi louvado como um "excelente arquiteto" por seus contemporâneos, e historiadores de arte como Ludwig Heydenreich e Carlo Pedretti acham que ele mereceu essa reputação.[68]

Em arquitetura, como em muitos outros campos, o principal interesse de Leonardo estava no projeto. Seus cadernos de notas estão repletos de desenhos arquitetônicos; produziu diversos projetos para vilas, palácios, catedrais, e era constantemente consultado como especialista em problemas arquitetônicos.[69] Contudo, seus desenhos não são do tipo que um cliente esperaria de um arquiteto profissional. Eles nunca são propostas precisas ou planos detalhados, e, como Daniel Arasse observa, são notavelmente despojados de "quaisquer estudos de detalhes do vocabulário arquitetônico (colunas, capitéis, estruturas, cornijas, molduras etc.). É a sintaxe, a associação lógica e a organização recíproca das partes da construção que interessam a Leonardo".[70]

Em outras palavras, os problemas examinados por Leonardo são problemas teóricos do projeto arquitetônico. As questões levantadas por ele são as mesmas que ele investiga em sua ciência de formas orgânicas — questões sobre padrões, organização espacial, ritmo e fluxo. As anotações que acompanham seus desenhos (escritas na costumeira escrita espelhada, e portanto dirigidas a si mesmo) podem ser vistas como fragmentos de um tratado sobre arquitetura que Leonardo, segundo Heydenreich, pode ter pretendido compor.[71]

Como resultado de sua abordagem sistêmica única da arquitetura, o projeto arquitetônico de Leonardo é caracterizado por uma notável indiferença quanto às formas clássicas e um alto grau de originalidade. "As soluções imaginadas por ele", escreve Arasse, "são invariavelmente (brilhantemente) não-convencionais — isso quer dizer, não são 'clássicas', sendo simultaneamente góticas em alguns aspectos e já maneiristas em outros."[72]

A originalidade de Leonardo revelou-se em sua integração aparentemente sem esforço de arquitetura e geometria complexa. Isso é especialmente visível em seus vários projetos de igrejas e "templos" centralizados, radialmente simétricos (ver figura 2-5). Apesar de igrejas com esses planos centrais serem um dos projetos favoritos de Alberti, Brunelleschi e outros arquitetos da Renascença, os divertidos agrupamentos de padrões geométricos — quase lembram os fractais da teoria da complexidade de hoje — são únicos para Leo-

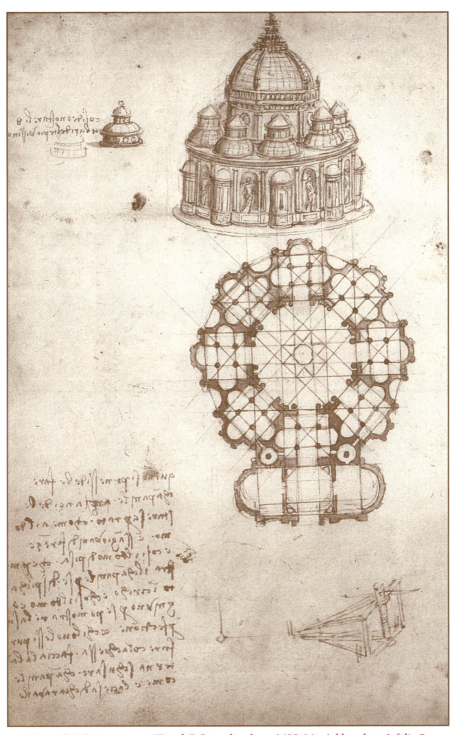

Figura 2-5: Projeto para o "Templo" Centralizado, c. 1488, Ms. Ashburnham I, fólio 5v

nardo. "A integração matemática das partes", observa Martin Kemp, "de algum modo atinge um imperioso sentido de unidade orgânica na perspectiva exterior do prédio de uma maneira que é unicamente sua. Igualmente impressionante e característica é a visão espacial que lhe permite mostrar seu desenho como um conceito totalmente tridimensional, como uma peça de escultura, em vez de um composto de elevações planas e chatas."[73]

Em vista do foco central de Leonardo na compreensão das formas da natureza, tanto no macro como no microcosmo, não admira que ele ressaltasse as similaridades entre estruturas arquitetônicas e estruturas na natureza, especialmente na anatomia humana. De fato, essa relação de arquitetura e anatomia remonta à Antigüidade, e era comum entre arquitetos da Renascença, que reconheciam a analogia entre um bom arquiteto e um bom médico.[74] Como Leonardo explicou,

> Médicos, professores e os que cuidam dos doentes deveriam entender o que é o homem, o que é a vida, o que é saúde, e de que modo a paridade e a concordância dos elementos os mantêm, enquanto uma discordância desses elementos arruína e a destrói (...).
>
> Para a catedral enferma, é preciso a mesma coisa, isto é, um médico-arquiteto que entenda bem o que é um edifício e de que regras deriva a maneira certa de construção.[75]

Contudo, Leonardo foi além das analogias comuns, por exemplo, comparando o domo de uma igreja ao crânio humano, ou os arcos das abóbadas à caixa torácica. Assim como estava vivamente interessado nos processos metabólicos do corpo — o fluxo e refluxo da respiração e o transporte dos nutrientes e produtos residuais no sangue —, ele também prestou atenção especial ao "metabolismo" de um edifício, estudando como escadas e portas facilitam o deslocamento através do prédio.[76] Uma folha da Coleção Windsor mostrando um diagrama de vasos sangüíneos humanos perto de uma série de esboços de escadas deixa claro que Leonardo aplicou de modo consciente a metáfora dos processos metabólicos em seus projetos arquitetônicos.[77]

A atenção especial de Leonardo à fluidez da movimentação através de seus edifícios não se restringia aos interiores, incluindo também o terreno ao redor, por meio de vãos, *loggias* e sacadas. De fato, na maioria de seus projetos de quintas e palácios ele considerou o jardim como uma parte integrante da casa. Esses projetos refletem seus reiterados esforços para integrar arquitetura e natureza. O surgimento e a evolução do jardim renascentista, e as contribuições originais de Leonardo para o paisagismo, são discutidas em grande detalhe pelo botânico William Emboden em seu belíssimo *Leonardo da Vinci on Plants and Gardens*.[78]

Uma extensão mais avançada da visão orgânica de Leonardo dos prédios e de seu foco especial no "metabolismo" deles é visível em suas contribuições pioneiras ao urbanismo. Quando testemunhou a peste em Milão, pouco depois de sua chegada na cidade em 1482, percebeu que seus efeitos devastadores eram devidos largamente às condições sanitárias aterradoras. De modo típico, reagiu com uma proposta de reconstrução da cidade de modo a prover habitação decente para pessoas e abrigos para animais, e permitir que as ruas fossem limpas regularmente com a utilização de jatos d'água. "É necessário um rio de fluxo rápido para evitar o ar pútrido produzido pela estagnação", Leonardo raciocinou, "e isso será útil também para limpar a cidade regularmente quando se lhe abrirem as comportas".[79]

O projeto de Leonardo da cidade ideal era muito radical para a época. Ele sugeriu dividir a população em dez distritos ao longo do rio, cada um com aproximadamente 30 mil habitantes. Dessa maneira, escreveu, "você dispersará tão grande aglomeração de pessoas, amontoadas como um rebanho de bodes, um nas costas do outro, que enchem cada canto com seu fedor e lançam as sementes da pestilenta morte."[80]

Em cada distrito, haveria dois níveis — um superior para pedestres e um inferior para veículos — com escadas conectando-os. O nível superior teria passagens em arcadas e belas casas com jardins dispostos em terraços. No nível inferior, haveria lojas e áreas de armazenamento para mercadorias, bem como ruas e canais para entrega das mercadorias com carrinhos e barcos. Além disso, o projeto de Leonardo incluía canais subterrâneos para levar embora o esgoto e as "substâncias fétidas".[81]

Está claro a partir das anotações de Leonardo que ele via a cidade como um tipo de organismo vivo no qual as pessoas, bens materiais, comida, água e lixo precisavam se mover e fluir com facilidade para que a cidade permanecesse saudável. Ludovico, infelizmente, não implementou nenhuma das novas idéias de Leonardo. Se o tivesse feito, a história das cidades européias poderia ter sido bem diferente. Como o médico Sherwin Nuland aponta, "Leonardo imaginou uma cidade com base em princípios de saneamento e saúde pública que só seriam valorizados séculos mais tarde".[82]

Dois anos antes de morrer, Leonardo teve outra oportunidade para refletir sobre o urbanismo quando o rei da França pediu-lhe que desenhasse a projeção horizontal para uma nova capital e residência real.[83] Mais uma vez, Leonardo projetou uma cidade cortada por canais, usados não apenas para o suprimento de água de esplêndidas fontes mas também para irrigação, transporte, limpeza da cidade e remoção do lixo. De novo, Leonardo insistiu na importância da circulação de água para a saúde do organismo urbano. Dessa vez, o trabalho no imenso projeto havia começado efetivamente, mas foi abandonado alguns anos depois quando uma epidemia dizimou a força de trabalho.

A idéia de saúde urbana de Leonardo, baseada na visão da cidade como um sistema vivo, foi reconcebida muito recentemente, nos anos de 1980, quando a Organização Mundial de Saúde iniciou seu Projeto Cidades Saudáveis, na Europa.[84] Hoje, o movimento Cidades Saudáveis atua em mais de mil cidades ao redor do mundo, muito provavelmente sem que os participantes saibam que os princípios em que se baseia foram descritos por Leonardo da Vinci há mais de cinco séculos.

O ARTISTA COMO MÁGICO

Um dos deveres essenciais do artista cortesão na Renascença era a organização das festividades da corte — cortejos cívicos e apresentações teatrais com todas as decorações acessórias, roupas e arquitetura efêmera. Por meio desses espetáculos, o artista criava para a corte a imagem de magnificência, riqueza e poder que seu regente queria projetar. A corte dos Sforza em Milão era famosa pela afluência ostentosa de cortejos cívicos, que ocorriam em festivais religiosos anuais bem como em uma série de espetaculares casamentos reais. Leonardo estava bastante ciente da importância de seu papel em criar espetáculos deslumbrantes para tais eventos. Dedicava considerável tempo e energia a essas tarefas e primava nelas não menos do que em seus outros interesses artísticos. De fato, como aponta Arasse, durante sua vida, "Leonardo [devia] muito de sua fama a seus talentos inigualáveis como artista do efêmero".[85]

Apresentações teatrais, em particular, eram um veículo ideal para Leonardo mostrar sua diversidade e inteligência como projetista. Em muitas peças na corte atuou como produtor, cenógrafo, figurinista e maquiador, bem como na invenção de maquinário de palco.[86] Estudou cuidadosamente essas artes teatrais e prosseguiu criando muitas inovações. Por exemplo, foi Leonardo quem inventou o primeiro palco giratório da história do teatro; ele também foi o primeiro a levantar a cortina, em vez de fazê-la cair, como era o costume.[87]

Para as apresentações mais elaboradas, Leonardo combinava suas habilidades como pintor e figurinista, compositor e engenheiro para criar um espetáculo completo com cenário móvel e "efeitos especiais" produzidos por seu maquinário de palco. Para seus contemporâneos, essas apresentações eram assombrosas, no limite da magia. Por exemplo, na produção de *Danaë* de Baldassare Taccone, Leonardo criou deslumbrantes ilusões da transformação de Zeus em chuva dourada, e da metamorfose de Danaë em uma estrela. Durante esta última, "a audiência podia ver uma estrela (...) elevando-se vagarosamente em direção ao céu, com sons tão poderosos que parecia que o palácio iria cair".[88] Quando montou a peça *Orfeu* de Angelo Poliziano, Leonardo inventou um sistema de engrenagens e contrapesos para criar uma montanha que se abriria subitamente, revelando Plutão em seu trono, levantando-se das profundezas do mundo inferior, acompanhado de sons aterrorizantes e iluminado por luzes "infernais".[89] Essas apresentações espetaculares estabeleceram a fama de Leonardo como engenheiro brilhante e mágico inigualável do palco.

FIOS ENTRELAÇADOS

As tapeçarias e outros elementos decorativos projetados para os cortejos cívicos e as "mascaradas" da corte geralmente incluíam emblemas e alegorias elaboradas, ricas em simbolismo e jogos de palavras, que serviam para glorificar os poderes regentes. Leonardo produziu muitos desses desenhos alegóricos, com complexas mensagens simbólicas, muitas das quais impossíveis de serem interpretadas pelos estudiosos modernos. Também ficou fascinado com um tipo mais abstrato de emblema, e o usou, apresentando curvas emaranhadas na forma de nós e rolos. Esses motivos de nós, que eram muito populares no fim do século XV, eram conhecidos como *fantasie dei vinci*, devido aos caniços (*vinci*) usados na confecção de cestos. Explorando a fortuita conexão com seu nome, Leonardo usou tais motivos de *vinci* entrelaçados como seus desenhos de assinatura em diversos esboços.[90]

Durante seus últimos dois anos na corte dos Sforza, Leonardo criou o emblema definitivo para o príncipe Ludovico — uma vasta e complexa *fantasia dei vinci* que cobria as paredes e o teto abobadado de uma sala inteira. Conhecida como a *Sala delle Asse* [Salão das Tábuas de Madeira], essa é uma grande sala quadrada na torre norte do castelo Sforza, no qual quatro lunetas em cada parede combinam-se para gerar uma elaborada abóbada. A decoração bastante inventiva de Leonardo mostra um pomar de amoreiras enraizado no subsolo rochoso, seus troncos elevando-se até o teto como colunas apoiando a abóbada, seus galhos entrecruzando a abóbada em uma estrutura gótica de nervuras, de elegantes curvas entretecidas.[91] Os galhos menores e folhas formam um luxuoso labirinto emaranhado de folhagem espalhando-se pelas paredes e pelo teto. A composição inteira mantém-se unida por uma única fita dourada sem fim enrolando-se para dentro e para fora dos galhos, nos complexos arabescos dos motivos de nó tradicionais.

A pintura na Sala delle Asse é notável em diversos níveis. Com seu vasto conhecimento de plantas, Leonardo deu aos galhos e folhas uma aparência surpreendentemente realista de crescimento exuberante, e integrou de modo belo e gracioso esses padrões de crescimento natural na estrutura arquitetônica existente e na geometria da decoração formal (ver figura 2-6). Além disso, Leonardo teceu significados múltiplos em seu labirinto de folhas que ia muito além da obrigatória glorificação do príncipe.[92] A dedicação da sala à magnificência de Ludovico é óbvia. Inscrições em quatro tábuas proeminentemente colocadas louvam sua política, e um escudo com os brasões de Ludovico e sua esposa, Beatrice d'Este, adorna o centro da abóbada. Os galhos entrelaçados pretendiam celebrar sua união.

Mas há mais camadas sutis de significado nas criações de Leonardo. A própria amoreira é rica em simbolismo. O uso de uma árvore estilizada com folhas e raízes era um dos emblemas dos Sforza. A amora é uma alusão ao bem conhecido apelativo do príncipe *il Moro* [o Mouro], que também significa "amora". A amora também era considerada uma árvore sábia e cautelosa, pois floresce e amadurece rapidamente, e assim era conhecida como símbolo do governo sábio. Além disso, a amora estava relacionada à produção de seda, uma grande indústria em Milão que Ludovico incentivava fortemente. Essa ligação com a indústria é reforçada pela fita dourada, que não apenas evoca a elegância da corte dos Sforza mas é também um lembrete da manufatura do fio de ouro, outra especialidade milanesa.

Em um nível ainda mais profundo, a decoração de Leonardo transmite de maneira simbólica sua convicção de que a indústria humana deveria integrar-se harmonicamente às formas vivas da natureza. De fato, pode não ser muito forçado ver a decoração de *vinci* da *Sala delle Asse* como símbolo da

Figura 2-6: Detalhe da Sala delle Asse, 1498-1499, Castello Sforzesco, Milão

ciência de Leonardo. Os troncos individuais, ou colunas, nos quais ela se assenta, poderiam ser vistos como os tratados que planejava escrever sobre vários assuntos, embasados no solo do conhecimento tradicional, mas com a intenção de perfurar as rochas da visão de mundo aristotélica e levar o conhecimento humano a novas alturas. Como os conteúdos de cada tratado revelavam, eles se interligariam uns aos outros para formar um todo harmonioso. As similaridades de padrões e processos que interconectam diferentes facetas da natureza suprem o fio dourado que integra os múltiplos galhos da ciência de Leonardo em uma visão unificada do mundo.

Cem anos após Leonardo, o filósofo francês René Descartes comparou a ciência (ou "filosofia natural", como era então chamada) a uma árvore. "As raízes são a metafísica", escreveu, "o tronco é a física, e os galhos são todas as outras ciências."[93] Na metáfora de Descartes, a física, ela própria baseada na metafísica, era a fundação única de todas as ciências, a disciplina que fornecia a descrição mais fundamental da realidade. A ciência de Leonardo, em contraste, não pode ser reduzida a uma única fundação, como vimos. Sua força não é derivada de um único tronco, mas da complexa interconectividade dos galhos de muitas árvores. Para Leonardo, reconhecer os numerosos padrões de relações na natureza era o atestado de uma ciência universal. Hoje, nós também sentimos uma grande necessidade de tal conhecimento universal, ou sistêmico, que é uma das razões pelas quais a visão de mundo unificada de Leonardo é tão relevante para nossa época.

Nos capítulos seguintes, seguirei a fita dourada de Leonardo ao longo dos vários ramos de sua ciência das formas vivas. Mas antes de começar essa jornada, é importante saber mais a respeito de quando e onde esses ramos cresceram e deram folhas em sua própria vida.

TRÊS

O Florentino

Em vista da enorme fama de que desfrutou Leonardo ao longo de sua vida e das volumosas anotações que deixou, é espantoso que informações biográficas confiáveis sejam tão escassas. Em seus cadernos de notas, ele quase nunca comentou sobre acontecimentos externos; raramente datou seus apontamentos ou desenhos; e há muito poucas referências exatas a acontecimentos específicos de sua vida em documentos oficiais ou nas cartas da época.

Assim, não admira que as sucessivas gerações de biógrafos e comentadores basearam-se, em certa medida, nas lendas e mitos sobre esse grande gênio da Renascença. Foi somente no fim do século XIX, quando os cadernos de notas foram finalmente transcritos e publicados, que toda a extensão do intelecto de Leonardo começou a aparecer, e apenas no século XX os biógrafos e historiadores de arte puderam finalmente, depois de muito trabalho investigativo, separar fato de ficção e produzir biografias confiáveis.[1]

Esses relatos detalhados deixam claro que a vida de Leonardo foi guiada por sua extraordinária curiosidade científica. Ele procurava sempre encontrar situações estáveis e rendas regulares que lhe permitissem se dedicar às suas pesquisas intelectuais sem grandes perturbações, em vez de confiar nas inconstantes encomendas para obras de arte. Leonardo foi muito bem-sucedido nesse esforço, tendo vivido de modo bastante confortável a maior parte de sua vida. Empregado como artista e engenheiro da corte por vários governantes em Milão, Roma e França, não hesitava em mudar sua fidelidade quando os destinos políticos de seus mecenas mudavam — contanto que o novo governante lhe oferecesse uma renda estável e liberdade suficiente para prosseguir suas investigações científicas.

O desejo de Leonardo por circunstâncias estáveis, nas quais poderia praticar com calma sua arte e ciência, bem como cumprir os vários deveres que se esperava dele na corte, contrasta fortemente com a época turbulenta na qual viveu. A Itália no século XV era um caleidoscópio de mais de uma dúzia de estados independentes, que formavam alianças em contínua mudança, uma luta constante pelo poderio econômico e político sempre prestes a degenerar-se em guerra. Os principais poderes da época eram os ducados de Milão e Savoy e a república de Veneza ao norte, a república de Florença e os territórios do papado no centro da península, e os reinos de Nápoles e Sicília ao sul. Além disso, havia vários estados menores — Gênova, Mântua, Ferrara e Siena.

Leonardo teve de se mudar muitas vezes em razão da guerra iminente, ocupações estrangeiras e outras mudanças de poder político. A trajetória de sua vida levou-o de Florença a Milão, de Milão a Veneza, de volta a Florença, de volta a Milão, daí para Roma, e finalmente a Amboise, na França. Além disso, fez muitas viagens curtas pela Itália, incluindo diversas viagens de Florença a Roma e a vários lugares na Toscana e na Romanha, de Milão a Pavia, Lago Como e Gênova. A respeito das mudanças súbitas e deslocamentos forçados em sua vida, não há praticamente nenhuma palavra nos cadernos de notas de Leonardo. Considerando que viajar a cavalo e em mulas levava um tempo considerável naqueles dias, é evidente que ele gastou uma parte significativa de sua vida na estrada, o que torna sua produção científica e artística ainda mais impressionante.

A despeito de todas essas peregrinações, a arte e a cultura de Leonardo permaneceram enraizadas em Florença. Ele falava um toscano distinto, eloqüente, muito admirado na corte de Sforza em Milão, e no decorrer de sua vida era conhecido como "Leonardo da Vinci, o florentino". Contudo, antes de adquirir sua cultura florentina, Leonardo teve diversas experiências de formação em sua infância, na zona rural toscana, que exerceram influências duradouras em sua personalidade e intelecto.

INFÂNCIA EM VINCI

Leonardo nasceu em 15 de abril de 1452 em Vinci, uma encantadora vila toscana nas escarpas de Montalbano, a cerca de 30 quilômetros a oeste de Florença. Seu pai, Ser Piero da Vinci, era um tabelião jovem e ambicioso,[2] e sua mãe, uma camponesa chamada Caterina. Leonardo era filho ilegítimo, o que

Figura 3-1: Ravina com aves aquáticas, c. 1483, Coleção Windsor, Paisagens, Plantas e Estudos de Água, fólio 3r

viria a limitar enormemente suas opções de carreira. Logo após seu nascimento, sua mãe casou-se com um camponês local, e seu pai com uma jovem da burguesia florentina, provavelmente para promover sua carreira em Florença, onde ele gradualmente formou uma clientela. O garoto foi criado pelos avós e seu tio Francesco, que administrava a fazenda deles em Vinci.

Francesco da Vinci, apenas dezesseis anos mais velho que Leonardo, gostava muito de seu sobrinho e logo tornou-se uma figura paterna para ele. Era um homem gentil e contemplativo que amava a natureza e a conhecia bem. Teria passado muitas horas com o garoto, andando pelas vinhas e olivais que cercavam Vinci (como hoje), observando os pássaros, lagartos, insetos e outras pequenas criaturas que habitavam o campo, ensinando-lhe os nomes e as características das flores e plantas medicinais que cresciam na região.

Sem dúvida foi Francesco quem instilou no jovem Leonardo seu profundo respeito pela vida, a curiosidade sem limites e a paciência requeridas na observação íntima da natureza. Leonardo também começou a desenhar cedo em sua infância. Em seus cadernos de notas listou "muitas flores retratadas da natureza" entre seus trabalhos de juventude,[3] e seu desenho mais antigo que se conhece, feito aos 21 anos, é uma vista da região rural toscana de sua infância, campos lavrados com os contrafortes e rochas de Montalbano ao fundo.[4]

É impressionante que nesse desenho de juventude, bem como naquele de uma ravina com pássaros aquáticos (Fig. 3-1) que ele fez alguns anos depois, Leonardo já retratava as dramáticas formações rochosas que constituiriam os cenários da maioria de suas pinturas. Parece que esse fascínio, que o acompanhou a vida inteira, por pináculos de rochas, talhados pela água e que acabavam por se transformar em cascalho e solo fértil, originou-se em sua experiência de infância dos córregos montanheses e afloramentos rochosos típicos de partes do campo ao redor de Vinci.

Quando garoto, Leonardo explorou essas misteriosas formações rochosas, cachoeiras e cavernas. Com o passar dos anos, sua memória sem dúvida se intensificou à medida que ele compreendia a antiga analogia de macro e microcosmo e começava a ver as rochas, o solo e a água como os ossos, a carne e o sangue da Terra viva. Assim, as formações rochosas de sua infância tornaram-se a linguagem mítica pessoal de Leonardo, sempre recorrentes em suas pinturas.

Em Vinci, Leonardo cursou uma das tradicionais *scuole d'abaco* [escolas de ábaco], que ensinavam as crianças a ler, escrever e lhes davam um conhecimento rudimentar de aritmética, adaptado à necessidade dos mercadores.[5]

Estudantes que se preparavam para a universidade eram transferidos para uma *scuola di lettere* [escola de letras], onde lhes ensinavam humanidades, com base no estudo dos grandes autores latinos. Essa educação incluía retórica, poesia, história e filosofia moral.

Filho ilegítimo, Leonardo não pôde freqüentar a universidade, e portanto não foi mandado a uma *scuola di lettere*. Em vez disso, começou seu aprendizado nas artes. Isso teve uma influência decisiva em sua educação e desenvolvimento intelectual posteriores. Ser "iletrado" significava que ele não sabia quase nada de latim e era portanto incapaz de ler os livros eruditos de seu tempo, com exceção dos poucos textos traduzidos para o vernáculo. Também significava que ele não estava familiarizado com as regras de retórica observadas nos debates filosóficos.

Mais tarde, Leonardo esforçou-se para superar essa desvantagem estudando sozinho numerosas disciplinas, consultando eruditos sempre que tivesse oportunidade e montando uma biblioteca pessoal considerável. Por outro lado, percebeu que não ser tolhido pelas regras da retórica clássica era uma vantagem, pois tornava mais fácil para ele aprender diretamente da natureza, especialmente quando suas observações contradiziam idéias convencionais. "Estou plenamente consciente de que, não sendo um homem de letras, certas pessoas presunçosas pensarão que podem desmerecer-me com razão", escreveu em sua própria defesa quando se aproximava dos 40 anos. "Tolas!... Não sabem que meus estudos são mais valiosos por terem origem na experiência, e não no que outros disseram, e ela [a experiência] é a senhora daqueles que escreveram bem."[6]

Leonardo mostrou desde a juventude um grande talento artístico; sua síntese de arte e ciência também foi prenunciada cedo. Isso é vividamente ilustrado em uma história relatada por Vasari. Quando um camponês pediu a Piero da Vinci que levasse a Florença um "broquel" (um pequeno escudo de madeira) para que o decorassem com uma pintura, não deu o escudo a um artista florentino mas pediu para seu filho pintar alguma coisa nele. Leonardo decidiu pintar um monstro terrível.

"Para realizar o que desejava", escreve Vasari, "Leonardo levou a seu quarto, no qual ninguém jamais entrava, exceto ele próprio, vários lagartos, grilos, serpentes, borboletas, gafanhotos, morcegos e várias outras criaturas estranhas desse tipo. De todas elas, tomou e montou diferentes partes para criar um monstro horrível e medonho (...). Retratou a criatura surgindo de uma fenda escura de rocha, expelindo veneno de sua garganta aberta, fogo de seus olhos e fumaça de suas narinas de modo tão macabro que o efeito era a um só tempo monstruoso e horripilante. Leonardo levou tanto tempo para realizar esse trabalho que o cheiro repugnante dos animais mortos em seu quarto tornou-se insuportável, embora ele próprio não o notasse, em virtude de seu grande amor pela pintura."

Quando Ser Piero foi ver a pintura terminada, "Leonardo voltou para seu quarto, posicionou o broquel em um cavalete de modo que a luz incidisse sobre ele, e cerrou as cortinas. Então pediu que Piero entrasse. Quando seus olhos pousaram sobre ela, Piero foi tomado pela surpresa e de súbito deu um salto para trás, sem perceber que estava olhando para o broquel e que a forma diante de seus olhos estava, na verdade, pintada nele. Conforme recuava, Leonardo o segurou e disse: 'Este trabalho certamente serve ao seu propósito. Produziu a reação esperada, pode levá-lo agora'".

A história ilustra muitos dos atributos que viriam a se tornar elementos essenciais do gênio de Leonardo. A pintura é uma expressão da *fantasia* do garoto, mas é baseada em sua observação cuidadosa das formas naturais. O resultado é uma pintura ao mesmo tempo fantástica e surpreendentemente realista, efeito intensificado pelo talento teatral com que o artista apresenta sua obra. Além disso, a descrição de Vasari do jovem trabalhando horas a fio, sem se perturbar com a fedentina dos corpos em putrefação, prenuncia de modo assustador as dissecções anatômicas que Leonardo descreveria vividamente quarenta anos depois.[7]

APRENDIZADO EM FLORENÇA

Aos 12 anos, a vida de Leonardo mudou dramaticamente. Seu avô morreu e seu tio Francesco se casou. Como resultado, Leonardo deixou Vinci para viver com seu pai em Florença. Poucos anos depois, começou seu aprendizado com o renomado artista e artesão Verrocchio. Ser Piero, enquanto isso, havia se casado novamente depois que sua primeira esposa morreu no parto. A seqüência exata dos movimentos de Leonardo nesse momento de sua vida é incerta. Pode ter ficado no campo com sua avó mais uns anos ou ter ingressado na oficina de Verrocchio aos 12 anos. A maioria dos historiadores acredita, contudo, que ele começou seu aprendizado aos 15 anos.

Florença nos anos de 1460 não tinha mais do que 150 mil habitantes, mas em poderio econômico e importância cultural estava no mesmo nível das grandes capitais da Europa.[8] Tinha postos comerciais nas principais regiões do mundo conhecido, e sua riqueza atraía muitos artistas e intelectuais, que fizeram dela o centro do movimento humanista que despontava. Os florentinos orgulhavam-se da importância de sua cidade, sua liberdade e seu governo republicano, da beleza de seus monumentos e especialmente do fato de que Florença havia deixado seu passado medieval caótico para trás e incorporava o espírito de uma nova era.

Durante os anos de 1300, Florença havia sido o cenário de muitas querelas mortais; sucessivas facções lutaram abertamente nas ruas, e as famílias ricas construíam suas casas à feição das cidadelas, não raro fortificadas com torres imponentes. Na época em que Leonardo chegou na cidade, muitas dessas fortalezas ameaçadoras já haviam desaparecido. Ruas medievais estreitas e tortuosas haviam sido ampliadas e niveladas; os bairros mais pobres tinham passado por uma limpeza e a rica burguesia florentina estava ocupada na construção de esplendorosos *palazzi*, usando o arenito local conhecido como *pietra serena* e as rigorosas simetrias da nova arquitetura da Renascença, para dar à cidade um ar uniforme de nobre elegância.

Para o adolescente Leonardo, chegando em Florença oriundo de uma fazenda e uma pequena vila com algumas dezenas de casas, essa cidade vibrante, empreendedora e bela deve ter parecido um conto de fadas. O magnífico domo de Brunelleschi, coroando o mármore reluzente de Santa Maria del Fiore, a catedral de Florença, havia sido concluído havia pouco e já era admirado como uma maravilha do mundo moderno. O rio Arno era atravessado por quatro pontes. No centro da cidade, Leonardo teria passado com freqüência pelo altivo e imponente palácio da família Médici. Próximo à ponte Vecchio, uma das maiores da cidade, ele teria visto o Palazzo Ruccellai, de proporções requintadas, ambos construídos pouco antes de seu nascimento. Do outro lado do Arno, a construção do grandioso Palazzo Pitti havia começado. Mais duas dúzias de palácios seriam construídos durante os dezesseis anos que Leonardo passou em Florença. Esse intenso embelezamento da cidade era apoiado por um grande número de oficinas onde artistas e artesãos produziam os materiais requeridos, obras de arte e decorações suntuosas. Durante o aprendizado de Leonardo, Florença podia gabar-se de abrigar 54 marmorarias, quarenta ourives e 84 oficinas de carpintaria, além de 83 dedicadas à seda e 270 à lã.[9]

O aprendizado de Leonardo foi resultado dos laços de amizade que seu pai mantinha. Quando Leonardo foi viver com Ser Piero, levou consigo os desenhos que havia feito em Vinci. "Um dia", conta-nos Vasari, "Piero levou alguns dos desenhos de Leonardo para Andrea del Verrocchio (que era seu amigo próximo) e lhe implorou que dissesse se seria lucrativo para o garoto estudar desenho.[10] Andrea ficou pasmo ao ver quão extraordinários eram os primeiros trabalhos de Leonardo e insistiu para que Piero o fizesse estudar a matéria. Assim, Piero providenciou que Leonardo fosse aceito na oficina de Andrea." Ser Piero não havia mostrado muita preocupação com a educação de seu filho, mas com a escolha de Verrocchio ele se redimiu. De todas as oficinas em Florença, a de Verocchio era a mais prestigiosa, a mais bem relacionada, e para Leonardo o lugar ideal para desenvolver seus talentos.

Andrea del Verrocchio, que tinha quase a mesma idade de Francesco, tio de Leonardo, era um professor brilhante. Ourives de formação, era também um artesão habilidoso, pintor de alto nível e renomado escultor. Também possuía grandes habilidades em engenharia. Tinha excelente relacionamento com a família Médici, uma reputação sólida, e, graças a isso, recebia uma demanda constante de encomendas. Era bem sabido em Florença que sua oficina podia atender a qualquer tipo de pedido.

A oficina de Verrocchio, como a de muitos outros artistas e artesãos florentinos, era bem diferente dos estúdios dos pintores dos séculos subseqüentes. Em sua biografia de Leonardo, Serge Bramly nos dá uma descrição vívida.

> Era uma *bottega*, uma loja — exatamente como aquela do sapateiro, açougueiro ou alfaiate — um conjunto de pavimentos térreos que davam diretamente para a rua (...) um toldo, puxado para baixo, fazia as vezes de porta ou postigo. Os alojamentos ficariam nos fundos ou no andar superior. Os materiais dos artistas estariam pendurados nas paredes, ao lado de esboços, planos ou modelos de trabalho em andamento; ao redor da sala ficaria uma coleção de mesas giratórias de escultor, bancadas de trabalho e cavaletes; uma pedra de amolar ao lado da fornalha. Diversas pessoas, incluindo jovens aprendizes e assistentes (que geralmente viviam sob o mesmo teto do mestre e comiam à sua mesa), estariam trabalhando em diferentes tarefas.[11]

A *bottega* de um mestre como Verrocchio produziria, além de pinturas e esculturas, uma grande variedade de objetos — peças de armadura, sinos de igreja, candelabros, baús de madeira decorados, brasões de armas, modelos para projetos arquitetônicos, estandartes para festividades, bem como palcos e cenários para representações teatrais. Os trabalhos que deixavam a *bottega* (mesmo aqueles da mais alta qualidade) raramente eram assinados e, em geral, eram produzidos pelo mestre e sua equipe de assistentes.

Leonardo passou os doze anos seguintes nesse ambiente criativo, durante os quais seguiu com diligência o curso rigoroso de um aprendizado tradicional.[12] Teria desenhado em pranchetas e se familiarizado com os materiais do artista, que não podiam ser comprados prontos, tinham de ser preparados na oficina. Os pigmentos deviam ser moídos frescos e misturados todos os dias; ele teria aprendido a fazer pincéis, preparar esmaltes, aplicar ouro nos planos de fundo, e por fim, após vários anos, a pintar. Além disso, teria absorvido um enorme conhecimento técnico ao observar o trabalho do mestre em uma variedade de projetos. Com o passar dos anos, conforme afiava suas habilidades imitando os mais velhos, ele e os outros aprendizes teriam participado cada vez mais nas criações da *bottega* até que foi finalmente designado como mestre-artesão e aceito na devida associação, ou guilda, de artesãos.

Na oficina de Verrocchio, Leonardo foi apresentado não apenas a uma ampla variedade de habilidades artísticas e técnicas mas também a muitas idéias novas e fascinantes. A *bottega* era um lugar de discussões vibrantes sobre as novidades que ocorriam diariamente. Tocava-se música à noite e os amigos do mestre e colegas artistas passavam por lá para trocar planos, esboços e inovações técnicas; escritores viajantes e filósofos visitavam-na quando passavam pela cidade. Muitos dos principais artistas da época foram atraídos para a *bottega* de Verrocchio. Botticelli, Perugino e Ghirlandaio passaram certo tempo lá, quando já eram mestres consumados, para aprender novas técnicas e discutir novas idéias.

A *bottega* florentina do século XV proporcionou uma síntese única de arte, tecnologia e ciência, que encontrou sua mais alta expressão na obra da maturidade de Leonardo. Como o historiador de ciência Domenico Laurenza ressaltou, essa síntese durou apenas uma centena de anos: no fim do século XVI já havia se dissolvido.[13] Para o próprio desenvolvimento artístico e intelectual de Leonardo, os anos passados na oficina de Verrocchio foram decisivos. Sua maneira de trabalhar e toda a sua abordagem da arte e da ciência foram moldados de modo significativo por essa longa vivência no ambiente cultural dessa oficina.

Uma influência importante para os futuros hábitos de trabalho de Leonardo foi o uso de um *libro di bottega* [livro de exercícios], que todos os aprendizes tinham de manter.[14] Era um diário no qual eram registradas instruções técnicas ou procedimentos, reflexões pessoais, soluções para problemas e desenhos e diagramas de suas idéias. Atualizado continuamente, anotado e corrigido, o *libro di bottega* proporcionava um registro diário das atividades na oficina. Seu caráter composto de notas acumuladas e desenhos, sem qualquer organização particular, é reconhecível em muitas páginas dos cadernos de notas de Leonardo.

Pouco depois de Leonardo ter começado seu aprendizado, Verrocchio recebeu uma comissão para seu maior e mais espetacular projeto de engenharia até então — a construção de um globo de cobre folheado a ouro, de 2,5 metros de diâmetro, para ser posto junto a uma cruz no topo da clarabóia de mármore do domo de Brunelleschi. O famoso arquiteto faleceu antes de rematar sua obra-prima, mas deixou planos detalhados para a clarabóia e o globo de cobre que Verrocchio foi encarregado de executar. O projeto levou três anos, e o jovem Leonardo pôde observar cada estágio da execução e, provavelmente, também contribuiu.[15]

Era um projeto complexo, que implicava reforçar a clarabóia para que suportasse ventos fortes; calcular, cisalhar e soldar com precisão as muitas seções do globo de cobre; e finalmente içar o globo e a cruz ao topo da clarabóia com o auxílio de aparatos especiais, projetados pelo próprio Brunelleschi. A própria solda já era um grande feito de ciência e engenharia, porque não existiam maçaricos de solda no século XV. Pequenas soldas podiam ser executadas na forja, mas o globo de cobre era tão grande que o único modo de soldá-lo com uma chama quente em pontos precisos era usar espelhos côncavos para "queimar" uma solda (uma técnica conhecida desde a Antiguidade). Manufaturar tais espelhos côncavos requeria um conhecimento perfeito de óptica geométrica e técnicas avançadas de polimento. Isso explica os vários estudos de Leonardo da geometria de "espelhos de fogo", como os chamava, em seus primeiros desenhos.[16] Eles o levaram mais tarde a teorias sofisticadas de óptica e perspectiva.

O projeto foi finalmente concluído em 1471. Cronistas contemporâneos registraram no dia 27 de maio daquele ano uma grande multidão reunida em frente ao *Duomo* para assistir o içamento do grande globo dourado, perfeitamente liso e reluzente, ao topo da clarabóia de mármore, onde, após uma fanfarra de trompetes, foi fixado ao plinto aos sons do *Te Deum*. Foi um espetáculo que Leonardo jamais esqueceu. Quarenta e cinco anos depois, quando tinha mais de 60 anos e trabalhava no projeto de um grande espelho parabólico em Roma, escreveu em seu caderno como lembrete para si mesmo, "Lembre-se de como soldamos juntos o globo de Santa Maria del Fiore!"[17]

Figura 3-2: Andrea del Verrocchio e Leonardo da Vinci,
Batismo de Cristo, *c. 1476, Galeria Uffizi, Florença*

Perto do fim do aprendizado de Leonardo, Verrocchio estava trabalhando em uma pintura do *Batismo de Cristo* (Fig. 3-2). Como o jovem se mostrara promissor, o mestre deixou que ele pintasse partes do plano de fundo e um dos dois anjos. Essas partes da pintura, o primeiro registro que temos de Leonardo como pintor, já revelam algumas características de seu estilo peculiar. No plano de fundo, vemos colinas amplas, românticas, penhascos rochosos e água fluindo de uma nascente ao longe por todo o caminho até o primeiro plano onde forma pequenas ondas encrespadas em torno das pernas de Cristo. Uma inspeção de perto desse fluxo de água na pintura original, agora na Galeria Uffizi, revela diversas pequenas quedas d'água e turbulências do tipo que fascinou Leonardo no decorrer de sua vida.

Igualmente surpreendente é a originalidade do anjo de Leonardo. Sua graça e beleza é muito superior ao de Verrocchio, o que o mestre não pôde deixar de notar. "Eis a razão", reporta Vasari, "por que Andrea nunca mais trabalhou com cores; envergonhava-se de que um garoto havia dominado seu uso melhor do que ele." De fato, parece que daí em diante Verrocchio concentrou-se na escultura, e deixou a execução de pinturas para seus assistentes veteranos.[18]

JOVEM MESTRE PINTOR E INVENTOR

Aos 20 anos, Leonardo foi reconhecido como mestre pintor, e em 1472 foi admitido na guilda de pintores conhecida como Compagnia di San Luca. Curiosamente, a Companhia pertencia à guilda de médicos e boticários, cuja sede era no hospital de Santa Maria Nuova. Para Leonardo, foi o início de uma longa associação com o hospital. Por muitos anos, usou a guilda como banco para guardar suas economias, e foi no Santa Maria Nuova que teve a primeira oportunidade de realizar dissecções anatômicas.

O jovem Leonardo já estava familiarizado com a dissecção de músculos; próximo à oficina de Verrocchio ficava a *bottega* dos irmãos Pollaiolo, cujas pinturas eram famosas por suas vívidas representações de corpos musculosos. Esse conhecimento de músculos era derivado de dissecções freqüentes, que Leonardo deve ter observado de perto durante seu aprendizado. Alguns anos depois, usou seu acurado conhecimento da musculatura do pescoço e dos ombros para dar à figura do ascético *São Jerônimo* uma expressão de dor e angústia.

Após seu ingresso na guilda dos pintores, Leonardo continuou na oficina de Verrocchio por mais cinco anos, mas empregado como colaborador do mestre em vez de assistente. Isso não era incomum; o grande número de encomendas recebidas por Verrocchio incentivava seus aprendizes a continuar trabalhando com ele depois de se tornarem mestres.

Havia provavelmente uma outra boa razão para Leonardo continuar lá. Durante seu aprendizado, familiarizou-se com uma grande variedade de dispositivos mecânicos e ópticos, testava melhorias nas máquinas existentes, assim como inventava outras. Na *bottega*, sua mente curiosa e criativa teria encontrado um sem-número de desafios à medida que apareciam novas encomendas. Também tinha à sua disposição todos os instrumentos, equipamentos e matéria-prima necessários a seus experimentos mecânicos e ópticos. Enquanto se iniciava na dupla carreira de pintor e inventor, a *bottega* de Verrocchio continuou a ser o ambiente de trabalho ideal.

Além de projetos de espelhos côncavos, as primeiras invenções ópticas de Leonardo incluíam novas formas de controlar a luz, provavelmente ligadas à decoração de palco. "Como fazer uma luz magnífica", escreve ao lado de um esboço de luz passando por lentes convexas; em outro lugar desenha "uma lamparina que produz uma luz bela e magnífica" (uma vela em uma caixa equipada com uma lente).[19] Em uma folha do Codex Atlanticus daquele período está um esboço de uma máquina "para produzir uma voz potente", e em outras folhas desenhos de vários lampiões, um deles com a nota "colocar acima das estrelas" — todos, evidentemente, projetados para montagens teatrais.[20]

Outras invenções criadas por ele nessa época requeriam fogo e ar quente.[21] Além do espeto auto-regulável mencionado anteriormente, Leonardo inventou um método para criar vácuo e elevar assim a água por meio de um fogo queimando em um balde vedado, com base na observação de que a queima de uma chama consome ar. Durante esses anos iniciais, também desenvolveu suas primeiras versões de um equipamento de mergulho. Durante uma visita a Vinci, projetou uma prensa de azeitona com um sistema de alavancas mais eficiente do que as prensas utilizadas na época. Enquanto estava envolvido nesses múltiplos projetos de invenção, projetos e engenharia, Leonardo pintou sua *Anunciação*, duas *Madonnas* e o retrato de *Ginevra de' Benci*.

Em 1477, Leonardo deixou a oficina de Verrocchio para se estabelecer como artista independente. Mas não parecia empregar muita energia nessa empreitada. Poucos meses depois, talvez por influência do pai, recebeu uma prestigiosa encomenda para um retábulo da capela de San Bernardo, no Palazzo Vecchio.[22] Pagaram-lhe um adiantamento considerável, mas ele nunca entregou a pintura finalizada. Por volta dessa época, escreveu em seu caderno de notas, "Comecei duas Virgens Marias" sem dar maiores detalhes.[23]

De fato, muito pouco se sabe sobre as atividades de Leonardo entre os anos de 1477 e 1481. Alguns historiadores supõem que, após muitos anos de rígida disciplina na *bottega*, Leonardo — então um jovem atlético, arrojado, de 25 anos — simplesmente juntou-se à vida extravagante da abastada juventude florentina. "Presumivelmente", escreve o crítico e historiador de arte Kenneth Clark, "Leonardo, como outros jovens com grandes dons, passou uma grande parte de sua juventude... vestindo-se bem, treinando cavalos, aprendendo a tocar alaúde [e] desfrutando as *hors d'oeuvres* da vida."[24]

Se for verdade, não foi uma época sem frustrações, contudo. Por razões desconhecidas, os Médici nunca estenderam a Leonardo seu vasto mecenato das artes. Apesar de Verrocchio ter excelentes relações com a família, desfrutar de seu apoio, e de que não teria deixado de recomendar Leonardo a Lorenzo de Médici, este nunca ofereceu uma única encomenda individual a Leonardo.[25]

Família de banqueiros e mercadores, os Médici foram os regentes incontestes de Florença por dois séculos, apesar de nunca terem assumido um cargo público. Com sua enorme riqueza e entusiasmado mecenato das artes, literatura e ciência, influenciaram todas as facetas da cultura e da vida pública toscanas. Entre os membros de sua família havia vários cardeais, três papas e duas rainhas da França. Nas palavras de Serge Bramly, "Os Médici comportaram-se cada vez menos como homens de negócios e cada vez mais como príncipes, tornando-se os senhores declarados de uma cidade que era uma república apenas no nome".[26]

Lorenzo de Médici, também conhecido como il *Magnifico*, com apenas 20 anos de idade, já seguia os passos do pai como regente de Florença. Apenas três anos mais velho que Leonardo, os dois tinham muito em comum, como o amor por cavalos, música e erudição. Contudo, também havia muito em suas personalidades e gostos que os mantinha separados.[27] Lorenzo não era um homem belo e se vestia com deliberada simplicidade. Leonardo, por outro lado, era extraordinariamente belo e exuberante em seus gestos e comportamento. Lorenzo teve uma instrução clássica e cultivava um amor genuíno pelo estudo formal. Cercou-se de escritores. Leonardo, ao contrário, foi autodidata; não sabia latim nem grego, e desprezava o que ele deve ter percebido como pretensão literária na "corte" dos Médici. Esses contrastes eram aparentemente tão fortes que se interpunham no caminho de qualquer simpatia mútua entre eles. Apesar disso, o pouco apreço que Lorenzo tinha por Leonardo como artista era surpreendente.

Prudente e astuto, Lorenzo de Médici podia ser tanto brutal como magnânimo. Quando chegou ao poder, consolidou seu controle do governo, reestruturou os bancos e postos comerciais da família, fez novas alianças e dissolveu as antigas. Inaugurou festivais e espetáculos opulentos para a cidade a fim de assegurar sua popularidade.

Contudo, as manobras políticas de Lorenzo inevitavelmente geravam oposição.[28] Quando se aliou à cidade-estado de Veneza contra Roma e Nápoles, o papa Sixto IV transferiu a administração das finanças do Vaticano dos Médici para a família rival Pazzi. A retaliação de Lorenzo não tardou e ele acusa um dos Pazzi de traição, prendendo-o. A família Pazzi, por sua vez, planejou vingança com o apoio do papa, e em abril de 1478, Lorenzo e seu irmão Giuliano foram atacados enquanto assistiam à missa na catedral. Giuliano foi morto; Lorenzo foi gravemente ferido, mas conseguiu escapar. A conspiração dos Pazzi não conseguiu iniciar uma revolta contra os Médici, como pretendia o papa. Por causa da popularidade de Lorenzo, os cidadãos de Florença logo caçaram os criminosos, incluindo um membro da família Pazzi, um arcebispo e vários padres. Todos foram enforcados horas depois do atentado.

A época turbulenta da conspiração dos Pazzi trouxe um súbito fim aos festivais extravagantes da cidade, e talvez isso tenha ajudado Leonardo a se concentrar de novo em seu trabalho. O ano de 1478 é a data de seus primeiros desenhos de máquinas no Codex Atlanticus, a maioria deles representações de dispositivos inventados por Brunelleschi para a construção do domo de Santa Maria del Fiore.[29] A conspiração dos Pazzi pode também ter direcionado a mente de Leonardo para a ciência e engenharia de guerra. Nos anos seguintes, registrou diversas invenções militares, que incluíam pistolas de canos múltiplos, pontes de assalto para atacar fortalezas e mecanismos para escadas giratórias usadas para escalar muros fortificados. Muitas dessas invenções se originaram do trabalho de inventores anteriores, apesar de invariavelmente modificados, e melhorados de modo significativo.[30]

Quando o apoio do Vaticano à conspiração dos Pazzi tornou-se evidente, Florença declarou guerra ao papa. Mas Lorenzo resolveu a crise com um movimento ousado. Viajou a Nápoles e negociou um acordo de paz com o rei Ferrante, privando assim o papa de seu aliado mais forte. Pouco depois, Florença e Roma reconciliaram-se de novo, e em 1481 — três anos depois de conspirar para matá-lo — o papa Sixto IV pediu a Lorenzo que lhe emprestasse seus melhores pintores para decorar a Capela Sistina, que acabara de ser construída, e cujo nome fora dado em sua homenagem. Era uma grande oportunidade para os pintores florentinos, e Leonardo deve ter se interessado bastante em participar. Mais uma vez, contudo, foi ostensivamente ignorado por Lorenzo, que enviou vários ex-companheiros de Leonardo a Roma, incluindo Botticelli, Ghirlandaio e Perugino.

Essa humilhação deve ter sido o ponto mais baixo da carreira de Leonardo. No decorrer dos anos, foi esnobado vezes seguidas pelos Médici e preterido em favor de artistas menores. Agora fora privado da chance de buscar a glória em Roma, o que certamente ele merecia. Mas Leonardo deixou de lado os sentimentos de decepção e desespero e reuniu seus poderes de concentração para pintar sua primeira obra-prima.

Em março de 1481, os monges do mosteiro agostiniano de San Donato (cujos assuntos legais eram administrados por Ser Piero) comissionaram Leonardo para criar um grande retábulo representando a *Adoração dos Reis Magos*. O artista fez diversos desenhos preparatórios e trabalhou no projeto intensamente por um ano.[31] Seu primeiro estudo foi um exercício de mestre em perspectiva linear, mostrando um pátio com dois lances de escadas e arcadas elaboradas. "Esse pátio cuidadosamente medido", escreve Kenneth Clark, "era invadido por uma comitiva extraordinária de fantasmas; cavalos selvagens empinam e atiram a cabeça para trás, figuras agitadas se atiram escada abaixo e para dentro e para fora das arcadas; e um camelo, aparecendo pela primeira e última vez na obra de Leonardo, adiciona sua carga exótica à confusão onírica das formas."[32]

Na pintura final, Leonardo abandonou o uso da perspectiva em favor de uma configuração dinâmica criada pelos gestos carregados de emoção de um aglomerado de figuras em torno da Virgem e o Menino. No plano de fundo da pintura, um grupo de cavaleiros em conflito representa a cegueira moral da violência, em oposição à gloriosa mensagem de paz na Terra da Epifania, preconizando a enérgica condenação da guerra de Leonardo na *Batalha de Anghiari* duas décadas depois.[33] De fato, a pintura está repleta de temas recorrentes na obra posterior do artista.[34] A historiadora de arte Jane Roberts descreve a *Adoração* de Leonardo como "a primeira declaração de maturidade e independência de seu gênio".[35] Ao mesmo tempo, é um afastamento radical das tradicionais representações do assunto como uma plácida reunião cerimoniosa. Daniel Arasse explica, "Para pintar o momento em que a presença do Filho de Deus foi publicamente reconhecido como tal, [Leonardo] retratou o tumulto de um deslumbramento universal, refletindo o significado que Santo Agostinho e os monges de sua ordem deram à Epifania quando encomendaram a pintura".[36]

No início do ano seguinte, enquanto Leonardo ainda estava trabalhando em sua *Adoração dos Reis Magos*, Lorenzo de Médici decidiu acenar com um gesto diplomático para Ludovico Sforza, seu aliado mais poderoso, presenteando-o. Como o Anonimo Gaddiano relata, "Conta-se que quando Leonardo tinha 30 anos de idade, o *Magnífico* enviou-o para presentear o duque de Milão com uma lira, acompanhado por um certo Atalante Migliorotti, que tocava esse instrumento de modo excepcional".[37] Enviando Leonardo para a corte de Sforza em Milão como músico em vez de pintor pode ter parecido outro insulto. Contudo, Leonardo não hesitou. Deve ter sentido que já era hora de recomeçar. Sem o apoio de Lorenzo, suas possibilidades de futuras encomendas estavam limitadas a Florença. Assim, ele pôs de lado os pincéis, fez suas malas e, com sua obra-prima inacabada, deixou a cidade que havia acalentado sua arte.

MILÃO

Nos anos de 1480, Milão era um entreposto comercial vibrante e riquíssimo que exportava armamentos, lã e seda. Comparável a Florença em tamanho, era, no entanto, muito diferente em sua arquitetura e cultura. Seu nome latino, *Mediolanum*, foi tirado provavelmente de sua localização no meio da Planície da Lombardia (*in medio plano*). Era, sem dúvida, uma cidade do norte. A maioria de seus palácios e igrejas foi construída no estilo românico ou gótico. Ao contrário de Florença, Milão não tivera um planejamento refinado. Suas casas medievais amontoavam-se, criando um labirinto de ruas estreitas e apinhadas.

O ducado de Milão era governado pela família Sforza desde 1450. Como os Médici, os Sforza eram astutos e impiedosos, mas sua família tendia a ter mais guerreiros do que banqueiros. Ludovico Sforza, poucos meses mais velho que Leonardo, foi um dos príncipes mais ricos e poderosos da Renascença.[38] Apelidado de *il Moro* [o Mouro] por causa de seus cabelos e pele escuros, era também um arguto diplomata cuja aliança com o rei da França era um componente crucial na mistura volátil da política italiana. Com sua esposa, Beatrice d'Este, Ludovico manteve uma corte elegante e gastou imensas somas de dinheiro para fomentar as artes e ciências.

Quando Leonardo chegou em Milão, a cidade não tinha pintores ou escultores famosos, apesar de a corte de Sforza estar repleta de médicos, matemáticos e engenheiros. Sua cultura estava ligada àquela das grandes universidades do norte da Itália, cuja ênfase estava mais no estudo do mundo físico do que da filosofia moral, como foi o caso de Florença.[39] Enquanto os Médici passavam o tempo compondo versos em toscano e latim,[40] Ludovico organizava debates científicos entre professores eruditos. Nesse ambiente intelectual estimulante, Leonardo logo transcendeu sua cultura de oficina florentina e passou a uma abordagem mais analítica e teórica para a compreensão da natureza.

Por ter chegado à corte de Sforza como músico, ele e Atalante (que era seu aluno de *lira*, de acordo com o Anonimo Gaddiano) provavelmente tocavam com freqüência para entreter a corte. Mas Leonardo não tinha intenção de seguir a carreira musical. Percebendo que o poder dos Sforza vinha de seu poderio militar, e que a posição dominante de Milão no comércio requeria uma cidade com uma boa infra-estrutura, escreveu uma carta composta cuidadosamente para o Mouro, na qual oferecia seus serviços como engenheiro militar e civil, e também mencionava suas habilidades como arquiteto, escultor e pintor. Leonardo iniciou sua carta com uma eloqüente referência a seus "segredos", revelando um gosto pela discrição que se tornaria traço característico de sua personalidade quando ficou mais velho.[41] "Ilustríssimo Senhor", escreveu, "tendo agora visto e considerado suficientemente bem os trabalhos daqueles que afirmam ser mestres e artífices de instrumentos de guerra (...) devo esforçar-me, sem abrir mão de meus direitos para mais ninguém, em revelar meus segredos à Vossa Excelência, e oferecer-me para executá-los, segundo a vossa vontade e na ocasião apropriada, todos os itens sucintamente anotados abaixo."

Então passou a listar, sob nove tópicos, os diferentes instrumentos de guerra que havia projetado e estava preparado para construir: "Tenho modelos de pontes fortes mas muito leves, extremamente fáceis de carregar (...) uma variedade sem fim de aríetes e escadas para escalar (...) métodos para destruir qualquer cidadela ou fortaleza que não seja construída de rocha (...) morteiros muito práticos e fáceis de transportar, com os quais posso lançar chuvas de pequenas pedras, e sua fumaça causará grande terror aos inimigos (...) sinuosas passagens subterrâneas secretas, escavadas silenciosamente (...) carroções cobertos, seguros e inatacáveis, que penetrarão nas fileiras inimigas com sua artilharia (...) bombardas, morteiros e artilharia leve de formas belas e práticas (...) máquinas para arremessar grandes rochas, catapultas que atiram pedras incandescentes, e outros instrumentos incomuns de incrível eficiência".

"Em resumo", ele conclui sua lista, "qualquer que seja a situação, posso inventar uma variedade de máquinas para atacar e defender." Então, ele acrescenta, quase como se refletisse sobre isso, "Em tempo de paz, creio poder satisfazê-lo plenamente e rivalizar com qualquer um na arquitetura, no projeto de edifícios públicos e privados, e na canalização de água de um lugar a outro.

Além disso, posso fazer escultura em mármore, bronze ou argila; e, de modo similar, na pintura posso fazer qualquer tipo de trabalho tão bem quanto qualquer outro (...)". Por fim, termina com uma perspectiva sedutora: "Ademais, o cavalo de bronze poderia ser feito para a glória imortal e honra eterna do Príncipe, vosso pai, de abençoada memória, e da ilustre casa dos Sforza".[42]

Essa carta surpreendente, na qual Leonardo refere-se a si mesmo como artista em apenas seis das 34 linhas, mostra a rapidez com que foi capaz de assimilar o espírito dessa cidade do norte, apresentando seus muitos talentos na ordem que julgou ser a que Ludovico mais apreciaria. A carta pode soar pedante, mas todas as ofertas de Leonardo eram sérias e bem pensadas. Sem dúvida, estudou o trabalho dos principais engenheiros militares de sua época, como disse na carta; há cerca de 25 folhas de desenhos de máquinas militares datando dessa época em Florença, no Codex Atlanticus; e há mais de quarenta em um estilo cuja datação é ligeiramente posterior.[43] Ao justapor a carta, item por item, com desenhos existentes, Kenneth Keele, especialista em Leonardo, demonstrou a validade de cada uma das alegações feitas por ele.[44] De fato, mais tarde, Leonardo foi empregado em todas as capacidades que havia colocado na carta a *il Moro*.

Não recebeu da corte uma resposta imediata à sua carta, muito menos uma oferta de emprego. Assim, Leonardo voltou-se mais uma vez para a pintura — profissão na qual ele era mestre exímio e reconhecido. Iniciou uma colaboração com os irmãos Ambrogio e Evangelista Predis, o primeiro um retratista bem-sucedido, e o segundo, que fazia esculturas em madeira.[45] Os irmãos Predis eram obviamente artistas menores, mas eram bem relacionados em Milão e receberam Leonardo alegremente em sua *bottega*. De fato, Ambrogio logo negociou um contrato lucrativo para os três.

Em abril de 1483, a Confraria da Imaculada Conceição comissionou Leonardo e os irmãos Predis para pintar e decorar um grande retábulo na igreja de San Francesco Grande, sendo que o painel central deveria "ser pintado a óleo por mestre Leonardo, o Florentino". O contrato especificava não apenas o tamanho e a composição da pintura (a Virgem Maria, acompanhada por dois profetas com Deus Pai surgindo no alto, cercado de anjos), mas também as cores tradicionais, dourado, azul e verde, os halos dourados dos anjos, entre outros detalhes.

Leonardo trabalhou na pintura por cerca de três anos. O resultado foi sua segunda obra-prima, *A Virgem do Rochedo*, agora no Louvre (ver figura 2-4, na p. 69). O trabalho final lembrava muito pouco o que fora encomendado pela

Confraria.[46] De fato, os priores ficaram tão aborrecidos com ele que moveram uma ação judicial perante o Duque, que se arrastou por mais de vinte anos.[47] Leonardo acabou pintando uma segunda versão, que agora está pendurada na National Gallery, em Londres. Ela não deve ter agradado muito aos priores, já que ele fez apenas pequenas mudanças na composição da pintura.

Os historiadores da arte acreditam que Leonardo pode ter deixado Ambrogio Predis pintar grandes partes da versão de Londres. Isso parece ser confirmado por análises recentes das rochas e plantas no plano de fundo da pintura. Cientistas observaram que tanto os detalhes geológicos e botânicos na versão de Londres são significativamente inferiores àqueles da pintura no Louvre. É altamente improvável que tenham sido pintados por Leonardo.[48]

A Confraria pode ter tido boas razões para sua insatisfação com *A Virgem do Rochedo*, mas nas *botteghe* e círculos intelectuais de Milão, as obras-primas de Leonardo causaram sensação. Os tons discretos de cinza e verde-oliva contrastavam violentamente com as cores brilhantes do *quattrocento*, e os milaneses não poderiam ter deixado de notar as sutis gradações de luz e sombra nem o poderoso efeito da gruta em volta. Na descrição de Kenneth Clark: "Como as notas graves no acompanhamento de um tema sério, as rochas no plano de fundo apóiam a composição e lhe conferem a ressonância de uma catedral".[49]

ESTUDOS SISTEMÁTICOS

Em 1484, enquanto Leonardo trabalhava na *Virgem do Rochedo*, Milão foi atacada pela praga. A epidemia se alastrou por dois anos inteiros e matou cerca de um terço da população. Leonardo, reconhecendo o papel crítico do parco saneamento na disseminação da doença, reagiu com a proposta de um novo planejamento, muito à frente de seu tempo, como discuti anteriormente, para a cidade.[50] Mas foi ignorado pelos Sforza. Essa nova falha em atrair a atenção da corte para as suas idéias deixou Leonardo face a face com a enorme desvantagem de sua criação: a ausência de uma educação formal. Ele tentava ser aceito como um intelectual em uma cultura em estreito contato com as principais universidades, uma cultura dominada pela palavra escrita, na qual se usava quase exclusivamente o latim. Sendo um "homem iletrado", Leonardo era ignorante não apenas do latim mas, mesmo em seu toscano nativo, não possuía o vocabulário abstrato necessário para formular suas teorias de modo preciso e elegante.

Leonardo enfrentou esse problema aparentemente insuperável com seu jeito metódico, constante e intransigente. "Aos 30 anos, e praticamente sem nenhum conhecimento de latim", escreve o historiador de ciência Domenico Laurenza, "dá início a um intenso e, em alguns aspectos, obsessivo programa autodidático. Os anos entre 1483 e 1489 foram dedicados em grande parte a essa tentativa obstinada de emancipação cultural."[51]

Leonardo iniciou seu extenso programa autodidático com uma tentativa sistemática de ampliar seu vocabulário. Essa foi a época em que o italiano como língua literária estava apenas começando a surgir do toscano florentino. Dante, Petrarca e Boccaccio escreveram em toscano, mas a ortografia não havia sido ainda codificada; gramáticas e dicionários não haviam sido publicados. O novo vernáculo estava começando a substituir o latim como língua escrita, especialmente em textos sobre arte e tecnologia, e em meio a esse processo enriqueceu-se com uma vasta assimilação de palavras latinas. Leonardo estava familiarizado com compilações desses *vocaboli latini* [novas palavras italianas derivadas do latim] e as copiou laboriosamente em seus cadernos de notas.[52] Em seu manuscrito mais antigo, o Codex Trivulzianus, preencheu páginas e páginas com listas de tais palavras. De fato, Leonardo se referia a esse caderno como "meu livro de palavras".[53]

Quando se voltou para o mundo da escrita, Leonardo também começou a formar uma biblioteca pessoal. Em Florença, havia lido um pouco de literatura e poesia, mas não havia estudado textos científicos. Havia adquirido uma instrução científica rudimentar com o estudo de desenhos de arquitetos e engenheiros, e por meio de discussões com vários especialistas, na *bottega*.[54] Quando deixou Florença, fez uma lista das coisas que queria levar consigo para Milão.[55] Essa lista não continha um único livro.

Poucos meses após sua chegada em Milão, Leonardo listou cinco livros em seu poder; em 1490, já havia adicionado 35 novos títulos, e daí em diante, o número de livros em sua biblioteca aumentou constantemente, chegando a 116 volumes, em 1505. Além dos volumes que possuía, Leonardo tomava livros emprestados regularmente, de modo que toda sua livraria pessoal teria incluído cerca de 200 livros — uma biblioteca substancial mesmo para um erudito da Renascença.[56]

Os assuntos desses livros eram diversificados.[57] Mais da metade tratava de assuntos científicos e filosóficos. Incluíam livros de matemática, astronomia, anatomia e medicina, história natural, geografia e geologia, bem como arquitetura e ciência militar. Mais de trinta ou quarenta de literatura. Mais ou menos doze continham histórias religiosas, que Leonardo teria consultado para pintar seus temas religiosos.

Esses livros fornecem evidências importantes de que Leonardo, durante as duas últimas décadas do século XV, não apenas apurou suas habilidades lingüísticas mas foi versado nos principais campos do conhecimento de sua época. Como tudo a que se dedicou, investigaria diversas áreas simultaneamente, enquanto se envolvia em vários projetos artísticos. Sempre procurava padrões que interligariam observações de diferentes disciplinas; sua mente parecia trabalhar melhor quando ocupada com múltiplos projetos.

O início dos estudos sistemáticos de Leonardo em 1484, não é de surpreender, coincide com os primeiros apontamentos em seus cadernos de notas. Uma vez iniciado seu programa interdisciplinar de pesquisa, registrou regularmente todas as novas idéias e observações. Agora, na metade de seus 30 anos, aprofundou suas investigações teóricas para além de suas necessidades como artista e inventor. Por exemplo, quando estudou a natureza da luz e da sombra, o fez, em primeiro lugar, para desenvolver sua teoria de pintura. Mas acabou indo muito além. Como Kenneth Clark observou,

> Ele desenhou [uma] longa série de diagramas mostrando o efeito da luz projetada em esferas e cilindros, cruzando, refletindo, atravessando com infinita variedade (...). Os cálculos são tão complexos e intrincados que percebemos neles, quase pela primeira vez, uma tendência de Leonardo em conduzir pesquisas apenas para descobrir as causas, e não como subsídios para a sua arte.[58]

Enquanto conduzia seus experimentos sobre luz projetada em objetos sólidos, Leonardo também se interessou pela fisiologia da visão, e prosseguiu estudando os outros sentidos. Seus primeiros desenhos anatômicos, baseados em dissecções datadas do final dos anos de 1480, são belas imagens de crânios humanos, que revelam o nervo óptico e a trajetória da imagem.[59] Não são apenas desenhos para uso do pintor; são também, e mais importante ainda, os primeiros diagramas científicos da pesquisa anatômica de Leonardo.

Em seus desenhos de máquinas daquele período, pode-se ver também um movimento definido em direção a problemas teóricos mais profundos. (Como Domenico Laurenza apontou, Leonardo parece ter reconsiderado suas primeiras técnicas de desenho por volta de 1490, acrescentando vários comentários teóricos).[60] O que se vê em todos esses exemplos — da óptica à anatomia e engenharia — é o surgimento do cientista Leonardo.

ACEITAÇÃO GRADUAL NA CORTE

Após a devastação da praga, os cidadãos de Milão voltaram com um novo otimismo e sentimento de entusiasmo, encorajados pelos gastos ostensivos da aristocracia. Em grandes partes da cidade, casas eram remodeladas, novas praças e avenidas construídas, e em 1487 foi realizado um concurso para a escolha do projeto de um *tiburio* [uma torre central sobre a cruz dos transeptos] para a enorme catedral gótica, atraindo arquitetos de toda a Itália. Contagiado pelo entusiasmo geral, Leonardo interessou-se profundamente por arquitetura durante esses anos, e participou do concurso do *tiburio*, junto com Donato Bramante, Francesco di Giorgio e outros arquitetos famosos.

O projeto era extremamente difícil, já que a alta torre gótica teria de ser equilibrada sobre quatro pilares finos, e as partes existentes da catedral já tinham problemas estruturais. Leonardo examinou todos os aspectos da catedral e esboçou uma variedade de soluções antes de se fixar em um desenho e produzir um modelo de madeira.[61] Quando submeteu seu projeto às autoridades, mandou junto uma carta introdutória que começava com sua comparação da catedral a um organismo doente; a si próprio, o arquiteto, comparou a um médico habilidoso.[62]

Os juízes da competição deliberaram por muito tempo antes de finalmente conceder o contrato a dois arquitetos lombardos em 1490, com a instrução de que produzissem um modelo que incorporasse de modo harmonioso o que havia de melhor em todos os projetos concorrentes. Para Leonardo, essa foi uma resolução muito feliz. Permitiu-lhe discutir suas idéias sobre o *tiburio*, bem como suas visões sobre arquitetura em geral com os outros competidores, especialmente com Bramante e Francesco di Giorgio, os dois arquitetos mais famosos no grupo. Ambos acabaram se tornando amigos próximos de Leonardo, trocaram muitas idéias com ele, e favoreceram sua carreira durante esses anos em que começou a desenvolver suas teorias.

Sua amizade com Bramante, em particular, era muito vantajosa para Leonardo. Nascido próximo a Urbino, Bramante havia se mudado para Milão poucos anos antes, e já ganhara o respeito dos Sforza quando se conheceram. Os dois artistas tinham muito em comum.[63] Ambos eram pintores experimentados, interessavam-se por matemática e engenharia, gostavam de improvisar no alaúde, e admiravam o famoso arquiteto e intelectual Alberti. Ambos também vinham da Itália central, e estavam buscando se estabelecer nessa cidade do norte. Disseram que Bramante, que mais tarde faria o projeto da Catedral de

São Pedro, em Roma, era completamente livre de inveja profissional, e provavelmente abriu muitas portas na corte para seu novo amigo. Historiadores de arte também acreditam que Leonardo, com sua compreensão completa dos princípios do projeto arquitetônico, teve uma influência significativa sobre o trabalho de Bramante.[64]

Em 1488, seis anos após ter chegado pela primeira vez em Milão, Leonardo finalmente conseguiu abrir sua brecha na corte de Sforza. Na esteira da reputação que havia ganho com A *Virgem do Rochedo*, e talvez com o auxílio da recomendação de Bramante, Ludovico pediu-lhe que pintasse um retrato da amante do Mouro, a jovem e adorável Cecilia Gallerani. Leonardo retratou-a segurando um arminho, símbolo de pureza e moderação que devido a seu nome grego, *galè*, era também uma alusão velada a seu nome, Gallerani. A *Dama com Arminho*, como é chamado hoje, foi um retrato de grande originalidade, no qual Leonardo inventou uma nova pose, com a modelo olhando por sobre o ombro com um ar de surpresa e um deleite contido, causado, talvez, pela chegada inesperada de seu amante.[65] Seus gestos são graciosos e elegantes, e se refletem no movimento sinuoso do animal.

Ludovico ficou muito satisfeito com o retrato. Logo após seu término, pediu para Leonardo criar uma mascarada para uma gala magnífica, *la festa del paradiso*, para celebrar o casamento do sobrinho do duque, Gian Galeazzo, com Isabela de Aragão. Ao mesmo tempo, o Mouro realizou um dos maiores sonhos de Leonardo ao encomendar-lhe o *cavallo* — a gigantesca estátua eqüestre em honra ao pai de Ludovico.[66]

A "Mascarada dos Planetas" de Leonardo foi o clímax da apresentação teatral que ocorreu no grandioso festim em janeiro de 1490. Em um enorme palco giratório, os signos do zodíaco, iluminados por tochas, podiam ser vistos por trás de vidros coloridos, e os sete planetas, representados por atores fantasiados, moviam-se pelos céus acompanhados por "melodias maravilhosas e canções suaves e harmoniosas".[67] A Mascarada foi um enorme sucesso e lhe deu fama em toda a Itália, ainda mais do que suas pinturas lhe haviam dado. Daí em diante, foi muito requisitado na corte dos Sforza como brilhante mágico de palco, e foi mencionado em documentos oficiais como pintor e "engenheiro ducal". Aos 38 anos de idade, Leonardo conseguira, afinal, a posição que tanto desejara quando escreveu sua memorável carta ao Mouro anos antes.

QUATRO

Uma Vida Bem Empregada

A partir de 1490, toda a Itália viveu um longo período de paz e estabilidade política, durante o qual suas cidades-estado acumularam grande riqueza. Em Milão, palácios foram reformados, ruas pavimentadas e jardins projetados. Havia cortejos cívicos, concursos de fantasias e uma série de apresentações em um novo teatro que Ludovico havia dado à cidade.

Leonardo tornara-se o artista favorito da corte do Mouro. Foi-lhe dado um grande espaço para sua oficina e alojamentos na Corte Vecchia, o velho palácio ducal próximo à catedral, onde Ludovico hospedava convidados importantes. Parece que ele teve uma ala inteira à sua disposição, onde projetou conjuntos e roupas para festividades, inventou dispositivos mecânicos, realizou experimentos científicos, preparou os moldes para o *gran cavallo* que estava criando e testou suas primeiras máquinas voadoras. Para satisfazer as constantes demandas da corte, empregou diversos aprendizes, assistentes e contratou trabalhadores, além de manter uma pequena equipe de empregados domésticos.[1] A *bottega di Leonardo* era de fato um lugar bastante movimentado.

Para o próprio Leonardo, os anos de 1490 foram um período de intensa atividade criativa. Com dois grandes projetos — a estátua eqüestre e *A Última Ceia* —, sua carreira artística estava no auge; era muito requisitado como especialista em projeto arquitetônico, e deu início a extensas e sistemáticas pesquisas em matemática, óptica, mecânica e na teoria do vôo humano.

NOVO FOCO NA MATEMÁTICA

Essa intensa fase de pesquisa foi desencadeada quando Leonardo tomou conhecimento da biblioteca de Pavia, no verão de 1490. Ludovico o enviara a Pavia, que pertencia ao ducado de Milão, para inspecionar o trabalho na catedral da cidade junto com o arquiteto Francesco di Giorgio. Para Leonardo, essa viagem foi intelectualmente estimulante e recompensadora em vários sentidos. Durante as semanas que passaram juntos, fez amizade com Francesco, que era muito estimado como arquiteto e engenheiro e cujo *Tratado sobre Engenharia Civil e Militar* teria uma enorme influência sobre Leonardo nos anos seguintes.[2]

Ainda mais importante para Leonardo, contudo, foi sua descoberta da magnífica biblioteca no Castelo Visconti na cidade. Pavia era a sede de uma das universidades mais antigas da Europa e havia se tornado um importante centro artístico e intelectual. O grande salão de sua biblioteca, com suas paredes forradas com prateleiras de manuscritos, era famoso entre os estudiosos de toda a Itália.[3] Leonardo ficou muito impressionado à vista desse imenso tesouro intelectual. De fato, não voltou a Milão com Francesco quando seu trabalho foi concluído mas permaneceu em Pavia por mais seis meses para investigar melhor a biblioteca.

Enquanto estava absorvido nessa pesquisa, conheceu Fazio Cardano, professor de matemática da Universidade de Pavia, especialista na "ciência da perspectiva", que na Renascença incluía a geometria e a óptica geométrica.[4] As discussões de Leonardo com Cardano e seus alunos na biblioteca despertaram sua paixão pela matemática, especialmente da geometria, e estimularam sua pesquisa subseqüente. Imediatamente após seu retorno a Milão, começou dois novos cadernos de notas, agora conhecidos como Manuscritos A e C, nos quais aplicou seu novo conhecimento de geometria a um estudo sistemático de perspectiva e óptica, bem como a problemas elementares envolvendo pesos, força e movimento — os ramos da mecânica conhecidos hoje como estática, dinâmica e cinemática.

A pesquisa de Leonardo em estática e dinâmica abrangeu não apenas o funcionamento de máquinas mas também, e ainda mais importante, a compreensão do corpo humano e dos seus movimentos. Ele investigou, por exemplo, a capacidade do corpo em gerar várias quantidades de força em diferentes posições. Um de seus alvos principais era descobrir como um piloto humano poderia gerar força suficiente para levantar uma máquina voadora do chão batendo suas asas mecânicas.[5]

Em seus estudos de máquinas durante esse período, Leonardo começou a separar mecanismos individuais — alavancas, engrenagens, dobradiças, articulações, etc. — das máquinas nas quais estavam incorporados. Essa separação conceitual não surgiu novamente na engenharia até o século XVIII.[6] De fato, Leonardo planejou (e pode até ter escrito) um tratado sobre *Elementos das Máquinas*, talvez influenciado por suas discussões com Fazio Cardano a respeito dos famosos *Elementos de Geometria* de Euclides, em Pavia.

Espantosamente, no meio desses anos de intensa pesquisa, e enquanto sua oficina estava totalmente ocupada com o fluxo de encomendas da corte de Sforza, Leonardo também continuou sua formação literária autodidata. Em 1493, começou a estudar latim. Em um pequeno caderno, o Manuscrito H, copiou passagens de um livro popular de gramática latina, bem como palavras latinas de um vocabulário contemporâneo. É comovente ver passagens nas quais Leonardo, com mais de 40 anos e no auge de seus poderes e fama, escreveu as mesmas conjugações básicas — *amo, amas, amat...* — que os estudantes tinham de memorizar aos 13 anos.

AMIZADE E TRAIÇÃO

No meio de seus estudos e experimentações, e de suas preparações finais para a fundição do cavalo gigante de bronze, Leonardo recebeu de Ludovico a encomenda para pintar *A Última Ceia* — a obra-prima que, como muitos concordariam, representa o ápice de sua carreira como pintor. Deveria ser um grande afresco no refeitório do convento dominicano de Santa Maria delle Grazie, em Milão. O mosteiro era o lugar de devoção predileto do Mouro; e a última refeição que Jesus partilhou com seus discípulos era um tema tradicional na decoração de refeitórios em conventos.

Como de costume, Leonardo considerou o tema cuidadosamente dentro de seu contexto religioso, artístico e arquitetônico. Fez diversos esboços preparatórios e completou a pintura dentro de dois ou três anos — um período relativamente curto, considerando que teve de dividir seu tempo entre a pintura na "Grazie" e o trabalho no *cavallo* na Corte Vecchia.

A Última Ceia de Leonardo, geralmente considerada a primeira pintura da Alta Renascença (o período da arte italiana entre 1495 e 1520), é dramaticamente diferente das representações anteriores do tema. De fato, ficou famosa por toda Europa imediatamente após sua conclusão e foi copiada inúmeras vezes. A primeira característica bastante imaginativa que se percebe é o modo como Leonardo integrou o afresco na arquitetura do refeitório. Demonstrando seu domínio da geometria, Leonardo concebeu uma série de paradoxos visuais para criar uma requintada ilusão — uma perspectiva complexa que fez a sala onde estava *A Última Ceia* parecer uma extensão do próprio refeitório, no qual os monges faziam suas refeições.[7]

Uma conseqüência dessa perspectiva complexa é que o espectador, de cada ponto de vista na sala, é arrastado para dentro do drama da narrativa da pintura com força igual. E que dramaticidade! *A Última Ceia* era tradicionalmente retratada no momento da comunhão, um momento de meditação para cada apóstolo, mas Leonardo escolheu o momento fatídico em que Jesus diz: "Um de vós me trairá".

As palavras de Cristo provocaram uma comoção no grupo solene, criando poderosas ondas de emoção. Apesar disso, o efeito está longe de ser caótico. Os apóstolos estão organizados claramente em quatro grupos de três figuras, com Judas formando um dos grupos junto com Pedro e João. Essa é outra inovação composicional surpreendente. Tradicionalmente, Judas era retratado sentado do outro lado da mesa, encarando os apóstolos, de costas para o espectador. Leonardo não tinha necessidade de identificar o traidor isolando-o dessa maneira. Ao dar aos apóstolos gestos expressivos, cuidadosamente escolhidos, que cobrem juntos uma ampla gama de emoções, o artista se certificou de que reconhecêssemos Judas de imediato, na maneira como ele se encolhe para trás à sombra de João, apertando sua bolsa de moedas com nervosismo. A retratação dos apóstolos como incorporações de estados emocionais individuais e a integração de Judas na narrativa dramática eram tão revolucionárias que depois de Leonardo nenhum artista que se prezasse poderia voltar à configuração estática anterior.

No decorrer de sua carreira como pintor, Leonardo foi famoso por sua habilidade de captar sutilezas emocionais — os "movimentos da alma" — em expressões faciais e gestos eloqüentes, e de tecê-los em complexas narrativas composicionais. Essa habilidade excepcional já era aparente em suas primeiras *Madonnas* e alcançou seu ápice na *Última Ceia* e em outros trabalhos de sua maturidade.

O dramaturgo e poeta Giovanni Battista Giraldi, cujo pai conhecia Leonardo, proporcionou um vislumbre fascinante dos métodos empregados pelos artistas para conseguir esse controle singular. "Quando Leonardo desejava pintar uma figura", escreveu Giraldi, "primeiro considerava que posição social e que natureza ia representar; se nobre ou plebeu, alegre ou severo, perturbado ou sereno, velho ou jovem, irado ou plácido, bom ou mau; e quando havia se decidido, ia para os lugares onde sabia que pessoas desse tipo se reuniam e observava seus rostos, seus modos, vestes e gestos; quando encontrava o que se adequava ao seu propósito, esboçava-o em um pequeno caderno que sempre carregava no cinto. Depois de repetir esse procedimento muitas vezes, e estando satisfeito com o material assim coletado para a figura que desejava pintar, passava então a dar-lhe forma."[8]

Durante esse período, enquanto Leonardo pintava a *Última Ceia* e meditava sobre a natureza da fragilidade e traição humanas, sua vida pessoal foi enriquecida por um encontro que acabaria se transformando numa amizade duradoura. Em 1496, o monge franciscano e bem conhecido matemático Luca Pacioli foi ensinar em Milão. Fra Luca tinha estabelecido sua reputação como matemático com um vasto tratado, uma espécie de compêndio de matemática, intitulado *Summa de Aritmetica Geometrica Proportioni et Proportionalità* [Sumário de aritmética, geometria de proporção e proporcionalidade]. Escrito em italiano, em vez do costumeiro latim clássico, continha sinopses dos trabalhos de muitos matemáticos ilustres do passado e do presente. Leonardo, que tinha um profundo interesse pela matemática desde seus estudos na biblioteca de Pavia, ficou fascinado pelo tratado de Pacioli e foi imediatamente atraído pelo seu autor.

Fra Luca era poucos anos mais velho que Leonardo e um conterrâneo toscano, o que pode tê-los ajudado a estabelecer uma ligação que logo se transformou em amizade. Essa amizade deu a Leonardo uma oportunidade única de aprofundar seus estudos matemáticos. Pacioli não apenas o ajudava a entender várias partes de seu próprio tratado como também o guiava em um estudo completo da edição em latim dos *Elementos* de Euclides. Com a ajuda do amigo, Leonardo examinou sistematicamente todos os treze volumes da exposição de Euclides e preencheu dois cadernos com anotações matemáticas.[9]

Pouco depois de começarem suas sessões de estudo, Leonardo e Fra Luca decidiram colaborar em um livro, intitulado *De Divina Proportione*, a ser escrito por Pacioli e ilustrado por Leonardo. O livro apresentado a Ludovico como um extenso manuscrito e publicado por fim em Veneza, contém uma longa apreciação sobre o papel da proporção na arquitetura e na anatomia — e, em particular, da razão áurea, ou "proporção divina" — bem como discussões detalhadas sobre os cinco poliedros regulares conhecidos como sólidos platônicos.[10] Apresenta mais de sessenta ilustrações de Leonardo, incluindo desenhos magníficos dos sólidos platônicos tanto em suas formas sólidas como em formas esquemáticas, testemunhas de sua habilidade excepcional de visualizar formas geométricas abstratas. O mais notável ainda nesse trabalho é o fato de ser a única coleção de desenhos publicada durante a vida de Leonardo.[11]

Enquanto desenhava as ilustrações para o livro de Pacioli, prosseguia o trabalho da *Última Ceia*. O progresso era constante mas lento, já que o artista trabalhava a seu modo, ponderado e meditativo. Passou um tempo considerável perambulando pelas ruas de Milão à procura de modelos adequados para as faces dos apóstolos.[12] Em 1497, a única parte ainda a ser concluída era a cabeça de Judas.[13] Nessa altura, o prior do convento ficou tão impaciente com a lentidão de Leonardo que reclamou para o duque, que convocou o artista para ouvir as razões de seu atraso. De acordo com Vasari, Leonardo explicou ao Mouro que estava trabalhando na *Última Ceia* pelo menos duas horas por dia, mas que a maior parte do trabalho acontecia em sua mente. Ele prosseguiu, astutamente, dizendo que, se não encontrasse um modelo apropriado para Judas, daria ao vilão as feições do impaciente prior. Ludovico divertiu-se tanto com a resposta de Leonardo que instruiu o prior a ter paciência e deixar que Leonardo terminasse seu trabalho sem ser perturbado.

Alguns meses depois, *A Última Ceia* estava completa. Infelizmente, logo começou a se deteriorar. A pintura não é um afresco no sentido estrito; não foi pintada *al fresco* com pigmento aquoso em estuque úmido, fresco. A técnica de afresco resultava em murais duradouros, mas requeria execução rápida, o que era incompatível com o modo de pintar de Leonardo. Em vez disso, o artista experimentou com uma mistura de têmpera de ovo e óleo. Como a parede estava úmida, a pintura logo começou a se deteriorar. De maneira trágica, todas as tentativas de interromper ou reverter sua deterioração foram malsucedidas. Com o passar dos séculos, houve incontáveis restaurações da *Última Ceia*, muitas envolvendo técnicas questionáveis e, não raro, sem que fossem mantidos os registros exatos. Como Kenneth Clark escreveu em 1939, "É difícil resistir à conclusão de que o que vemos agora na parede da Grazie é em grande parte o trabalho de restauradores".[14]

O último esforço para restaurar a obra-prima de Leonardo, concluído em 2000 sob a direção de Pinin Brambilla Barcilon, foi de longe o mais minucioso e sofisticado, tendo levado mais de vinte anos.[15] A restauradora e sua equipe removeram quase todos os traços de restaurações anteriores a fim de expor tanto da pintura de Leonardo quanto pudesse ser encontrado. Em vez de disfarçar os danos, reconstruíram os contornos originais e preencheram os espaços vazios entre os fragmentos que sobraram com aquarela da mesma coloração geral. O que o espectador vê agora de perto são distinções claras entre a pintura original e os espaços vazios, ao passo que de longe essas distinções desaparecem, dando a impressão de uma versão desbotada da pintura original.

Embora muito pouco nos reste agora da obra-prima original de Leonardo, o trabalho restaurado mostra de fato a eloqüência e o poder gestual dos protagonistas, e mesmo um pouco da atmosfera luminosa tão peculiar nas pinturas de Leonardo. "Ainda percebemos as formas sobrenaturais do original", escreve Kenneth Clark, "e podemos apreciar, do drama de sua interação, algumas das qualidades que fizeram da *Última Ceia* a pedra angular da arte européia."[16]

AGITAÇÃO POLÍTICA

Quando Leonardo terminou *A Última Ceia* em 1498, não sabia que sua posição na corte dos Sforza e sua estada em Milão terminariam de modo abrupto dois anos depois. Seu programa de estudo e pesquisa seguiu inalterado. Manteve seus estudos matemáticos com Fra Luca, trabalhou na teoria do vôo humano e testou várias máquinas voadoras. Além disso, pintou um retrato da nova amante de Ludovico, Lucrezia Crivelli,[17] e após a trágica morte da esposa do duque, Beatriz, Ludovico confiou a ele a decoração da Sala delle Asse em memória dela.[18]

Nesses dois últimos anos na corte dos Sforza, Leonardo também fez diversas viagens pelo norte da Itália. Em 1498, acompanhou o Mouro em uma visita a Gênova, e em outra ocasião viajou para os Alpes. Lá, escalou o Monte Rosa,[19] a segunda montanha mais alta da Europa, um enorme maciço coberto de geleiras na fronteira entre a Suíça e a Itália, com dez picos principais, a maioria deles com altura superior a 4.000 metros. Ainda hoje, escalar um desses picos requer muito vigor, apesar de não ser difícil tecnicamente, levando de cinco a dez horas de escalada em declives íngremes e longos trechos em geleiras. É preciso estar em boa forma física e habituado com a altitude elevada. Na época de Leonardo, tal subida deve ter sido extraordinária.

Vários de seus contemporâneos descreveram um Leonardo bastante atlético em sua juventude;[20] sem dúvida, ele ainda tinha a força necessária para escalar montanhas aos 40 anos. Em suas anotações descreve o azul profundo do céu, "quase acima das nuvens", e as linhas prateadas dos rios nos vales abaixo. A vista daquela altura, centenas de anos antes da era da poluição industrial, deve ter sido de fato espetacular. Podia avistar os "quatro rios que banham a Europa" — o Reno, o Ródano, o Danúbio e o Pó.[21]

Enquanto Leonardo desfrutava o panorama dos vales e rios do Monte Rosa, começam a se formar nuvens políticas que ameaçavam a paz. Em 1494, o rei da França, Carlos VIII, cruzou os Alpes à frente de um grande exército; Ludovico sacrificou o bronze reservado para a fundição do *gran cavallo* de Leonardo para defender Milão.[22] Durante os anos seguintes, os franceses avançaram de modo constante pela Itália. Em 1498, após Carlos VIII morrer em um acidente, o novo rei francês, Luís XII, declarou-se duque de Milão e preparou-se para conquistar a cidade.

No verão de 1499, Luís formou uma aliança secreta com Veneza e invadiu a Lombardia para atacar sua capital, Milão, enquanto os venezianos atacavam do leste. Ludovico, em pânico, fugiu com a família para Innsbruck, na Áustria, buscando a proteção de seu parente, o imperador Maximiliano. Em setembro, Milão rendeu-se sem que um único tiro fosse disparado.[23] Leonardo, aparentemente desligado da agitação política ao seu redor, registrava calmamente algumas novas observações sobre "movimento e peso" em seu caderno de notas.[24]

Em outubro, Luís XII adentrou Milão triunfante. Ao que tudo indica, ofereceu a Leonardo uma posição como engenheiro militar. Luís estava tão encantado com *A Última Ceia* que perguntou se podia ser removida da parede da Grazie e levada para a França.[25] Leonardo, contudo, recusou a oferta do rei, talvez porque tivesse testemunhado os saques e mortes generalizados, cometidos pelas tropas francesas. Quando um destacamento de arqueiros usou o modelo de argila de seu *cavallo* como alvo, percebeu que era hora de deixar a cidade. Pôs seus negócios em ordem, enviou as economias para seu banco em Santa Maria Nuova, em Florença, e antes que findasse o ano, ele e o amigo Fra Luca deixaram Milão.

RETORNO A FLORENÇA

Luca Pacioli viajou diretamente para Florença; Leonardo tomou um longo desvio por Mântua e Veneza e juntou-se ao amigo poucos meses depois. Quando voltou a Florença, onde passaria os próximos seis anos, Leonardo, com 48 anos, estava no início do que então se considerava a velhice. Contudo, sua criatividade artística e científica não sofreu nenhuma alteração. No decorrer dos quinze anos seguintes, pintaria diversas obras-primas e produziria seu trabalho científico mais substancial. Era então famoso como artista e engenheiro em toda a Itália. E era bem conhecido de seus contemporâneos que ele dedicava muito de seu tempo a estudos científicos e matemáticos. O fato de que quase ninguém sabia sobre o que eram esses estudos só intensificava sua imagem de gênio enigmático.

Leonardo era muito requisitado como consultor de arquitetura e engenharia militar, assim como para lucrativas encomendas de pinturas. Tendo sido muito bem pago por Ludovico Sforza na década anterior, tinha segurança financeira suficiente para não ter de bajular ricos e poderosos; mesmo assim, preferia um emprego fixo e lucrativo. Contudo, manteve-se distante da política e demonstrou pouca lealdade a qualquer estado ou governante.

Muitos dos serviços de consultoria de Leonardo, especialmente aqueles em engenharia militar, exigiam que ele viajasse para outras cidades no norte da Itália, e seu segundo período em Florença foi pontuado por viagens freqüentes. No entanto, elas pareciam inspirá-lo a trabalhar de maneira ainda mais intensa. Além de examinar fortificações militares e produzir diversos desenhos com sugestões de melhorias, estudou a flora e as formações geológicas das áreas que visitava, desenhou mapas belos e detalhados que mostravam distâncias e elevações, e visitou bibliotecas renomadas para continuar seus estudos teóricos.

Os mapas de Leonardo desse período mostram detalhes geográficos com um grau de precisão muito superior a qualquer obra dos cartógrafos de seu tempo.[26] Usou tintas de diferentes intensidades para seguir os contornos das cadeias de montanhas, diferentes sombreamentos para representar o relevo, e pintou os rios, vales e povoamentos de modo tão realista que se tem a estranha sensação de olhar uma paisagem de um avião (ver figura 7-7 na p. 219). Na maioria de seus mapas, Leonardo enfocou especificamente o cruzamento de rios e lagos. Em algumas vistas do curso do rio Arno (Fig. 4-1), usou vários tons de tinta azul para produzir uma semelhança surpreendente entre a correnteza do rio e o fluxo do sangue nas veias do corpo (Fig. 4-2) — um testemunho primorosamente belo e comovente de como Leonardo via a água como as veias da Terra viva.

Leonardo também continuou a criar grandes obras artísticas (incluindo a *Madonna e Menino com o Fuso*, vários esboços da *Virgem e Menino com San-*

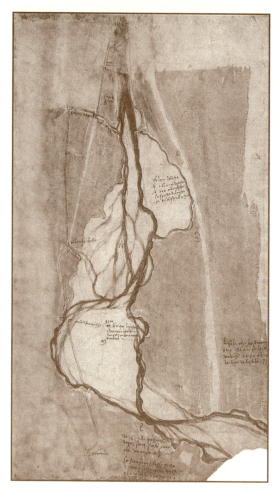

*Figura 4-1: As veias de água da Terra, rio Arno, c. 1504,
Desenhos e Papéis Diversos, vol. IV, fólio 444r*

ta Ana e duas composições diferentes de *Leda e o Cisne*), muitas das quais exerceram considerável influência em pintores contemporâneos, incluindo Rafael e Michelangelo.[27] "Surpreendentemente", escreve Martin Kemp, "esse período é marcado por uma assombrosa riqueza de atividade artística, na qual mais de uma dúzia de obras significativas foi concebida e levada a vários estágios de acabamento pelo próprio Leonardo ou seus assistentes."[28]

Em fevereiro de 1500, logo após deixar Milão, Leonardo passou algumas semanas em Mântua a convite de Isabella d'Este, irmã mais velha de Beatrice, última esposa de Ludovico. Bela e sofisticada, Isabella era uma célebre colecionadora de arte e generosa patrona das artes, ainda que temperamental e ti-

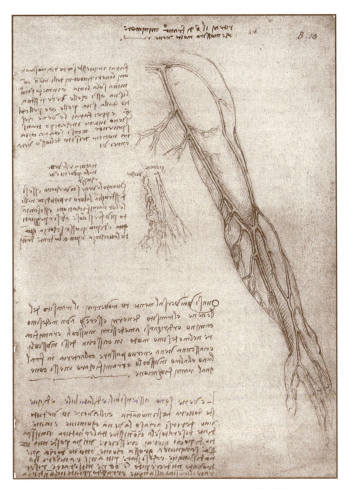

*Figura 4-2: Veias do braço esquerdo, c. 1507-1508,
Estudos de Anatomia, fólio 69r*

rânica.[29] Ela se interessava principalmente por pinturas que louvassem seus méritos e com freqüência ditava o modo como deveriam ser compostas, e até as cores a ser usadas. Era do conhecimento geral que ela tinha atormentado Giovanni Bellini, levando-o ao tribunal para obter exatamente a pintura que queria, e como tinha escrito não menos de 53 cartas imperativas a Perugino, pressionando-o a finalizar uma alegoria que ela havia projetado.

Isabella encontrava Leonardo com freqüência na corte dos Sforza e sempre lhe implorava que pintasse seu retrato. Em Mântua, o artista pareceu obedecer. Desenhou-a de perfil com giz preto e vermelho e provavelmente também lhe ofereceu uma cópia, fazendo supor que ficaria com o original para transferi-lo a um painel e pintá-lo depois.[30] Contudo, a despeito das inúmeras súplicas dos emissários de Isabella, Leonardo nunca pintou o retrato completo. Ao que tudo indica, não desejava submeter-se aos caprichos de Isabella. Por trás de sua fina cortesia e charme, permaneceu sempre impetuosamente independente quando sua integridade artística estava em jogo.

De Mântua, Leonardo foi para Veneza, onde o Senado necessitava com urgência de um engenheiro militar com seus talentos. Os venezianos haviam acabado de sofrer uma derrota em uma batalha naval contra os turcos. E o exército otomano estava acampado na região de Friuli às margens do rio Isonzo, ameaçando uma invasão a partir das fronteiras da república a nordeste. Leonardo dirigiu-se a Friuli, estudou a sua topografia e voltou ao Senado com planos para a construção de uma comporta móvel no Isonzo. Argumentou que assim poderia represar uma grande quantidade de água, que seria liberada para afogar os exércitos turcos quando cruzassem o rio.[31] Apesar de sua engenhosidade, o Senado rejeitou o plano.

Os venezianos também estavam preocupados com um possível ataque da marinha turca. Leonardo respondeu a esse desafio com projetos de equipamentos de mergulho, invisíveis da superfície, para ser usados na batalha naval — pequenos submarinos que poderiam ser enviados para "afundar uma frota de navios"; mergulhadores equipados com bolsas de ar, óculos de proteção e dispositivos especiais para fazer furos no casco dos navios; homens-rã com nadadeiras, entre outros. A aparência moderna desses projetos é impressionante.[32] Leonardo estava consciente do conflito entre seu trabalho como engenheiro militar e sua natureza pacifista.[33] "Não descrevo meu método para permanecer embaixo d'água por tanto tempo quanto puder agüentar sem comer", escreveu no Codex Leicester. "Isso não publico ou divulgo por causa da natureza maligna dos homens, que poderiam praticar assassinatos no fundo dos mares quebrando os navios em suas partes mais baixas e afundando-os junto com as tripulações que estão neles."[34]

Também pediram a Leonardo que examinasse o sistema veneziano de canais para possíveis melhorias. No curso desse trabalho, inventou uma comporta biselada que teve grande importância na evolução do projeto de canais.[35] Em vista de todos esses interessantes projetos de engenharia civil e militar, é surpreendente que Leonardo não tenha ficado em Veneza por mais de umas poucas semanas. Contudo, em abril de 1500, estava de volta a sua Toscana natal.

A explicação mais provável para seu rápido retorno a Florença é que, nesse ínterim, uma cadeira de matemática na Universidade de Florença havia si-

Figura 4-3: Virgem e Menino com Santa Ana, c. 1508 em diante, Museu do Louvre, Paris

do concedida a Luca Pacioli. Leonardo deve ter visto isso como uma oportunidade ideal para prosseguir seus estudos com Fra Luca e conhecer importantes intelectuais florentinos. Além disso, era provável que estivesse ansioso para ser apreciado como artista na cidade que acalentara seu gênio nos anos de formação.

As expectativas de Leonardo de uma recepção calorosa em Florença foram cumpridas. Logo após sua chegada na cidade, foi convidado a pintar um retábulo para o convento servita da Santíssima Annunziata. Para tornar a encomenda mais atrativa, os frades providenciaram alojamentos espaçosos para Leonardo e seu pessoal nos quartos de hóspedes do convento.[36] Leonardo aceitou de bom grado a comissão e instalou-se na Annunziata; contudo, manteve-os esperando um longo tempo antes de começar o trabalho. Em vez de pintar, prosseguiu calmamente seus estudos matemáticos com Pacioli e seus experimentos com peso, força e movimento.

"Finalmente", escreve Vasari, "fez um cartão mostrando Nossa Senhora com Santa Ana e o Cristo menino. Esse trabalho ganhou não apenas a admiração de todos os artistas mas, quando terminado, atraiu por dois dias à sala onde foi exibido uma multidão de homens e mulheres, jovens e velhos, que se amontoavam ali, como se estivessem indo a um grande festival, para contemplarem estupefatos as maravilhas que ele havia criado." Leonardo não poderia ter desejado uma recepção mais entusiasmada da cidade à qual havia retornado afinal.

Na *Virgem e Menino com Santa Ana*, como a pintura é chamada hoje, Leonardo havia estabelecido um novo marco tanto na composição da obra como na interpretação teológica de um tema religioso tradicional.[37] Em vez de apresentar Maria e sua mãe, Santa Ana, em uma configuração estática — sentadas uma ao lado da outra com Jesus nos braços de Maria, entre elas ou com Santa Ana sentada mais alto, em uma composição hierárquica majestosa —, Leonardo alterou a tradição ao acrescentar um cordeiro como quarta figura. Jesus, tendo escapulido para o chão, alcança o cordeiro, enquanto Maria tenta impedi-lo e Santa Ana parece segurá-la.

A mensagem teológica incorporada na composição bastante original de Leonardo pode ser vista como a continuação de sua longa reflexão sobre o destino de Cristo, que havia começado com *A Virgem do Rochedo*. Maria, em um gesto ansioso, tenta puxar o filho para longe do cordeiro, o símbolo da paixão, enquanto Santa Ana, representando a Madre Igreja, sabe que o gesto de Maria é em vão — a Paixão é o destino de Cristo e não pode ser evitado.

Leonardo levou mais de uma década para concluir a pintura, durante a qual fez diversos desenhos com variações sobre os temas composicionais e teológicos. Depois do cartão original, que se perdeu, produziu um maior, agora na National Gallery, em Londres, na qual Maria e Santa Ana estão sentadas lado a lado e o cordeiro é substituído por São João Batista. Contudo, acabou voltando à idéia original. A pintura final (Fig. 4-3), agora no Louvre, é uma síntese complexa e magistral de suas variações prévias. As figuras quase misturam-se umas às outras em seu equilíbrio rítmico, com as montanhas oníricas de Leonardo, preconizando a paisagem da *Mona Lisa*, no plano de fundo.

VIAGENS PELA ITÁLIA CENTRAL

Quando chegou em Florença, Leonardo encontrou uma cidade bem diferente daquela que havia deixado dezoito anos antes. Em 1494, o rei francês Carlos VIII, naquela época ainda aliado de Ludovico Sforza, havia expulsado os Médici e transformado Florença novamente em uma república. Na confusão que se seguiu, a cidade se viu enfeitiçada pelos ensinamentos fanáticos do monge dominicano Girolamo Savonarola, que conseguiu transformar a república em uma teocracia fundamentalista.[38] Pelos quatro anos seguintes, Savonarola governou praticamente como ditador até ser excomungado pelo papa, julgado por heresia e queimado na fogueira.

Enquanto isso, o papa Alexandre VI havia alistado o filho, o jovem comandante militar César Borgia, para ajudá-lo a construir o império papal na Itália central. Inteligente, cruel e impiedosamente oportunista, César subjugou uma cidade após a outra para o papado, de Piombino, na costa oeste, a Rimini, no Adriático. Ele estava bem consciente, contudo, de que, a menos que se fortificassem sistematicamente, suas novas conquistas eram vulneráveis a ataques de vizinhos hostis. Para protegê-los, César procurou o engenheiro militar de maior reputação, Leonardo da Vinci.

Em 1502, Leonardo foi contratado por César para viajar pela Itália central, inspecionar as barricadas, canais e outras fortificações das cidades recémconquistadas, e sugerir melhorias. Para confirmar seu compromisso, César forneceu-lhe um passaporte que lhe dava completa liberdade de movimento, incentivava-o a tomar quaisquer iniciativas que considerasse apropriadas e lhe permitia viajar confortavelmente com sua comitiva. Para Leonardo, esse compromisso deve ter parecido uma incrível oportunidade, e dela tirou todo o proveito, mesmo sabendo que o conflito entre a natureza cruel e violenta de Borgia e sua própria compaixão e pacifismo acabaria se tornando insuportável.

Nos seis ou oito meses seguintes, Leonardo viajou bastante pela Toscana e pela Romanha adjacente — Piombino, Siena, Arezzo, Cesena, Pesaro, Rimini —, desenhando mapas primorosos das regiões, trabalhando em projetos para construir canais e drenar pântanos, estudando os movimentos das ondas e marés e enchendo seus cadernos de notas com desenhos de engenhosas novas fortificações projetadas para resistir ao impacto de bolas de canhão, que então já vinham sendo disparadas a velocidades cada vez maiores.[39] Durante esses meses, manteve um relatório detalhado de seus movimentos e projetos em um bloco de notas, hoje conhecido como Manuscrito L.

Em outubro, Leonardo juntou-se a César Borgia em Ímola, onde as tropas haviam erguido um acampamento de inverno. Passou o resto do ano projetando novas fortificações para a cidadela e desenhando um mapa circular da cidade extremamente original e muito bonito. Em Ímola, também encontrou o famoso político e escritor Nicolau Maquiavel, uma das figuras mais influentes da Renascença. Nascido em Florença, Maquiavel entrara no serviço político da república como diplomata e havia ascendido rapidamente em importância. Havia sido enviado a muitas missões importantes na Itália e França, onde observou com grande perspicácia os detalhes sutis da política e do poder, posteriormente descritos e analisados no seu trabalho mais conhecido, *O Príncipe*. Seu príncipe "ideal" da Renascença era um tirano amoral e astuto, aparentemente inspirado em César Borgia.

Intelectual brilhante, Maquiavel também era poeta e dramaturgo de renome; é provável que tenha exercido um certo fascínio sobre Leonardo, e mantiveram relações amistosas por muitos anos. Quando se encontraram em Ímola, Maquiavel havia sido mandado a Romanha como enviado da república florentina, provavelmente para observar o ardiloso Borgia, em cuja companhia permaneceu durante todo o inverno. Não há registro das muitas conversações que esse trio extraordinário — César Borgia, Nicolau Maquiavel e Leonardo da Vinci — deve ter tido durante as longas noites de inverno em Ímola. Contudo, parece que expuseram Leonardo face a face com os numerosos crimes que acompanharam a ascensão de Borgia ao poder.

Até então, Leonardo havia viajado sempre independentemente do exército, trabalhando principalmente em sistemas defensivos sem jamais testemunhar uma batalha. Mas na companhia constante de Borgia e Maquiavel, deve ter ouvido relatos em primeira mão dos muitos massacres e assassinatos de César. Talvez tenha sentido tamanha aversão por eles que se viu obrigado a deixar o emprego de Borgia. Em seus cadernos de notas, Leonardo não menciona quando nem por que deixou César, mas em fevereiro de 1503 estava de volta em Florença, onde retirou dinheiro de sua conta, possivelmente por ter deixado Borgia abruptamente, sem ter recebido seu pagamento.

Leonardo não teve de esperar muito por um novo cargo. Florença estava em guerra com Pisa e havia levantado o cerco à cidade, de grande importância estratégica devido a seu porto. Após vários meses de cerco os pisanos ainda se recusavam a render-se. A Signoria florentina (o governo da cidade) pediu que Leonardo concebesse uma solução militar. Em junho, ele visitou a região e, como em Friuli três anos antes, desenhou um mapa detalhado de sua topografia antes de arquitetar um plano estratégico.[40]

Quando voltou a Florença, propôs desviar o Arno de Pisa, o que privaria a cidade de seu suprimento de água e também daria a Florença um caminho para o mar. Ele argumentou que essa estratégia poria fim ao cerco de modo rápido e sem derramamento de sangue. O plano de Leonardo, que contava com o apoio entusiasmado de Maquiavel, foi aceito pelos mecenas da cidade, e o projeto teve início em agosto. Contudo, durante os meses subseqüentes houve muitas dificuldades, de escassez de mão-de-obra e proteção militar a enchentes inesperadas. Após meio ano, o projeto foi abandonado.

VÔOS DA IMAGINAÇÃO

Leonardo utilizou seu estudo do vale do Arno para retomar seu antigo sonho de criar uma via navegável entre Florença e Pisa. Desenhou vários mapas primorosamente coloridos, mostrando como o canal proposto evitaria as íngremes colinas a oeste de Florença e faria um grande arco, passando Prato e Pistoia, cortando Serravalle antes de desembocar novamente perto do Arno, a leste de Pisa. Imaginou que essa via navegável forneceria irrigação para a terra seca, bem como energia para vários moinhos que poderiam produzir seda e papel, impulsionar o torno das olarias, cortar lenha e afiar metal.[41] Tinha esperança de que os múltiplos benefícios de tal canal "industrial" trariam paz e prosperidade para as cidades em guerra. O sonho de Leonardo de que a paz fosse alcançada por meio da tecnologia jamais se realizou, mas ele provavelmente se alegraria em saber que quinhentos anos depois a *autostrada* ligando Florença a Lucca e Pisa seguiria exatamente a rota proposta em sua via navegável.

Enquanto desenhava os mapas da bacia do Arno, Leonardo estudava as correntezas suaves e turbulentas dos rios, a erosão das rochas e os depósitos de cascalho e areia. Em uma escala maior, especulou sobre a formação da Terra a partir das águas do mar e o movimento dos "humores aquosos" pelo macrocosmo. Estudou estratos de formações rochosas e seus fósseis, que reconhecia como sinais reveladores de vida no distante passado geológico. Via os lagos montanhosos como recortes do mar primevo e representava em seus mapas e pinturas como gradualmente encontravam seu caminho de volta aos oceanos por gargantas estreitas.

Em outubro de 1503, enquanto a guerra com Pisa se arrastava, Leonardo recebeu uma encomenda extremamente prestigiosa para *A Batalha de Anghiari*, o grande afresco encomendado pela Signoria em sua nova câmara do conselho no Palazzo Vecchio. O artista aceitou imediatamente. Registrou seu nome mais uma vez na guilda de pintores de San Luca, e suntuosos prédios no convento de Santa Maria Novella foram dados a ele e seus assistentes, incluindo a espaçosa Sala del Papa, que usou como estúdio.

No verão seguinte, Leonardo registrou a morte do pai em uma declaração breve e bastante formal: "No 9º dia de julho de 1504, em uma quarta-feira às sete horas, morreu Ser Piero da Vinci, tabelião do Palazzo del Podestà, meu pai (....) Tinha 80 anos de idade e deixou dez filhos e duas filhas".[42] Até onde sabemos, Leonardo nunca foi íntimo do pai, um homem ambicioso que estava interessado principalmente em sua própria carreira. Todavia, é surpreendente que ele não tenha acrescentado quaisquer reflexões pessoais a esse apontamento em seu caderno. O tom distante da nota é reforçado pelo fato incomum de que não está escrita na costumeira escrita espelhada de Leonardo, mas da esquerda para a direita, como se fosse um rascunho para uma declaração pública.

Leonardo trabalhou no grande estudo para o afresco e na pintura de sua porção central, *A Luta pelo Estandarte*, por cerca de três anos. Mas com os horrores dos massacres de César Borgia ainda frescos em sua mente, a *Batalha de Anghiari* não poderia ser uma celebração da glória militar de Florença, como os patronos da cidade esperavam. Em vez disso, seria a sua condenação definitiva daquela *pazzia bestialissima*, a loucura da guerra, para que o mundo inteiro pudesse ver.[43]

Durante esses anos, Leonardo continuou a refletir sobre as características básicas do fluxo das águas. Percebeu que a geometria euclidiana era insuficiente para descrever as formas das ondas e redemoinhos. Por volta de 1505,

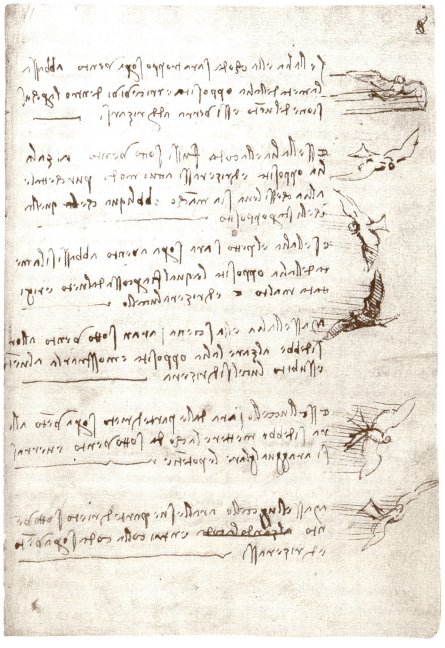

Figura 4-4: Codex sobre o Vôo dos Pássaros, fólio 8r; 1505, Biblioteca Reale, Turim

começou um novo caderno, agora conhecido como Codex Forster I, com as palavras "Um livro intitulado 'Da transformação', isto é, de um corpo em outro sem diminuição ou aumento de matéria".[44] Em quarenta fólios desse caderno, discutiu e desenhou uma grande variedade de transformações de formas geométricas — meias-luas, cubos em pirâmides, esferas em cubos, entre outras. Essas páginas foram o princípio de seu longo fascínio por um novo tipo de geometria, uma geometria de formas e transformações hoje conhecida como topologia.[45]

Durante os mesmos anos, Leonardo prosseguiu com grande empenho nos dois projetos de engenharia que empolgavam sua imaginação. Um foi seu plano, considerado longamente, de uma via navegável entre Florença e Pisa; o outro foi seu trabalho sobre máquinas voadoras, que ele retomou com renovado vigor enquanto investigava a geometria das transformações e pintava a cena de batalha no Palazzo Vecchio.

Quando construiu máquinas voadoras em Milão e testou-as em sua oficina na Corte Vecchia, a maior preocupação de Leonardo era descobrir como um piloto humano poderia bater asas mecânicas com força e velocidade suficientes para comprimir o ar abaixo e ser levantado. Para esses testes, projetou vários tipos de asas modeladas a partir daquelas de pássaros, morcegos e peixes voadores. Então, dez anos depois, empreendeu observações cuidadosas e metódicas do vôo dos pássaros. Passou horas nas colinas nas cercanias de Florença, próximas a Fiesole, observando o comportamento de pássaros em vôo, e preencheu diversos cadernos de notas com desenhos e comentários que analisavam as manobras de curva, sua habilidade de manter o equilíbrio no vento e detalhados mecanismos de vôo ativo. Sua meta era projetar uma máquina voadora capaz, como um pássaro, de mover-se com agilidade, manter seu equilíbrio no vento, e com força suficiente para permiti-la voar.[46]

Leonardo resumiu suas observações e análises em um pequeno caderno chamado *Codice Sul Volo Degli Uccelli* [Codex sobre o vôo dos pássaros], repleto de lindos desenhos de pássaros em vôo, bem como de complexos mecanismos projetados para imitar seus movimentos precisos (ver figura 4-4). Suas observações e análises levaram-no à conclusão de que o vôo humano com asas mecânicas poderia não ser possível devido às limitações de nossa anatomia. Os pássaros, observou, têm poderosos músculos peitorais capazes de mover suas asas com uma força que seres humanos não conseguem concentrar. Contudo, especulou que o vôo planado seria possível. Voltou a pesquisar o vôo humano uma vez mais durante a última fase de sua vida, combinando o estudo do vôo natural com estudos teóricos do vento e ar em uma tentativa de esboçar uma abrangente "ciência dos ventos".[47]

Leonardo continuou a trabalhar na *Batalha de Anghiari* no decorrer de 1505. Contudo, devido a materiais defeituosos, a pintura se deteriorou (as cores não podiam ser fixadas e começaram a escorrer) e ele não conseguiu reparar o dano.[48] Ao mesmo tempo, o rei francês Luís XII, grande admirador do artista, requisitou à Signoria a presença de Leonardo em sua corte em Milão. Os florentinos resistiram, argumentando que haviam gasto grandes somas de dinheiro no afresco em sua câmara do conselho e precisavam dele finalizado. Uma disputa diplomática se arrastou por vários meses, mas por fim a Signoria foi forçada a ceder. Em maio de 1506, abandonando seu afresco, Leonardo partiu mais uma vez para uma longa temporada em Milão.

UM PERÍODO DE MATURIDADE

O representante do rei Luís XII em sua corte em Milão era Charles d'Amboise, a quem Luís havia apontado como seu administrador. Charles era um governante poderoso, mas sociável e muito interessado em promover as artes. Assim como o rei, era um grande admirador de Leonardo. Recebeu o artista calorosamente na corte francesa e tratou-o regiamente. Uma pensão generosa, que não estava vinculada a quaisquer encomendas específicas, foi dada a Leonardo, que era consultado sobre todos os tipos de projeto artístico e técnico, e sua companhia e serviço eram avidamente procurados por todas as pessoas importantes da corte. Leonardo estava encantado com seu retorno a Milão, a cidade onde havia adquirido grande fama quinze anos antes, e não teve dificuldades em retomar o estilo de vida como artista e engenheiro da corte, que conhecia tão bem desde aqueles dias na corte dos Sforza.

Era solicitado, mais uma vez, a desenhar os esplêndidos cenários e figurinos das mascaradas e cortejos cívicos. Como antes, Leonardo também trabalhou na melhoria de barragens e represas para alguns dos canais lombardos, e para mostrar sua gratidão a Charles d'Amboise, projetou uma mansão com luxuosos jardins para o administrador. De acordo com as anotações que restaram, seus projetos de jardinagem eram extraordinários. Incluíam bosques perfumados com laranjeiras e limoeiros, um enorme aviário coberto por uma rede de cobre para pássaros exóticos mas que os deixava livres para voar, um ventilador de velas giratórias para criar uma brisa agradável nos verões quentes, uma mesa com água corrente para resfriar o vinho, instrumentos musicais automáticos movidos a energia da água.[49]

Aos 55 anos, Leonardo devia ter uma aparência semelhante à daquele sábio arquetípico em seu famoso auto-retrato de Turim.[50] Apesar de sua vista ter enfraquecido (ele usou óculos por alguns anos), sua energia, criatividade artística e seu dinamismo intelectual não diminuíram. A compreensão solidária e a generosidade de Charles d'Amboise deu-lhe liberdade para dedicar quanto tempo desejasse a seus estudos e para segui-los em qualquer direção que quisesse. Essa liberdade sem precedentes, combinada com sua idade madura, produziu um período de ampla reflexão sistêmica, de revisão e síntese, permitindo-lhe o planejamento minucioso de tratados abrangentes sobre seus assuntos favoritos: o fluxo da água, a geometria das transformações, os movimentos do corpo humano, o crescimento das plantas e a ciência da pintura.

Os seis anos que Leonardo passou na corte francesa em Milão marcaram um estágio de maturidade tanto em sua ciência como em sua arte. Durante esses anos, o artista lentamente desenvolveu e refinou três de suas magistrais pinturas maduras: a *Virgem e Menino com Santa Ana*, a *Leda* e sua pintura mais famosa, a *Mona Lisa*. Nessas obras-primas, Leonardo aperfeiçoou as características que estabeleceram sua singularidade como pintor — as formas sinuosas que davam movimento e graça a suas figuras, os sorrisos e gestos delicados que espelhavam os "movimentos da alma" e a fusão sutil de sombras, ou *sfumato*, que se tornou um princípio unificador de suas composições. Em todos esses três trabalhos, Leonardo usou seu extenso conhecimento de geologia, botânica e anatomia humana para investigar o mistério do poder de criação da vida, no macrocosmo assim como no corpo feminino. Enquanto continuava a trabalhar neles ano após ano, transformou cada pintura em uma reflexão sobre a origem da vida.[51]

Em 1507, Leonardo encontrou um jovem, Francesco Melzi, que se tornou seu pupilo, assistente pessoal e companheiro inseparável. Melzi era o filho de um aristocrata lombardo que possuía grandes propriedades em Vaprio, perto de Milão. Quando se encontraram, Francesco tinha cerca de 15 anos e, de acordo com Vasari, era um *bellissimo fanciullo* [um garoto belíssimo], que mostrava um enorme talento como pintor. O adolescente e o artista mais velho sentiram-se imediatamente atraídos um pelo outro, e logo após seu primeiro encontro, Francesco anunciou aos pais que queria juntar-se ao pessoal de Leonardo. Para uma família aristocrática, tal mudança era bastante incomum, mas, de modo surpreendente, eles não fizeram objeção. Persuadidos talvez pela fama de Leonardo ou por seu carisma pessoal, não apenas permitiram que o filho se juntasse a ele, mas convidaram o mestre e sua comitiva a ficar em sua espaçosa mansão por quase dois anos após ter deixado Milão. Desse momento em diante, Melzi esteve sempre ao lado de Leonardo. Cuidava dos negócios do mestre, escrevia apontamentos nos cadernos de notas a partir de seus ditados, cuidava dele quando adoecia e, por fim, o legado de Leonardo foi-lhe confiado.

No fim de 1507, Francesco, o querido tio de Leonardo, morreu em Vinci e deixou a propriedade para o sobrinho favorito. Mas a família da Vinci, encabeçada pelo filho mais novo de Ser Piero, protestou o testamento, e Leonardo teve de ir a Florença para defender seu caso. Foi obrigado a ficar lá por vários meses, até que o julgamento finalmente terminou em seu favor. Durante esses meses, Leonardo foi convidado do rico mecenas florentino Piero di Braccio Martelli, um grande matemático, que também estava estendendo sua hospitalidade ao escultor Giovan Francesco Rustici.

De acordo com Vasari, Leonardo gostava bastante de Rustici, que havia sido seu colega na oficina de Verrocchio, como aprendiz. Rustici, Vasari nos conta, não era apenas um excelente escultor mas também um excêntrico encantador que adorava organizar festas extravagantes e pregar peças rebuscadas nos outros. Mantinha uma grande coleção de animais em cativeiro no seu estúdio, que incluía uma águia, um corvo, diversas cobras e um porco-espinho treinado como um cão que, às vezes, sob a mesa, roçava seus espinhos nas pernas dos convidados. Leonardo, que amava animais e estava acostumado a pregar peças, sentiu-se em casa no ambiente descontraído e brincalhão da Casa Martelli e participava com prazer dos animados divertimentos de Rustici. De acordo com Vasari, ele também ajudou o escultor a modelar um grupo de estátuas de bronze para o Batistério de São João, em Florença, nessa época.[53]

No entanto, a principal atividade de Leonardo na casa de Martelli era de uma natureza muito mais séria. Ele usava seu tempo livre para dar alguma ordem a sua vasta coleção de anotações, que datavam dos vinte anos precedentes. Entregou-se a essa enorme tarefa com grande energia, revisando de modo sistemático o conteúdo de todos os seus cadernos de notas. Mas logo percebeu que pôr em ordem a coleção inteira era uma tarefa ambiciosa demais. Decidiu, portanto, limitar-se a uma tarefa mais viável, reunindo algumas seleções de seus assuntos favoritos — água, anatomia, pintura e botânica —, sobre os quais escreveria extensos tratados. "Iniciado em Florença, na casa de Piero di Braccio Martelli, em 22 de março de 1508", escreveu na página de abertura de um novo codex, hoje conhecido como Codex Arundel. "Esta será uma coleção sem qualquer ordem, feita de diversas folhas que copiei aqui na esperança de mais tarde ordená-las em seus devidos lugares, de acordo com os assuntos de que tratam."[54] Nos anos seguintes, Leonardo planejou a estrutura de seus tratados com algum detalhe, e começou a compô-los. Ele pode ter concluído alguns; contudo, não restou nenhum tratado completo entre os cadernos de notas que conhecemos hoje.

Enquanto revia suas anotações na casa de Martelli em Florença, Leonardo decidiu que a anatomia humana era uma área que precisava ser retomada por completo. Durante os quatro anos seguintes, realizou mais dissecções do que nunca, e seus desenhos de anatomia alcançaram seu mais alto grau de precisão. Planejou publicar um tratado formal sobre anatomia e esboçou-o detalhadamente. Durante sua primeira fase de estudos de anatomia, vinte anos antes, ocupou-se da fisiologia da visão, da trajetória dos nervos e da "sede da alma". Então, concentrou-se no grande tema do corpo humano em movimento.

Em seu esboço, Leonardo descreveu com detalhes meticulosos como iria demonstrar "em 120 livros" as ações combinadas dos nervos, músculos, tendões e ossos. "Minha configuração do corpo ser-lhe-á demonstrada exatamente como se você tivesse o homem diante de si", anunciou, e explicou por que isso requeriria diversas dissecções.

> Você deve entender que tal conhecimento não o deixará satisfeito devido à grande confusão que resulta da mistura de membranas com veias, artérias, nervos, tendões, músculos, ossos e sangue (...)

> Portanto, é necessário realizar mais dissecções, das quais você precisa de três para obter total conhecimento das veias e artérias, destruindo com a máxima diligência todo o resto; e outras três para obter conhecimento das membranas; e três para os tendões, músculos e ligamentos; três para os ossos e cartilagens; e três para a anatomia dos ossos que têm de ser serrados para demonstrar qual é oco e qual não é (...)

> Pelo meu desenho (...) ser-lhe-ão apresentadas três ou quatro demonstrações de cada membro sob diferentes aspectos, de tal maneira que você reterá um conhecimento verdadeiro e completo do que quer saber sobre o corpo humano.[55]

Não sabemos quantos dos 120 capítulos (ou "livros") de seu tratado Leonardo compôs. Contudo, os magníficos desenhos que restaram, e que agora estão na Coleção Windsor, deixam claro que suas promessas não eram exageradas.

Em seus Estudos de Anatomia, Leonardo dá uma descrição vívida das condições assustadoras sob as quais tinha de trabalhar. Como não havia produtos químicos para preservar os cadáveres, eles começavam a se decompor antes que tivesse tempo de examiná-los e desenhá-los apropriadamente. Para evitar acusações de heresia, trabalhava à noite, iluminando sua sala de dissecção com velas, o que deve ter tornado a experiência ainda mais macabra. "Talvez o estômago lhe impeça", escreve, dirigindo-se a um aprendiz imaginário, "e se isso não lhe impedir, talvez seja impedido pelo medo de passar essas horas noturnas em companhia desses corpos, esquartejados e escalpelados, assustadores de se contemplar."

É evidente que Leonardo precisava de uma vontade férrea para superar sua própria aversão, mas perseverou e realizou suas dissecções com grande cuidado e atenção aos detalhes, "retirando em suas partículas mais ínfimas toda a carne" para expor os vasos sangüíneos, músculos ou ossos até que o estado de decomposição do corpo estivesse avançado demais para continuar. "Um único corpo não era suficiente por muito tempo", explica, "assim, era necessário avançar pouco a pouco com quantos corpos fossem necessários para um conhecimento completo. Isso eu repeti duas vezes para observar as diferenças."[56]

Enquanto ainda estava em Florença fazendo suas anotações e planejando seus tratados, Leonardo pôde realizar a autópsia em um velho que encontrou por acaso no hospital de Santa Maria Nuova, onde fizera seus primeiros estudos de anatomia, e que morrera em sua presença. Essa dissecação tornou-se um marco em seu trabalho de anatomia e levou-o a algumas de suas mais importantes descobertas médicas. A história em si é altamente significativa e muito comovente. Mostra como Leonardo era capaz de realizar suas mais precisas dissecções e análises científicas sem perder de vista a dignidade humana:

> E esse velho homem, poucas horas antes de sua morte, disse-me que tinha mais de 100 anos e que não sentia nada de errado com seu corpo além de fraqueza. E assim, sentado em uma cama no hospital de Santa Maria Nuova, em Florença, sem qualquer movimento ou outro sinal de algum incidente, deixou esta vida. — Realizei nele uma anatomia para descobrir a causa de uma morte tão doce.[57]

Com base nessa anatomia, diagnosticou de maneira brilhante que esse homem idoso morrera de um endurecimento e estreitamento de seus vasos sangüíneos, doença que se tornou conhecida como arteriosclerose mais de trezentos anos depois de Leonardo tê-la descoberto.[58]

ÚLTIMOS ANOS EM MILÃO

Ao regressar a Milão, Leonardo continuou seus estudos de anatomia. Também começou a reunir suas numerosas anotações e instruções sobre pintura em uma grande coleção, conhecida como *Livro A* (desde então perdida). Dessa coleção, Francesco Melzi compilou o famoso *Trattato della Pittura* (Tratado de pintura) após a morte de Leonardo.[59] Em meio aos muitos assuntos do *Trattato* estão extensas observações das formas e aparência de plantas e árvores. Muitas dessas observações, que se tornaram conhecidas como a "botânica para pintores" de Leonardo, originaram-se em Milão durante os anos de 1508-1512, quando ele devotou tempo considerável ao pensamento botânico e aos desenhos. Carlo Pedretti concluiu que Melzi deve ter copiado os capítulos botânicos do *Trattato* de um manuscrito perdido sobre botânica escrito por Leonardo.[60]

Ao mesmo tempo que trabalhava em suas anotações sobre anatomia, botânica e pintura, e trabalhando na *Leda* e na *Mona Lisa*, um dos principais generais do rei, marechal Trivulzio, pediu a Leonardo que lhe projetasse uma tumba com uma estátua eqüestre de tamanho natural.[61] E, assim, pela segunda vez, quase quinze anos após abandonar a fundição do *cavallo*, Leonardo retomou seus estudos e desenhos para uma estátua eqüestre em bronze. Era um projeto que desenvolveria por três anos, no decurso da construção da capela para o monumento de Trivulzio que havia começado. Mais uma vez, circunstâncias externas se interpuseram. A agitação política logo engoliria a cidade, e a estátua de bronze nunca seria fundida.

Em 1510, Leonardo teve a sorte de encontrar um jovem anatomista brilhante, Marcantonio della Torre, designado havia pouco tempo como professor de medicina na Universidade de Pavia. Leonardo travou longas discussões sobre anatomia com Marcantonio, tal como fizera com Luca Pacioli sobre geometria quinze anos antes. Assim como Pacioli iniciou-o nas edições latinas de Euclides, a autoridade grega em geometria, della Torre, de maneira semelhante, apresentou-lhe as edições latinas de Galeno, a autoridade grega em anatomia e medicina.[62]

Infelizmente, suas discussões duraram pouco. No ano seguinte, della Torre morreu vítima da praga em Riva, onde havia ido para tratar vítimas de uma epidemia. Todavia, essa curta associação teve uma influência significativa na compreensão de anatomia de Leonardo. Suas dissecções alcançaram um novo nível de sofisticação, e ele expandiu sua pesquisa muito além das áreas envolvidas no movimento do corpo humano. Dissecou vários animais para comparar a anatomia deles à anatomia humana. E começou a aprofundar-se mais no corpo para estudar as funções dos órgãos internos, da respiração e do fluxo sangüíneo.

Durante essa época, o panorama político da Itália mudou novamente e uma guerra teve início. Em 1509, Luís XII, aliado ao vaticano, conseguiu uma vitória brilhante sobre os venezianos. Mas em 1510, o papa Júlio II fez as pazes com Veneza e persuadiu diversos governantes europeus a formar uma Liga Santa para expulsar os "bárbaros" franceses da Itália. As tropas francesas resistiram algum tempo, mas em dezembro de 1511, a Liga, usando mercenários suíços para a luta, tomou Milão de assalto, expulsou os franceses e instalou Maximiliano Sforza, o jovem filho de Ludovico, no trono ducal que o pai havia ocupado.

Leonardo, vendo-se mais uma vez mal acolhido na cidade que havia lhe tratado tão bem, retirou-se para a propriedade de Melzi em Vaprio sobre o rio Adda, a cerca de 32 quilômetros de distância. Graças à generosidade da família Melzi, ele e sua companhia residiram ali confortavelmente por quase dois anos. Enquanto as constelações políticas na Itália continuavam a mudar, Leonardo ocupou-se calmamente de sua pesquisa, dissecando animais, estudando as águas turbulentas do Adda e fazendo uma série de desenhos primorosos, em pequena escala, das regiões nas cercanias. Também realizou exaustivos estudos botânicos nos espaçosos jardins da propriedade e das áreas ao redor. Em troca da hospitalidade da família, Leonardo produziu esplêndidos projetos de ampliação da Villa Melzi, e de paisagismo, alguns dos quais executados posteriormente.[63]

FRUSTRAÇÃO EM ROMA

Embora Leonardo estivesse confortável em Vaprio, estava claro que ele não podia ficar lá indefinidamente. Mais cedo ou mais tarde, teria de encontrar outro mecenas que pudesse fornecer os meios financeiros necessários para sustentá-lo, a companhia e sua contínua pesquisa científica. Felizmente, tal oportunidade logo se apresentou. Em fevereiro de 1513, o papa Júlio II faleceu em Roma, e Giovanni de' Médici, o filho mais jovem de Lorenço, o Magnífico, foi eleito para o papado sob o nome de Leão X. Seu irmão Giuliano tornou-se comandante-chefe das tropas papais. Com seu apoio, os Médici, após uma ausência de quase vinte anos, foram capazes de se restabelecer como soberanos de Florença.

Logo após o irmão ascender ao papado, Giuliano de Médici convidou Leonardo à corte papal em Roma. Os dois haviam provavelmente se encontrado na corte em Milão, e Giuliano conhecia bem a reputação de Leonardo como engenheiro militar. Giuliano de Médici era também um ávido estudante de filosofia natural. Leonardo não poderia ter esperado um mecenas mais poderoso e indulgente, e quando convidado ficou muito satisfeito em juntar-se à corte papal.

Em setembro de 1513, viajou para Roma com vários de seus pupilos, inclusive Francesco Melzi, e com diversos baús e malas com seus pertences — seus materiais de pintura, provavelmente algumas ferramentas e instrumentos científicos, seus volumosos cadernos de notas e muitas pinturas em vários estágios de conclusão, entre elas a *Leda*, a *Mona Lisa*, e a *Santa Ana*. Após uma viagem de muitas semanas, a caravana chegou a Roma em algum momento em novembro ou dezembro.

Giuliano de' Médici havia preparado aposentos espaçosos na Belvedere, uma luxuosa mansão próxima ao palácio papal dentro do Vaticano. As habitações de Leonardo incluíam vários quartos, cozinha e um amplo estúdio e oficina onde poderia pintar e conduzir experimentos. Foi tratado com deferência e respeito, e foi dado a ele tudo de que precisava, incluindo uma pensão regular, sem obrigações específicas. E não obstante, essa não foi uma época feliz para Leonardo.

Aos 61 anos, era então um homem idoso. A visão falhava e sua barba era longa e branca. Apesar do respeito que se tinha por ele — mesmo veneração — como um grande sábio, não estava mais em voga como artista. Sua reputação de pintor havia sido eclipsada por rivais mais jovens como Michelangelo e Rafael, ambos no auge da fama. Ambos haviam pintado afrescos magníficos no Vaticano — Michelangelo na Capela Sistina e Rafael nas assim chamadas *Stanze* [Salas], os apartamentos privados do papa Júlio II. O novo papa, Leão X, atraía muitos jovens artistas a Roma e distribuía fartas encomendas, mas nenhuma delas ia para o velho mestre de Florença. Embora

Leonardo estivesse vivendo mais uma vez com grande conforto na corte, não era mais o centro das atenções dela. Sentia-se sozinho e deprimido. Foi durante esse tempo de incerteza e descontentamento que desenhou seu famoso auto-retrato.[64]

Todavia, Leonardo continuou seus estudos científicos com a mesma energia. Ocupado em múltiplos projetos nos trinta anos anteriores, trabalhar dessa maneira havia se tornado natural para ele. Sua idade pode tê-lo tornado mais lento, mas certamente não restringiu ou diminuiu suas faculdades mentais. Quando se estabeleceu em seu novo lar, começou os estudos botânicos nos suntuosos jardins da Belvedere. Continuou a investigar a geometria das transformações e projetou um grande espelho parabólico que concentrava energia solar para ferver água, pois achou que seria útil aos tintureiros. Inventou uma máquina de fazer cordas e um laminador para produzir tiras de metal com as quais se poderiam cunhar moedas.[65]

Ele também prosseguiu em suas dissecções, provavelmente no hospital do Santo Spirito, que ficava nas vizinhanças do Vaticano. Essas dissecções marcaram a última fase de sua pesquisa de anatomia, na qual se concentrou nos processos de reprodução e desenvolvimento do embrião. Os estudos de Leonardo incluíam especulações bastante originais a respeito da origem dos processos cognitivos do embrião ou, em sua terminologia, da alma do embrião.[66] Infelizmente, essas especulações contradiziam a doutrina oficial da Igreja a respeito da natureza divina da alma humana e foram consideradas heréticas pelo papa Leão X. Como resultado, Leonardo foi proibido de realizar autópsias ou dissecções humanas.[67]

Assim, além de ter caído na obscuridade como artista, Leonardo se encontraria então impedido de continuar sua pesquisa em embriologia, seu trabalho de anatomia mais avançado. Também pode ter sofrido de uma doença em 1514.[68] De qualquer modo, inclinou-se a pensamentos mórbidos, preenchendo seus cadernos de notas com histórias apocalípticas de dilúvios e outras catástrofes terríveis. Contudo, simplesmente escrever sobre tempestades e enchentes não era suficiente para Leonardo. Tinha de desenhá-las e analisá-las cientificamente. O resultado foi uma série de doze desenhos a carvão extraordinários e sombrios, conhecida como os "desenhos do dilúvio", que agora fazem parte da Royal Collection no Castelo de Windsor, acompanhadas pela poderosa narrativa de Leonardo de suas visões apocalípticas. A narrativa lembra muito a descrição de Leonardo sobre como pintar uma batalha, composta vinte anos antes.[69] Com várias páginas de extensão, é repleta de horror, drama

e violência; há passagens bastante emocionais entremeadas com trechos imparciais, analíticos, com instruções precisas de cascatas e correntes de água e ar, e instruções detalhadas de como pintar a ilusão óptica produzida por nuvens de tempestade e chuva caindo. A impressão arrasadora evocada pela narrativa de Leonardo é de desespero, da futilidade e fragilidade de seres humanos confrontando as forças cataclísmicas do dilúvio. Escreveu em uma dessas passagens:

> Via-se o ar lúgubre e escuro revolvido pelo fluxo de ventos diferentes e convolutos, que se misturavam com o peso da chuva contínua,

Figura 4-5: *Estudo do Dilúvio*, c. 1515, Coleção Windsor, *Paisagens, Plantas e Estudos da Água*, fólio 59r

levando confusamente um número infinito de galhos arrancados das árvores, emaranhados com incontáveis folhas de outono. Via-se as árvores antigas serem desenraizadas e feitas em pedaços pela fúria dos ventos (....) Ó quantos foram vistos tapando os ouvidos com as mãos para atenuar os terríveis barulhos feitos no ar escurecido pelo enraivecer dos ventos (...) Outros, com gestos de desesperança, tiravam suas próprias vidas, incapazes de suportar tal sofrimento; uns se jogavam de altas rochas, outros se estrangulavam com as próprias mãos (...)[70]

Os desenhos que ilustram essa narrativa apocalíptica são escuros, violentos, ameaçadores e perturbadores. Todavia, são espantosamente precisos em suas representações de turbulências da água e do ar. No curso de sua vida, Leonardo estudou cuidadosamente as formas de ondas, redemoinhos, quedas d'água, vórtices e correntes de ar. Agora, na velhice, reuniu seu conhecimento das turbulências. Além de seu expressivo poder emocional, os desenhos do dilúvio podem ser vistos como sofisticados diagramas matemáticos, apresentando um catálogo visual de fluxos turbulentos que não pareceriam fora de lugar em um livro didático moderno sobre dinâmica dos fluidos (ver figura 4-5).

Em Roma, Leonardo terminou as três obras-primas que havia trazido consigo de Milão — a *Santa Ana*, a *Mona Lisa*, e a *Leda*.[71] E pintou *São João Batista*, sua última e talvez mais intrigante obra. Como todas as grandes pinturas de Leonardo, *São João Batista* é singular em vários sentidos. Destituído de todo simbolismo religioso, o santo não é nem a criança tradicional nem o asceta do deserto, mas é representado como um jovem gracioso cuja face charmosa e torso nu mostram uma beleza sedutora, sensual. Não admira que a pintura tenha sido muitas vezes vista como incongruente, algumas vezes até blasfema.

De um ponto de vista artístico, a pintura exemplifica diversas das contribuições originais do pintor para a arte renascentista — o uso dramático de *chiaroscuro* para destacar a figura de um plano de fundo notavelmente escuro, um movimento espiral sutil e intrigante do corpo, e o uso completo do *sfumato* para criar uma sensação generalizada de mistério que permeia a obra. Mas o "manifesto sobre a arte da pintura" de Leonardo, como David Arasse o chama,[72] vai além de meros avanços técnicos. Cerca de dez anos antes, Leonardo havia escrito uma passagem famosa em seu *Tratado sobre Pintura* a respeito do poder do artista de suscitar o amor em seu espectador:

> O pintor (...) seduz os espíritos dos homens para se apaixonar por e amar uma pintura que não representa uma mulher viva. Aconteceu comigo de ter pintado um quadro com um tema religioso, comprado por um amante que queria remover os atributos de divindade dele para que pudesse beijá-lo sem culpa; mas no final, sua consciência superou seus suspiros e desejos, e ele teve de remover a pintura de casa.[73]

Em *São João Batista*, Leonardo demonstra seu poder de inflamar o espectador mais uma vez. E dessa vez o tema não é uma mulher mas um jovem angelical, misterioso e sensual. O sorriso tentador do santo e o gesto enigmático — o indicador apontando para o céu — atraiu emocionalmente os espectadores com um magnetismo que muitos acharam perturbador, provavelmente por causa de sua natureza andrógina. No entanto, é também bastante comovente e tocante. Tendo mantido em segredo sua sexualidade por toda a vida, Leonardo, a mim me parece, finalmente se declara para o mundo em sua última pintura. O *São João Batista* é seu gênio pessoal e incorpora seu desejo, completamente revelado em sua assustadora beleza andrógina, graça e transcendência.

ULTIMAS VIAGENS

Durante seus anos em Roma, Leonardo era consultado por seu mecenas Giuliano de Médici e por outros membros da família Médici a respeito de vários projetos arquitetônicos e de engenharia, e que implicariam em viagens a Civitavecchia, o porto de Roma, bem como jornadas mais longas a Parma, Piacenza, Florença e Milão. Que ele suportasse tantas viagens assim em sua idade avançada, quando elas eram demoradas e penosas, além de continuar seus exaustivos estudos científicos e sua pintura, é nada mais, nada menos que miraculoso.

Enquanto Leonardo pacientemente pincelava finas camadas de óleo em seus painéis para aperfeiçoar as luminosidades mágicas de suas últimas pinturas, acontecimentos políticos mais uma vez se interpuseram em sua vida, mudando-a decisivamente pela última vez. Em janeiro de 1515, o rei francês Luís XII morreu. Foi sucedido por seu primo Francisco I. O jovem rei — que ainda não tinha 20 anos quando ascendeu ao trono — aspirava ser um guerreiro nobre nos moldes dos cavaleiros andantes franceses. Ele foi entusiasticamente à batalha nas linhas de frente de suas tropas. Ainda assim amava poesia, literatura clássica e filosofia, bem como música, dança e outros prazeres da corte.

Logo após ser coroado rei, Francisco cruzou os Alpes com suas tropas para reconquistar a Lombardia. O exército francês varreu as tropas italianas e os mercenários suíços, e em julho Francisco I capturou Maximiliano Sforza e entrou triunfante em Milão. Mas em um gesto magnânimo, não jogou Maximiliano na prisão mas o recebeu na corte como seu primo.[74] A princípio, o papa havia se aliado aos milaneses para combater as tropas francesas. Mas quando Francisco saiu vitorioso, ele se deu conta do poder do novo rei e propôs negociações de paz, realizadas em outubro em Bologna.

Leonardo pode muito bem ter acompanhado o papa Leão X a Bolonha, embora não haja documentação clara de sua presença na comitiva do papa. Se de fato ele fez a viagem, teria portanto encontrado o jovem rei; e logo Francisco se tornaria seu último e mais generoso mecenas. O que sabemos pelo registro histórico é que Giuliano de Médici pediu a Leonardo que criasse um entretenimento incomum para o evento. Apesar do pouco tempo de que dispunha para o projeto, produziu uma peça singular de arte e tecnologia — um leão mecânico. Como Vasari o descreveu, "depois de dar alguns passos, [o leão] abriu seu peito, revelando um ramalhete de flores-de-lis".

Acionado por molas e um sistema de engrenagens, o leão era uma obra-prima da dramaturgia de Leonardo; e seu simbolismo era ideal para as negociações de paz em curso entre o rei francês e o papa. O leão aludia ao nome do papa; a flor-de-lis estilizada (ou *fleur de lis*) era o símbolo da realeza francesa, e também de Florença. Ao revelar a flor-de-lis em seu coração, o leão de Leonardo oferecia, com um magnífico floreio, um poderoso símbolo da união entre França e Florença, e entre o rei francês e o papa Médici. O autômato, desaparecido desde então, impressionou muito os estadistas reunidos. Foi mencionado inúmeras vezes e com grande entusiasmo por comentadores mesmo cem anos depois.[75]

Francisco I ficou evidentemente encantado e lisonjeado com o leão mecânico de Leonardo. Se o artista esteve de fato presente, o rei pode ter-lhe oferecido pessoalmente a posição de *peintre du Roy* (pintor do rei) em sua corte na França. Em todo caso, o oferecimento foi feito. Mas Leonardo não aceitou a oferta do rei imediatamente. Quando Giuliano de Médici morreu poucos meses depois, não hesitou mais. Sabia que não poderia encontrar um mecenas mais generoso e compreensivo do que o jovem soberano francês.

Em algum momento perto do fim de 1516, Leonardo colocou seus negócios em ordem e preparou-se para a viagem através dos Alpes. Fez suas malas com tudo o que possuía: todos os cadernos de notas e suas pinturas magistrais, então concluídas, sabendo que provavelmente não voltaria à sua terra natal. Partiu na longa viagem a cavalo com o fiel Melzi e alguns criados, seus baús e malas levados por várias mulas. De Roma, a caravana tomou a conhecida rota ao norte para Florença e Milão, as cidades nas quais Leonardo passara a maior parte de sua vida. De Milão, os viajantes seguiram para Turim, cruzaram os Alpes até Grenoble e alcançaram o vale do Ródano em Lyon. Lá provavelmente continuaram a oeste até chegar ao rio Cher, seguindo-o até o Loire, terminando em Amboise, perto de Tours, após uma viagem de cerca de três meses.[76]

O FILÓSOFO E O REI

Durante os séculos XV e XVI, o clima ameno e a beleza natural do vale do Loire atraiu sucessivas gerações da realeza e da nobreza francesas, que construíram suntuosos castelos e elegantes mansões ao longo do rio. O Château d'Amboise foi o lar dos reis e rainhas franceses por mais de 150 anos. Francisco I passou a infância e a juventude ali, e usou-o como sua residência principal.

O rei recebeu Leonardo em Amboise com uma generosidade infinita. Instalou o artista e sua companhia na casa senhorial de Cloux, conhecida hoje como Clos-Lucé, contígua ao Château. O solar tinha quartos confortáveis com tetos altos e abobadados, incluindo um estúdio, uma biblioteca, uma sala de estar e diversos dormitórios. A propriedade dispunha ainda de jardins elegantes, uma vinha, árvores, prados e um riacho onde se podia pescar.[77] O jardineiro do solar era italiano, assim como vários membros da corte, o que permitia a Leonardo falar sua língua nativa.

Francisco também concedeu uma generosa pensão a seu famoso convidado. Em troca, não pediu nada além do prazer de sua companhia, que ele desfrutava quase todos os dias. Havia um túnel subterrâneo secreto entre Cloux e o castelo real, que permitia ao rei visitar Leonardo para longas conversas a qualquer momento que desejasse. Assim como Alexandre, o Grande, outro jovem rei guerreiro, de quem Aristóteles, o grande filósofo da Antigüidade, foi preceptor, também Francisco I foi tutorado por Leonardo da Vinci, o grande sábio e gênio da Renascença. Nunca se cansava de ouvir Leonardo explicar a ele as sutilezas de sua ciência das formas vivas — a complexidade das turbulências da água e do ar, a formação das rochas e a origem dos fósseis, os complicados detalhes do movimento humano e do vôo dos pássaros, a natureza da luz e da perspectiva, os cânones de beleza e proporção, a trajetória percorrida pelos sentidos e os espíritos vitais que sustentam nossa vida, e a origem da vontade e do poder humano na sede da alma.

O rei apreciava muito suas conversas com Leonardo, como sabemos do relato em primeira mão do ourives florentino Benvenuto Cellini, que trabalhou na corte de Francisco I vinte anos após a morte de Leonardo. Cellini escreveu,

> Não resisto a repetir as palavras que ouvi o rei dizer sobre ele, na presença do cardeal de Ferrara e do cardeal de Lorraine e do rei de Navarra; disse não acreditar que jamais houvesse nascido um homem que soubesse tanto quanto Leonardo, e não apenas nos campos da pintura, escultura e arquitetura, pois também era um grande filósofo.[78]

Leonardo, que sempre havia sido famoso como artista e engenheiro, foi muito apreciado e aclamado pelo rei da França por suas conquistas intelectuais como filósofo, ou, como diríamos hoje, cientista.

Um dos poucos documentos sobre os últimos anos de Leonardo em Amboise é o diário de viagem de Antonio de Beatis, secretário do cardeal de Aragão, que visitou o artista com o cardeal em outubro de 1517. Beatis escreveu que Leonardo parecia ter "mais de 70 anos" (na verdade, tinha 65) e que não podia mais trabalhar com cor, "pois seu braço direito estava paralisado". Mas que ainda conseguia desenhar, e era auxiliado por um pupilo (Francesco Melzi, sem dúvida) que "trabalhava com excelentes resultados" sob a supervisão do mestre.[79] Historiadores de arte conjecturam que a paralisia de Leonardo, provavelmente conseqüência de um derrame, não o impediu de escrever e desenhar, o que ele fazia com sua mão esquerda. Mas teria afetado sua pintura repleta de nuanças pela qual era famoso, que teria requerido liberdade de movimento em ambos os braços. Para Leonardo, essa desvantagem, combinada com sua vista falha, deve ter sido profundamente depressiva.

Beatis contou que Leonardo mostrara ao cardeal três pinturas magistrais — "o retrato de certa dama florentina (a *Mona Lisa*), *São João Batista*, e a *Virgem e Menino com Santa Ana*. O cardeal e seu secretário ficaram pasmos com os desenhos anatômicos de Leonardo, bem como com seus escritos sobre outros assuntos.[80] "Todos esses livros, escritos em italiano, serão uma fonte de prazer e lucro quando aparecerem", Beatis escreveu.[81] Isso dá a impressão de que Leonardo discutiu com o cardeal seus planos de publicar os cadernos de notas.

De fato, Leonardo passou a maior parte de seu tempo de trabalho em Cloux reorganizando sistematicamente seus cadernos de notas, muito provavelmente considerando sua futura publicação. Apesar de sua saúde debilitada, levou essa tarefa a cabo com o entusiasmo e o vigor intelectual que lhe eram peculiares, planejando pelo menos meia dúzia de novos tratados ou discursos.[82] Dos títulos que listou, fica claro que estava revendo o trabalho de sua vida inteira — sua ciência da "qualidade das formas"[83] — tentando resumi-la em alguns tratados representativos.

Leonardo começou sua lista com o planejado *Tratado de Pintura*, bem como com um *Tratado de Luz e Sombra*. Decidiu explicar, pelo menos em princípio, os fundamentos matemáticos de sua ciência, e, para fazê-lo, planejou escrever dois tratados matemáticos. O primeiro, um *Livro de Perspectiva*, trataria das leis da perspectiva e da óptica geométrica que precisariam ser dominadas para compreender a visão, a representação de objetos sólidos e a representação de luz e sombra. O segundo, um *Tratado sobre Quantidade Contínua,* com o volume que lhe acompanhava, intitulado *De Ludo Geometrico* [Sobre o jogo da geometria], discutiria a geometria das transformações, que Leonardo considerava a matemática apropriada para descrever as qualidades das formas vivas.[84] Investigou esse novo tipo de geometria por mais de dez anos, e continuou a fazê-lo em Cloux. Com respeito à anatomia, Leonardo pretendeu escrever um *Discurso sobre os Nervos, Músculos, Tendões, Membranas e Ligamentos*, assim como um *Livro Especial sobre os Músculos e Movimentos dos Membros*. Reunidos, os dois livros representariam o tratamento definitivo do autor sobre o corpo humano em movimento.

Como os historiadores não sabem quantos tratados estavam contidos nos cadernos de notas perdidos de Leonardo, é difícil julgar em que medida o plano traçado em Cloux lhe teria permitido publicar os resultados da pesquisa científica de uma vida inteira em um corpo integrado de conhecimento. Contudo, é evidente que os tratados que pretendia escrever, em conjunto com aqueles que já estavam bem adiantados e foram preservados, teriam percorrido um longo caminho para atingir tal objetivo. Na mente de Leonardo, sua ciência das formas vivas era certamente um todo integrado. No fim de sua vida, seus problemas não eram mais conceituais; eram simplesmente limitações de tempo e energia. Como escreveu vários anos antes de sua morte, "não fui impedido nem pela avareza nem pela negligência, mas apenas pelo tempo".[85] Ainda assim, Leonardo nunca desistiu. Em junho de 1518, escreveu o que pode ter sido o seu último apontamento em seus cadernos de notas: "Devo prosseguir".[86]

Durante sua estada em Amboise, Leonardo também aconselhou o rei sobre vários projetos arquitetônicos e de engenharia, nos quais retomou sua concepção de edifícios e cidades como "sistemas abertos" (para usar nosso termo moderno), nos quais as pessoas, bens materiais, comida, água e dejetos precisam se mover e fluir com facilidade para o sistema continuar saudável.[87] Fez projetos para a reconstrução do *château* real, com sanitários conectados por canais de descarga atrás das paredes e dutos de ventilação que subiam até o teto.[88] Em dezembro de 1517, acompanhou o rei a Romorantin, cerca de oitenta quilômetros de Amboise, onde Francisco I queria construir uma nova capital e residência real. Leonardo permaneceu várias semanas em Romorantin, trabalhando nas plantas de um magnífico palácio e de uma cidade "saudável" ideal, baseada nos desenhos revolucionários que desenvolveu em Milão mais de trinta anos antes.[89]

Como a maioria das cortes da Renascença, a de Francisco deleitava-se com suntuosos cortejos cívicos e espetáculos deslumbrantes, talvez ainda mais do que as outras cortes, por causa da natureza cheia de vida e sociável de seu jovem rei. Leonardo contribuiu para essas festividades, criando apresentações espetaculares, desenhando trajes e emblemas reais e exibindo sua mágica teatral. Para tanto, recorreu a seu amplo repertório de projetos e invenções produzidos durante os anos na corte dos Sforza. Isso incluía sua criação mais famosa, a "Mascarada dos Planetas", apresentada em Amboise em uma nova produção em maio de 1518.

Mas em meio ao esplendor e à pompa, a força física de Leonardo continuava a declinar. Suas conversas com o rei, contudo, prosseguiram. Nem se perturbava ao contemplar a aproximação de sua morte. "Assim como um dia bem aproveitado traz um sono feliz", escrevera trinta anos antes, "também uma vida bem empregada traz uma morte feliz."[90] Em abril de 1519, pouco depois de seu 67° aniversário, Leonardo foi ver um tabelião e registrou cuidadosamente seu testamento e suas últimas vontades. Planejou detalhadamente os preparativos de seu funeral, deixou as economias remanescentes em sua conta em Santa Maria Nuova para seus meio-irmãos, e deixou várias doações testamentárias para seus criados.[91] Para Francesco Melzi, a quem nomeou executor testamentário de seu espólio, deixou todos os seus pertences pessoais, bem como todo o seu legado artístico e intelectual, incluindo suas pinturas e a coleção completa de seus cadernos de notas.

Poucos dias após terminar seu testamento, em 2 de maio de 1519, Leonardo da Vinci morreu no solar de Cloux — de acordo com a lenda, nos braços do rei da França.

O DESTINO DOS CADERNOS DE NOTAS

Após a morte de Leonardo, Francesco Melzi ficou em Amboise vários meses cuidando dos negócios de Leonardo. Primeiro notificou a família da Vinci, manifestando seu pesar em uma carta comovente:

> Ele foi como o melhor dos pais para mim, e o pesar que sinto pela sua morte parece-me impossível de expressar. Enquanto meu corpo respirar, sentirei a tristeza eterna que causou, e com razão verdadeira, pois todo dia dava-me prova de uma afeição intensa e calorosa. Todos devemos lamentar a perda de um homem que a natureza não tem poderes para recriar.[92]

Antes de voltar a Milão, Melzi confiou ao rei as pinturas que seu mestre havia levado à França; e lá permaneceram até que, com o tempo, foram parar no Louvre. Os cadernos de notas, ao contrário, foram dispersados por toda a Europa. Alguns deles foram desagrupados, cortados em pedaços arbitrariamente e reagrupados em várias coleções. Nesse processo, com o decorrer dos séculos mais da metade dos manuscritos desapareceu. A dispersão dos cadernos de notas de Leonardo é complicada e desventurada, e, como sua biografia, documentada por estudiosos apenas bem recentemente, após um enorme trabalho de detetive.[93]

Quando Melzi voltou à Lombardia, reservou uma sala especial em sua propriedade em Vaprio para exibir os cadernos de notas de seu mestre. Ao longo de anos, exibiu-os orgulhosamente aos visitantes, entre eles, os artistas e escritores Vasari e Giovanni Lomazzo. Francesco contratou dois escreventes para ajudá-lo a classificar as anotações de Leonardo e compilar a antologia conhecida hoje como *Trattato della Pittura* [Tratado de pintura]. O trabalho, apesar de incompleto, foi adquirido pelo duque de Urbino e depois pelo Vaticano, onde foi catalogado como Codex Urbinas, e finalmente publicado em 1651.

Após a morte de Melzi em 1570, seu filho Orazio, que não partilhava da reverência do pai pelo grande Leonardo, colocou descuidadamente os cadernos de notas em diversos baús no sótão da sua casa. Quando se espalhou a notícia de que lotes dos primorosos desenhos de Leonardo poderiam ser obtidos facilmente de Orazio, caçadores de *souvenir* acorreram a Vaprio; foi-lhes permitido levar tudo o que quisessem. Pompeo Leoni de Arezzo, escultor na corte de Madri, obteve cerca de cinqüenta volumes encadernados, além de cerca de duas mil folhas soltas, que levou para a Espanha em 1590. Assim, na virada do século XVI, a Espanha tinha a maior concentração dos escritos e desenhos de Leonardo.

Leoni classificou e reorganizou os manuscritos de acordo com seus próprios gostos, cortando-os, jogando fora o que julgava desinteressante e colando o que gostava em grandes fólios, que ele encadernou em dois volumes. O primeiro, conhecido como Codex Atlanticus por causa de seus grandes fólios, do tamanho de um atlas, mudou de mãos algumas vezes após a morte de Leoni antes de ir parar na Biblioteca Ambrosiana, em Milão. O segundo volume foi comprado dos herdeiros de Leoni pelo colecionador de arte britânico lorde Arundel, que o doou à Coleção Real, no Castelo de Windsor, onde as páginas foram destacadas e empilhadas individualmente. Lorde Arundel também comprou outra enorme coleção de manuscritos na Espanha, que agora leva seu nome, Codex Arundel, e está abrigada no Museu Britânico.

Leoni também vendeu diversos cadernos de notas completos. Doze deles acabaram sendo doados à Biblioteca Ambrosiana; outros desapareceram. Páginas arrancadas de alguns foram parar em várias bibliotecas e museus da Europa. Uma coleção, adquirida pelo príncipe Trivulzio e conhecida como Codex Trivulzianus, está agora na Biblioteca Trivulziana, em Milão, que leva o nome da família do príncipe.

No século XVIII, a procura pelos manuscritos de Leonardo era grande, especialmente entre os colecionadores de arte ingleses. Lorde Lytton comprou três cadernos de notas encadernados e depois os vendeu a um certo John Forster que, por sua vez, os doou para o Victoria e Albert Museum. Eles são agora conhecidos como Codex Forster I, II e III. Outro caderno completo, obtido diretamente de Orazio Melzi, passou pelas mãos de uma sucessão de artistas italianos antes de ser comprado pelo conde de Leicester, adquirindo assim o nome de Codex Leicester.

Quando Napoleão Bonaparte entrou em Milão em 1796 no auge de sua campanha italiana, ordenou, com um gesto imperial, a transferência de todos os cadernos de notas da Biblioteca Ambrosiana para Paris. O Codex Atlanticus mais tarde foi devolvido à Ambrosiana, mas os doze cadernos de notas completos permaneceram na Bibliotèque Nationale, em Paris, onde foram designados pelas iniciais A-M (com exceção do J).

Na metade do século XIX, Guglielmo Libri, professor de matemática e historiador de ciência, roubou diversos fólios dos Manuscritos A e B na Bibliothèque Nationale. Também removeu o pequeno *Codice Sul Volo Degli Uccelli* [Codex sobre o vôo dos pássaros], que havia sido anexado ao Manuscrito B. Após o furto, Libri fugiu para a Inglaterra onde reuniu os fólios avulsos em duas coleções e vendeu-as ao lorde Ashburnham. Por fim, foram devolvidos a Paris e reincorporados aos Manuscritos A e B. Todavia, são ainda hoje conhecidos como Ashburnham I e II. O Codex sobre o vôo dos pássaros foi desagrupado por Libri. Suas partes passaram de mão em mão, inclusive pela do príncipe russo Theodore Sabachnikoff, que doou as peças para a Biblioteca Real, em Turim, onde o Codex inteiro foi finalmente reagrupado.

Em 1980, o Codex Leicester foi vendido em um leilão pelos herdeiros do conde. Foi comprado pelo magnata americano do petróleo e colecionador Armand Hammer, que o renomeou Codex Hammer. Após a morte de Hammer, o Codex foi leiloado novamente e comprado pelo bilionário do software Bill Gates. Gates restaurou seu nome original, Codex Leicester, mas dividiu o caderno em partes individuais à maneira de Leoni e de outros ricos colecionadores de arte.

O Codex Leicester é o único caderno de notas que continua em posse particular hoje. Os outros manuscritos — cadernos em suas formas compiladas e originais de vários tamanhos, as grandes coleções artificiais, páginas rasgadas e fólios isolados — estão todos guardados em bibliotecas e museus. Mais da metade dos manuscritos originais se perdeu, apesar de alguns ainda poderem existir, acumulando poeira, perdidos em bibliotecas particulares da Europa. De fato, dois cadernos de notas completos foram descobertos em 1965 no labirinto de pilhas na Biblioteca Nacional, em Madri. Designados Codex Madri I e II, trouxeram à luz muitos aspectos previamente desconhecidos dos trabalhos de Leonardo, como estudos sobre matemática, engenharia mecânica e hidráulica, óptica e perspectiva, bem como inventários da biblioteca pessoal de Leonardo.[94]

Enquanto as pinturas de Leonardo têm sido admiradas por incontáveis amantes da arte durante a época de sua vida e no decorrer dos séculos, seus cadernos de notas vieram à luz completamente apenas no fim do século XIX, quando foram finalmente transcritos e publicados. Hoje, os escritos desse brilhante pioneiro da ciência moderna estão disponíveis aos estudiosos em excelentes edições fac-similares e transcrições. Seus desenhos científicos e técnicos são exibidos com freqüência hoje, algumas vezes suplementados por modelos de madeira das máquinas que projetou. Todavia, mais de quinhentos anos após seu nascimento, a ciência de Leonardo ainda não é amplamente conhecida, e é muitas vezes mal compreendida.

PARTE II

CINCO

A Ciência na Renascença

Para avaliar a ciência de Leonardo, é importante entender o contexto cultural e intelectual no qual ele se formou. As idéias científicas não aparecem do nada. Elas são sempre moldadas por percepções culturais e valores, e por tecnologias disponíveis à época. Toda a constelação de conceitos, valores, percepções e práticas — o "paradigma científico", na terminologia do historiador da ciência Thomas Kuhn — fornece o contexto necessário aos cientistas para formular as grandes questões, organizar as matérias, e definir problemas e soluções legítimos.[1] Toda ciência é construída sobre essas bases intelectuais e culturais.

Portanto, quando reconhecemos o reflexo de idéias da Antigüidade ou medievais nos escritos científicos de Leonardo, isso não significa que ele não era um cientista, como por vezes se tem afirmado. Pelo contrário: como todo bom cientista, Leonardo consultou os textos tradicionais e usou o aparato conceitual deles como ponto de partida. Testou então as idéias tradicionais em comparação com suas próprias observações científicas. E, de acordo com o método científico, não hesitou em modificar as teorias quando seus experimentos as contradiziam.

A REDESCOBERTA DOS CLÁSSICOS

Antes de examinar como Leonardo desenvolveu seu método científico, precisamos entender as principais idéias da filosofia natural antiga e medieval, que formou o contexto intelectual no qual ele operou.[2] Só então estaremos aptos a avaliar de fato a natureza transformadora de suas realizações.

As idéias da filosofia e da ciência gregas, nas quais a visão de mundo da Renascença se baseou, faziam parte do conhecimento antigo. Apesar disso, para Leonardo e seus contemporâneos, eram novas e inspiradoras, pois a maior parte delas estava perdida havia séculos. Haviam sido redescobertas apenas recentemente nos textos gregos originais e em traduções para o árabe. Enquanto os humanistas italianos estudavam uma ampla variedade de textos clássicos e seus aprimoramentos e críticas árabes, a Renascença redescobriu os clássicos, bem como o conceito de pensamento crítico.

Durante a baixa Idade Média (do século VI ao X d.C.), também conhecida como "Idade das Trevas", a literatura, a filosofia e a ciência gregas e romanas foram em sua maior parte esquecidas na Europa ocidental. Mas os textos antigos foram preservados no Império Bizantino, juntamente com o conhecimento do grego clássico.[3] E assim os humanistas italianos seguidamente viajaram para o Oriente, onde adquiriram centenas de manuscritos clássicos e os levaram para Florença. Também estabeleceram uma cátedra de grego no *Studium Generale*, como a Universidade de Florença era chamada, e atraíram eminentes estudiosos gregos para ajudá-los a ler e interpretar os textos antigos.

Na Antigüidade, os romanos veneravam a arte, a filosofia e a ciência gregas, e as famílias nobres empregavam com freqüência intelectuais gregos como tutores de suas crianças. Mas os próprios romanos quase não produziram nenhuma ciência original. Contudo, os engenheiros e arquitetos romanos escreveram muitos tratados importantes, e os eruditos romanos condensaram o legado científico da Grécia em grandes enciclopédias que foram muito populares na Idade Média e na Renascença. Esses textos latinos foram avidamente consultados pelos artistas e intelectuais humanistas, e alguns deles traduzidos para o vernáculo italiano.

No século VII, poderosos exércitos muçulmanos, inspirados pela religião do Islã, partiram da península arábica e em sucessivas invasões conquistaram os povos do Oriente Médio, ao longo do norte da África e no sul da Europa. Enquanto construíam seu vasto império, não apenas disseminaram o Islã e a língua árabe, mas também entraram em contato com os antigos textos da filosofia e da ciência gregas nas bibliotecas bizantinas. Os árabes estimavam muito a cultura grega, traduziram todas as obras filosóficas e científicas importantes para o árabe e assimilaram na sua cultura grande parte da ciência da Antigüidade.

Ao contrário dos romanos, os estudiosos árabes não apenas assimilaram o conhecimento grego, mas o examinaram criticamente, acrescentando seus próprios comentários e inovações. Várias edições desses textos foram guardadas em imensas bibliotecas espalhadas por todo o Império Islâmico. Na Espanha moura, só a grande biblioteca de Córdoba abrigava por volta de seiscentos mil manuscritos.

Quando os exércitos cristãos confrontaram o Islã com suas cruzadas militares, seu espólio não raro incluía obras de estudiosos árabes. Entre os tesouros deixados para trás pelos mouros em Toledo, durante a retirada, estava uma das mais refinadas bibliotecas islâmicas, repleta de preciosas traduções árabes de textos científicos e filosóficos gregos. As forças de ocupação incluíam monges cristãos, que logo começaram a traduzir essas obras antigas para o latim. Cem anos depois, no fim do século XII, grande parte do legado filosófico e científico grego e árabe estava disponível no Ocidente latino.

Líderes religiosos islâmicos ressaltavam a compaixão, a justiça social e uma distribuição de renda justa. Especulações teológicas eram vistas como bem menos importantes, e eram, portanto, desencorajadas.[4] Como resultado, os estudiosos árabes eram livres para desenvolver teorias científicas e filosóficas sem temer a censura das autoridades religiosas.

Os filósofos cristãos da Idade Média não gozavam dessa liberdade. Ao contrário de seus colegas árabes, não usavam os textos antigos como base para a sua própria pesquisa independente, mas, em vez disso, avaliavam-nos da perspectiva da teologia cristã. De fato, a maioria era constituída de teólogos, e sua prática de combinar filosofia — incluindo a filosofia natural, ou ciência — com a teologia ficou conhecida como escolástica. Enquanto os primeiros escolásticos, liderados por Santo Agostinho, tentaram integrar a filosofia de Platão aos ensinamentos cristãos, o ápice da tradição escolástica foi alcançado no século XII, quando as obras completas de Aristóteles estavam disponíveis em latim, geralmente traduzidas dos textos árabes. Além disso, os comentários sobre Aristóteles dos grandes estudiosos árabes Avicena (Ibn Sina) e Averróis (Ibn Rushd) foram traduzidos para o latim.

A figura de proa do movimento para incorporar a filosofia de Aristóteles aos ensinamentos cristãos foi Santo Tomás de Aquino, um dos mais elevados intelectos da Idade Média. Aquino ensinou que não podia haver conflito entre a fé e a razão, pois os dois livros nos quais estavam fundamentados — a Bíblia, e o "livro da natureza" — foram ambos escritos por Deus. Aquino produziu um vasto conjunto de escritos filosóficos precisos, detalhados e sistemáticos, no qual integrou as obras enciclopédicas de Aristóteles e a teologia cristã medieval num todo magnificente.

O lado negro dessa fusão coesa de ciência e teologia era que qualquer contradição apontada por cientistas no futuro teria de ser encarada necessariamente como heresia. Desse modo, Tomás de Aquino consagrou em seus escritos o potencial conflituoso entre ciência e religião — e que, de fato, surgiu três séculos depois nas investigações anatômicas de Leonardo,[5] alcançou seu clímax dramático com o julgamento de Galileu, e continua nos dias de hoje.

A INVENÇÃO DA IMPRENSA

As abrangentes mudanças intelectuais que ocorreram na Renascença e prepararam o terreno para a Revolução Científica não poderiam ter acontecido sem um avanço tecnológico que mudou a face do mundo — a invenção da imprensa. Esse avanço crucial, ocorrido por volta da época do nascimento de Leonardo, envolveu na verdade uma dupla invenção, a da tipografia (a arte de impressão com tipos móveis), e a da gravura (a impressão de imagens). Juntas, essas invenções marcaram o limiar decisivo entre a Idade Média e a Renascença.

A impressão introduziu duas mudanças fundamentais na distribuição dos textos, a rápida difusão e a padronização. Ambas eram de tremenda importância para a disseminação das idéias científicas e tecnológicas. Tão logo uma página fosse composta pelos tipógrafos, era fácil produzir e distribuir centenas ou milhares de cópias. De fato, depois que Johannes Gutenberg imprimiu sua Bíblia de 42 linhas (edição B-42) em Mainz por volta de 1450, a arte da impressão se espalhou através da Europa de modo incontrolável. Em 1482, já havia mais de uma dúzia de impressores em Roma, e no fim do século, Veneza ostentava cerca de uma centena de impressores, que transformaram essa cidade de grande riqueza no mais importante centro de impressão da Europa. Estima-se que os impressores venezianos produziram sozinhos por volta de dois milhões de volumes durante o século XV.[6]

Para o surgimento da ciência, a produção de textos padronizados foi tão importante quanto a sua ampla disseminação. Com o uso da prensa, os textos não apenas podiam ser copiados com exatidão como permaneciam idênticos em cada cópia, de modo que os estudiosos de diferentes localizações geográficas podiam se referir a uma passagem em particular numa página específica sem ambigüidade. Algo que jamais havia sido fácil nem confiável nos manuscritos medievais, copiados à mão.

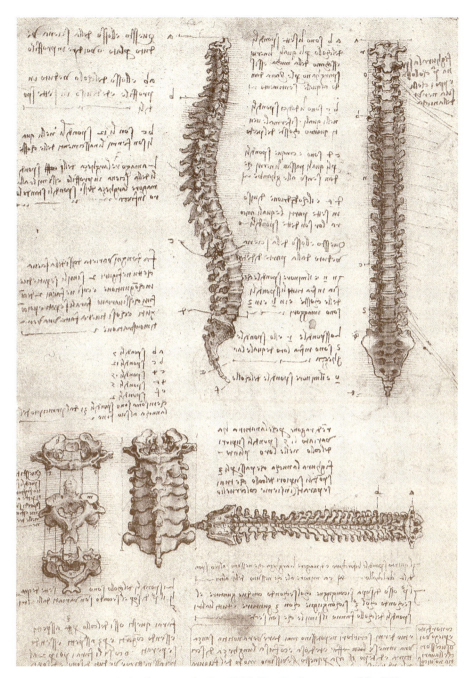

Figura 5-1: A coluna vertebral, c. 1510, Estudos Anatômicos, fólio 139v

A produção de cópias padronizadas de imagens que serviam de ilustração aos textos talvez tenha sido ainda mais importante, e foi aí que a invenção da gravura se tornou um complemento indispensável da tipografia. Enquanto as imagens nos antigos manuscritos quase sempre perdiam detalhes a cada nova cópia manual, o uso de gravuras em madeira e cobre tornou possível a reprodução de ilustrações de plantas, detalhes anatômicos, dispositivos mecânicos, aparatos científicos e diagramas matemáticos com total exatidão. Essas imagens eram modelos valiosos aos quais os estudiosos podiam se referir com facilidade.

Leonardo estava bastante ciente dessas extraordinárias vantagens da imprensa e interessou-se com entusiasmo pelos detalhes técnicos do processo de impressão no decorrer de sua vida.[7] Entre seus primeiros desenhos de dispositivos mecânicos no Codex Atlanticus, dos anos 1480-1482, está uma prensa tipográfica com um alimentador de páginas automático, uma inovação que reapareceria cerca de duas décadas depois. À medida que expandia sua pesquisa científica, Leonardo ficava mais e mais ciente da necessidade de disseminar versões impressas de seus tratados. Por volta de 1505, enquanto pintava *A Batalha de Anghiari* em Florença e escrevia seu Codex sobre o Vôo dos Pássaros, inventou até mesmo um novo método de impressão para a reprodução simultânea de textos e desenhos. Foi um precursor extraordinário do método introduzido no fim do século XVIII pelo poeta e artista romântico William Blake, que também era gravador profissional.[8]

Alguns anos depois, no auge de seu trabalho anatômico em Milão, Leonardo acrescentou uma nota técnica sobre a reprodução de seus desenhos à sua famosa afirmação da superioridade do desenho sobre a escrita.[9] Insistiu que seus desenhos anatômicos deviam ser impressos a partir de chapas de cobre, que seriam mais caras do que blocos xilográficos mas muito mais efetivas para representar os detalhes sutis de sua obra. "Peço àqueles que vierem depois de mim", escreveu na folha que contém seus magníficos desenhos da coluna vertebral (Fig. 5-1), "que não deixem a avareza compeli-los a fazer as impressões em [madeira]."[10]

O MUNDO DA INVESTIGAÇÃO

Quando as investigações dos textos clássicos redescobertos estenderam grandemente as fronteiras intelectuais dos humanistas italianos, suas fronteiras físicas também foram ampliadas pelas descobertas geográficas dos famosos exploradores portugueses e daqueles que os seguiram. A Renascença foi a era de ouro da exploração geográfica. Em 1600, a superfície conhecida do mundo havia dobrado. Regiões inteiramente novas, novos climas e novos aspectos da natureza haviam sido descobertos. Essas explorações geraram um forte interesse pela biologia, ou "história natural", como era chamada na época, e as grandes viagens oceânicas levaram a diversas melhorias na construção de navios, cartografia, astronomia e outras ciências e tecnologias associadas à navegação.

Além das viagens marítimas dos exploradores, novas regiões da Terra foram descobertas bem no coração da Europa quando os primeiros alpinistas aventuraram-se nas maiores altitudes dos Alpes. Durante a Idade Média, acreditava-se que as altas montanhas eram perigosas, não apenas por causa da severidade de seus climas mas também porque eram as habitações de gnomos e demônios. Então, com a nova curiosidade humanista e a confiança nas capacidades humanas, as primeiras expedições alpinas foram empreendidas, e no fim do século XVI, perto de cinqüenta picos haviam sido alcançados.[11]

Leonardo adotou a paixão humanista pela exploração, tanto no campo físico como mental. Foi um dos primeiros alpinistas europeus,[12] e viajou com freqüência pela Itália, explorando a vegetação, cursos d'água e formações geológicas das regiões que visitou. Além disso, gostava de compor contos fictícios de jornadas a montanhas e desertos em países longínquos.[13]

Esses poucos exemplos dos vários interesses e atividades de Leonardo mostram-nos que ele estava bem ciente das conquistas intelectuais, tecnológicas e culturais de seu tempo. Desde seus dias de juventude como aprendiz na oficina de Verrocchio até os anos que passou em várias cortes européias, esteve em contato regular com importantes artistas, engenheiros, filósofos, historiadores e exploradores, e assim estava totalmente familiarizado com a ampla extensão das idéias e práticas que agora associamos à Renascença.

A ANTIGA CONCEPÇÃO DO UNIVERSO

O alicerce da visão de mundo renascentista era a concepção do universo que havia sido desenvolvida na ciência grega clássica: que o mundo era um *kósmos*, uma estrutura ordenada e harmônica. Desde seu princípio no século VI a.C., a filosofia e ciência gregas compreendiam a ordem do cosmos como um organismo vivo em vez de um sistema mecânico. Isso significava que todas as suas partes tinham um propósito inato a contribuir com o funcionamento harmônico do todo, e que os objetos moviam-se naturalmente em direção a seus lugares apropriados no universo. Essa explicação dos fenômenos naturais em termos de seus objetivos, ou propósitos, é conhecida como teleologia, do grego *telos* [propósito]. Ela permeou praticamente toda a filosofia e ciência grega.

A visão do cosmos como um organismo também implicava para os gregos que suas propriedades gerais eram refletidas em cada uma de suas partes. Essa analogia entre macrocosmo e microcosmo, e em particular entre a Terra e o corpo humano, foi articulada de modo mais eloqüente por Platão em seu *Timeu* no século IV a.C., mas também pode ser encontrada nos ensinamentos dos pitagóricos e em outras escolas primitivas. Com o passar do tempo, a idéia adquiriu a autoridade de conhecimento comum, que persistiu da Idade Média até a Renascença.

Na filosofia grega antiga, a força motriz essencial e fonte de toda vida era identificada com a alma, e sua metáfora principal era a do sopro da vida. De fato, o significado original tanto do grego *psyche* como do latim *anima* é "sopro". Associada intimamente a essa força motriz, o sopro de vida que deixa o corpo na morte, estava a idéia de saber. Para os filósofos gregos antigos, a alma era a um só tempo a fonte do movimento e da vida, o que percebe e conhece. Devido à analogia fundamental entre micro e macrocosmo, a alma individual era pensada como parte da força que move todo o universo e, dessa maneira, o conhecimento de um indivíduo era visto como parte de um processo universal de conhecimento. Platão chamava a isso de *anima mundi*, a "alma do mundo".

No que diz respeito à composição da matéria, Empédocles afirmou no século V a.C. que o mundo material era composto de combinações variáveis dos quatro elementos — terra, água, ar e fogo. Quando deixados a si mesmos, os elementos se assentariam em esferas concêntricas com a Terra no centro, cercada sucessivamente pelas esferas de água, ar e fogo. Mais além estavam as esferas dos planetas e além delas estava a esfera das estrelas.

De acordo com a teoria dos quatro elementos, a grande variedade de qualidades que observamos em objetos materiais era o resultado das combinações de quatro pares de qualidades associadas aos elementos: frio e seco (terra), quente e seco (fogo), frio e úmido (água), e quente e úmido (ar). Meio século depois de Empédocles, uma teoria alternativa da matéria foi proposta por Demócrito, que ensinou que todos os objetos materiais eram compostos por átomos de diversas formas e tamanhos, e que todas as qualidades observáveis resultam de combinações particulares de átomos dentro dos objetos. Sua teoria era tão antitética às concepções teleológicas de matéria que foi relegada ao segundo plano, onde permaneceu por toda a Idade Média e Renascença. Voltaria à tona novamente apenas no século XVII, com o advento da física newtoniana.[14]

Ainda que as propriedades dos objetos materiais pudessem ser vistas surgindo de várias combinações das qualidades básicas inerentes aos quatro elementos, os filósofos gregos ainda enfrentariam o problema de como essas combinações de elementos tomariam as formas específicas que vemos na natureza. O primeiro filósofo a voltar-se para o problema da forma foi Pitágoras no século VI a.C., o fundador de uma escola de matemática, semelhante a um culto, conhecida como escola pitagórica. Ele e seus discípulos acreditavam que os padrões e as proporções numéricas estavam na origem de todas as formas. Com essa associação entre o mundo concreto das formas naturais e o reino abstrato das relações numéricas teve início a ligação entre ciência e matemática que viria a ser a base da física clássica no século XVII.

Os pitagóricos dividiram o universo em dois reinos: o céu, no qual as estrelas giram em esferas celestiais de acordo com leis matemáticas perfeitas e imutáveis; e a Terra, na qual os fenômenos são complexos, em constante mutação e imperfeitos. Platão acrescentou seu próprio refinamento a essa representação. Dado que o círculo é a figura geométrica mais perfeita, argumentou, os planetas, como as estrelas, devem mover-se em círculos.

A SÍNTESE DA CIÊNCIA POR ARISTÓTELES

Para a ciência na época da Renascença, o filósofo grego mais importante era Aristóteles. Discípulo de Platão, Aristóteles foi de longe o mais brilhante na Academia de Platão. Mas era bastante diferente não apenas de seu professor como também de todos os seus predecessores. Aristóteles foi o primeiro filósofo a escrever tratados sistemáticos, professorais, sobre os principais ramos de estudo em sua época. Sintetizou e organizou todo o conhecimento científico da Antigüidade em um esquema que persistiria como o alicerce da ciência ocidental por dois mil anos. Quando esse *corpus* de conhecimento fundiu-se com a teologia cristã na Idade Média, adquiriu o status de dogma religioso.

Para integrar as principais disciplinas de seu tempo — biologia, física, metafísica, ética e política — em uma estrutura teórica coerente, Aristóteles criou um sistema formal de lógica e um conjunto de princípios unificadores. Afirmou explicitamente que o objetivo de sua lógica era descobrir a arte da investigação e do raciocínio científico. Deveria servir como instrumento racional para todo trabalho científico.

Como cientista, Aristóteles foi antes de tudo um biólogo, cujas observações da vida marinha não foram superadas até o século XIX. Como Pitágoras, distinguiu entre matéria e forma, mas como biólogo sabia que uma forma de vida é mais do que o aspecto, mais que uma configuração estática das partes componentes.[15] Sua abordagem bastante original do problema da forma era postular que matéria e forma são ligadas por um processo de desenvolvimento. Em contraste com Platão, que acreditou em um reino independente de formas ideais, Aristóteles sustentou que a forma não tem existência separada mas é imanente na matéria. Nem a matéria pode existir separada da forma. Por meio da forma, a essência da matéria torna-se real, ou efetiva. Aristóteles chamou esse processo de auto-realização da matéria de *enteléquia* [plenamente realizado]. Matéria e forma, em sua concepção, são os dois lados desse processo de desenvolvimento, separáveis apenas pela abstração.

Aristóteles associou sua *enteléquia* ao conceito grego tradicional da alma como a origem da vida.[16] A alma, para ele, é a origem não apenas do movimento corpóreo mas também da formação do corpo: é a forma que se realiza nas mudanças e nos movimentos do corpo orgânico. Leonardo, como mostrarei, adotou o conceito aristotélico da alma, expandiu-o, e transformou-o em uma teoria científica baseada em evidência empírica.[17]

Aristóteles concebeu a alma como sendo constituída de sucessivos níveis, correspondentes aos níveis de vida orgânica. O primeiro nível é o da "alma vegetativa", que controla, como diríamos hoje, as mudanças mecânicas e químicas do metabolismo do corpo. A alma das plantas é restrita a esse nível metabólico de força vital. A próxima forma hierarquicamente superior é a "alma animal", caracterizada pelo movimento autônomo no espaço e pela sensação, isto é, por sentimentos de prazer e dor. A "alma humana", finalmente, inclui as almas vegetais e animais, mas sua característica principal é a razão.

Em termos de física e astronomia, Aristóteles adotou a antítese pitagórica entre os mundos terrestres e celestes. Da Terra à esfera da Lua, ensinou, todas as coisas mudam constantemente, gerando novas formas e então desintegrando-se novamente; acima da Lua, as esferas cristalinas dos planetas e estrelas giram em movimentos eternos imutáveis. Encampou a idéia platônica de que a perfeição do reino celestial implica que os planetas e estrelas movam-se em círculos perfeitos. Aristóteles também aceitou a concepção de Platão de que almas divinas residem em corpos celestes, que influenciam a vida na Terra. Essa idéia está na origem da astrologia medieval, que ainda era muito popular durante a Renascença. Leonardo, contudo, rejeitou-a de modo enfático.[18]

Seguindo Empédocles, Aristóteles sustentou que todas as formas no mundo surgem de várias combinações dos quatro elementos — terra, água, ar e fogo — e viu as combinações em constante mutação dos quatro elementos como a origem da imperfeição e da natureza acidental das formas materiais. Os quatro elementos nem sempre permaneciam nos reinos que lhe haviam sido atribuídos, afirmou, mas eram constantemente perturbados e impelidos a esferas vizinhas, depois do que elas naturalmente tentariam retornar a seus lugares adequados. Com esse argumento, Aristóteles tentou explicar por que a chuva cai pelo ar, enquanto o ar flutua água acima, e as chamas de fogo elevam-se no ar. Opôs-se de modo enérgico à tentativa de Demócrito de reduzir as qualidades da matéria a relações quantitativas entre átomos. Foi devido à grande autoridade de Aristóteles que o atomismo de Demócrito foi eclipsado pelas explicações teleológicas dos fenômenos físicos ao longo da Antigüidade e da Idade Média.

Para Aristóteles, todas as atividades que ocorriam espontaneamente eram naturais, guiadas pelos objetivos inerentes aos fenômenos físicos, e assim a observação era o meio apropriado de investigá-los. Experimentos que alteravam as condições naturais para trazer à luz algumas propriedades ocultas da matéria não eram naturais. E como tais, não se poderia esperar que revelassem a essência dos fenômenos. Experimentos, ensinou Aristóteles, não eram portanto os meios adequados de investigação, e, de fato, o método experimental não era essencial à ciência grega.

Os tratados de Aristóteles foram os alicerces do pensamento científico e filosófico na Renascença. Mas os estudiosos humanistas também leram Platão e diversos textos das tradições anteriores da filosofia natural grega, bem como os tratados mais recentes dos cientistas árabes. Assim, diferentes escolas de pensamento logo surgiram seguindo um ou outro dos antigos filósofos. Em particular, havia um debate acalorado entre os platonistas, para os quais apenas as idéias eram reais e o mundo dos sentidos era ilusório, e os aristotélicos, para os quais os sentidos forneciam a realidade e as idéias eram meras abstrações.

A Florença sob o domínio dos Médici foi o centro do platonismo. Milão, sob a influência das universidades de Pádua e Bologna, era predominantemente aristotélica. Leonardo, que passou muitos anos em ambas as cidades, estava a par dos debates filosóficos entre as duas escolas. De fato, a tensão entre o fascínio platônico pela precisão matemática e a atenção aristotélica às formas qualitativas e suas transformações aparecem várias vezes em seus escritos.[19]

A ciência da Renascença como um todo era caracterizada por uma abordagem literária, e não empírica. Em vez de observar a natureza, os humanistas italianos preferiam ler os textos clássicos. Nas palavras do historiador de ciência George Sarton, "Estudar geometria era estudar Euclides; um atlas geográfico era uma edição de Ptolomeu; o médico não estudava medicina, estudava Hipócrates e Galeno".[20]

Os tratados clássicos redescobertos na Renascença cobriam um amplo espectro de assuntos, de arte e literatura a filosofia, ciência, arquitetura e engenharia. Tratando-se de "filosofia natural", os estudiosos da Renascença estudaram textos árabes e gregos dentro de três vastas áreas: matemática e astronomia, história natural, e medicina e anatomia.

MATEMÁTICA E ASTRONOMIA NA ÉPOCA DE LEONARDO

A matemática teórica grega começou durante a vida de Platão, nos séculos V e IV a.C. Os gregos tendiam a geometrizar todos os problemas matemáticos e a buscar respostas em termos de figuras geométricas. Por exemplo, representavam quantidades por extensões de linhas e produtos de duas quantidades pela área de retângulos. Esses métodos lhes permitiram lidar até mesmo com números irracionais,[21] representando o número $\sqrt{2}$, por exemplo, pela diagonal de um quadrado com lados de comprimento 1.

Vários séculos antes, os babilônios haviam desenvolvido uma abordagem diferente para resolver problemas matemáticos, agora conhecida como álgebra, que começou com simples operações matemáticas e então evoluiu para formulações mais abstratas com números representados por letras. Os gregos aprenderam esses métodos algébricos e numéricos junto com a astronomia babilônica, mas transformaram-nos para a sua linguagem geométrica e continuaram a encarar problemas matemáticos em termos de geometria. Conta-se que a Academia de Platão, a principal escola grega de filosofia natural por nove séculos, tinha uma placa acima de sua entrada, com os dizeres "Que não entre ninguém que não saiba geometria".

O apogeu da primeira fase da matemática grega foi alcançado por volta de 300 a.C. com Euclides, que apresentou toda a geometria e as outras matemáticas conhecidas em sua época em uma seqüência ordenada, sistemática em seus famosos *Elementos*. Os treze volumes desse compêndio clássico não foram apenas amplamente lidos durante a Renascença, mas permaneceram como a base para o ensino de geometria até o fim do século XIX. Cerca de cem anos depois de Euclides, a matemática grega atingiu seu clímax final com Arquimedes, matemático brilhante que escreveu muitos tratados importantes do que chamaríamos agora de física matemática. Mas nunca foi tão popular quanto Euclides. Sua obra matemática era tão avançada que só foi compreendida muitos séculos depois, e sua grande fama como inventor ofuscou sua reputação de matemático.

Com o advento do Islã durante o século VII e subseqüentes, o mundo árabe tornou-se o centro dos estudos matemáticos. Matemáticos árabes traduziram e sintetizaram os textos gregos e também comentaram sobre influências importantes da Mesopotâmia e Índia. De particular importância foi o trabalho de Muhammad al-Khwarzimi no século IX, cujo *Kitab al jabr* foi a obra mais influente na álgebra desse período. O árabe *al jabr* [unir] em seu título é a raiz de nossa moderna palavra "álgebra".[22]

Dois séculos depois, a Pérsia produziu um algebrista estupendo na figura do poeta Omar Khayyam, o mundialmente renomado autor do *Rubaiyat*, famoso em sua época por classificar equações cúbicas e resolver muitas delas. Outro estudioso islâmico desse período muito influente na Renascença foi o matemático árabe Alhazen (Ibn al-Haitham) que escreveu um brilhante tratado sobre a "ciência da perspectiva", com discussões detalhadas de óptica geométrica e dos princípios geométricos de visão e da anatomia ocular.

Na Renascença, portanto, matemáticos tinham acesso a duas abordagens diferentes para resolver problemas matemáticos, geometria e álgebra. Contudo, até o século XVII a geometria era considerada mais fundamental. Todo raciocínio algébrico era justificado em termos de figuras geométricas na tradição dos matemáticos gregos. No século XVII, essa dependência geométrica da álgebra foi revertida por René Descartes, fundador da filosofia moderna e matemático brilhante, que inventou um método para associar equações matemáticas com curvas e superfícies.[23] Esse método, conhecido agora como geometria analítica, envolve coordenadas cartesianas, o sistema inventado por Descartes e nomeado em sua homenagem. Muito antes de Descartes, contudo, os campos de geometria e álgebra foram relacionados porque ambos eram necessários para o desenvolvimento de uma ciência da astronomia precisa.

Pois foi a astronomia a principal ciência física na Antigüidade. Os babilônios aplicaram com sucesso seus métodos numéricos para compilar tábuas astronômicas. Os gregos usaram sua abordagem geométrica para construir modelos cosmológicos elaborados, que envolviam o uso de trigonometria — que os astrônomos gregos aprenderam dos matemáticos hindus — para determinar as distâncias entre os corpos celestes a partir da observação de suas posições angulares.

Quando as conquistas de Alexandre, o Grande, tornaram as observações e métodos matemáticos dos astrônomos babilônios acessíveis aos gregos, perceberam a impossibilidade de reconciliar seus dados melhorados com a idéia platônica de órbitas planetárias circulares. Diversos astrônomos gregos abandonaram então a visão platônica-aristotélica e começaram a desenvolver complexos sistemas geocêntricos de ciclos e epiciclos para explicar os movimentos do Sol, da Lua e dos planetas. O ápice desse desenvolvimento foi atingido no século II d.C. com o sistema ptolomaico, que predizia o movimento dos planetas com grande precisão.

O tratado ptolomaico de treze volumes, *He mathematike syntaxis* [A coleção matemática] resumia muito do antigo conhecimento astronômico. Perdurou como o texto mais abalizado de astronomia por catorze séculos. (É indicativo do prestígio da ciência islâmica que o texto tenha sido conhecido na Idade Média e na Renascença sob seu título árabe, *Almagesto*.) Ptolomeu também publicou a *Geografia*, que continha discussões detalhadas de técnicas cartográficas, e um mapa esmerado do mundo conhecido. O livro foi impresso no século XV sob o título de *Cosmografia*, e tornou-se o mais popular livro de geografia impresso com tipos móveis durante a Renascença.

HISTÓRIA NATURAL

No decorrer da Antigüidade e nos séculos que se seguiram, o estudo do mundo vivo era conhecido como história natural, e aqueles que se dedicavam a ele eram conhecidos como naturalistas. Era muito mais uma atividade amadora do que uma ocupação profissional. Foi somente no século XIX que o termo "biologia" começou a ser usado de modo corrente, e mesmo então, biólogos muitas vezes continuaram a ser chamados de "naturalistas".

No século XV, livros sobre história natural ainda tendiam a mostrar algum fascínio por animais fabulosos, muitas vezes imaginários, que povoavam os bestiários medievais. No tempo de Leonardo, a redescoberta dos textos clássicos, e as explorações de novas floras e faunas nas Américas, começou a estimular um interesse sério pelo estudo dos seres vivos. As idéias dos antigos filósofos da natureza sobre plantas e animais foram representadas detalhadamente nos trabalhos enciclopédicos de Aristóteles, Teofrasto, Plínio, o Velho, e Dioscórides.[24]

Aristóteles foi o autor clássico mais acessível aos estudiosos renascentistas. Seus numerosos trabalhos incluem diversos tratados sobre animais, incluindo a *Historia animalium* [História dos animais] e *De anima* [Da alma]. Enquanto as observações de plantas de Aristóteles eram menos acuradas que suas observações de animais, seu discípulo e sucessor Teofrasto foi um observador perspicaz da botânica. Seu tratado *De historia plantarum* [Da história das plantas] foi uma obra pioneira que deu a Teofrasto a fama de "pai da botânica".

No século I d.C., o naturalista romano Plínio, o Velho (Gaius Plinius), escreveu uma enciclopédia monumental intitulada *História Natural*, compreendendo 37 livros nos quais cerca de quinhentos autores gregos e romanos são citados. Tornou-se a enciclopédia científica preferida na Idade Média, não apenas devido ao seu rico conteúdo mas também porque foi escrita em um estilo informal. Embora lhe faltasse rigor científico, era muito mais fácil e agradável de se ler do que os eruditos volumes de Aristóteles e de outros filósofos gregos. Para a maioria dos humanistas da Renascença, o próprio nome de Plínio significava história natural. E sua enciclopédia era o ponto de partida mais conveniente para pesquisas mais amplas.

A botânica, desde tempos antigos até o fim do século XVI, foi muitas vezes considerada como uma subdisciplina da medicina, uma vez que as plantas eram estudadas principalmente por seu uso nas artes curativas. Por séculos, o texto mais abalizado nesse campo foi a *Materia Medica* do médico grego Dioscórides, contemporâneo de Plínio.

MEDICINA E ANATOMIA

Em culturas pré-históricas de todo o mundo, a origem da doença e o processo de cura estavam associados a forças pertencentes ao mundo dos espíritos, e uma grande variedade de rituais e práticas de cura foram desenvolvidos para tratar as doenças em conformidade com isso.[25] Na medicina ocidental, uma mudança revolucionária ocorreu na Grécia no século V a.C., com o surgimento da tradição médica científica associada a Hipócrates. Não há dúvida de que um famoso médico praticou e ensinou medicina sob esse nome por volta de 400 a.C. na ilha de Cós, mas os volumosos escritos atribuídos a ele, conhecidos como o Corpus Hipocrático, foram provavelmente escritos por diferentes autores em diferentes épocas.

No cerne da medicina hipocrática estava a convicção de que as doenças são causadas por forças sobrenaturais, mas são fenômenos naturais que podem ser estudados cientificamente e influenciados por procedimentos terapêuticos e o acompanhamento sensato da vida de uma pessoa.[26] Assim, a medicina deve ser praticada como uma disciplina científica e deve incluir a prevenção de doenças, bem como seu diagnóstico e tratamento. Essa atitude estabeleceu as bases da medicina científica até os dias de hoje.

A saúde, de acordo com os escritos hipocráticos, requer um estado de equilíbrio em meio às influências do ambiente, o modo de vida, e os vários componentes da natureza humana. Um dos volumes mais importantes no Corpus Hipocrático, o livro sobre *Ares, Águas e Lugares*, representa o que poderíamos chamar agora de um tratado sobre ecologia humana. Mostra com grande detalhe como o bem-estar dos indivíduos é influenciado por fatores ambientais — a qualidade do ar, da água e da comida, a topografia e os hábitos de vida em geral. Durante as últimas duas décadas do século XV, esse e diversos outros volumes do Corpus Hipocrático estiveram disponíveis aos estudiosos em latim, a maioria deles a partir de traduções árabes.[27]

O ápice do conhecimento anatômico na Antigüidade foi atingido no século II d.C. com Galeno (Claudius Galenus), um médico grego que residiu principalmente em Roma, onde exerceu a medicina por muito tempo. Seu trabalho em anatomia e fisiologia, baseado parcialmente em dissecções de animais, ampliou enormemente o conhecimento antigo das artérias, cérebro, nervos e medula espinhal. Galeno escreveu mais de cem tratados nos quais resumiu e sistematizou o conhecimento médico de seu tempo de acordo com suas próprias teorias. No fim do século IX, todas as suas obras estavam traduzidas para o árabe, e traduções latinas se seguiram no devido tempo. A autoridade dos ensinamentos galênicos não foi contestada até a época de Leonardo, apesar de não serem fundados no conhecimento detalhado dos órgãos humanos. Suas doutrinas dogmáticas realmente impediram o progresso médico. Nem foi Galeno bem-sucedido em correlacionar suas teorias médicas com terapias correspondentes.

A bíblia médica da Idade Média e da Renascença foi o *Cânone de Medicina*, escrito pelo médico e filósofo Avicena (Ibn Sina) no século XI. Uma vasta enciclopédia que codificou todo o conhecimento médico grego e árabe, com a vantagem de formar um único *opus* monumental em vez de se encontrar disperso em vários tratados separados.

O ensino médico nas grandes universidades apoiava-se nos textos clássicos de Hipócrates, Galeno e Avicena, e concentrava-se na interpretação dos clássicos, sem questioná-los ou compará-los com a experiência clínica. Médicos praticantes, por outro lado, muitos deles sem graduação médica, usavam suas próprias combinações ecléticas de terapias.[28] Os melhores deles simplesmente confiavam nas noções hipocráticas de vida saudável e na capacidade do corpo curar a si mesmo.

Conforme a teoria e prática médicas divergiam mais e mais, a anatomia humana gradualmente tornou-se um campo independente de estudo. Leonardo da Vinci, que se tornou o maior anatomista da Renascença, nunca praticou a medicina. De fato, Leonardo não tinha uma opinião favorável sobre médicos. "Esforce-se para preservar sua saúde", escreveu em uma folha de desenhos anatômicos, "para o que você terá mais sucesso quanto mais precavido estiver contra os médicos."[29]

Um dos primeiros textos sobre anatomia foi a *Anatomia* de Mondino de' Luzzi, um professor em Bologna do século XIV. Foi um dos poucos professores medievais que efetivamente realizaram dissecções anatômicas por si mesmos.[30] Seu texto, muito influenciado pelos intérpretes árabes de Galeno, dava instruções rudimentares para dissecções sem, contudo, especificar a posição e a natureza exata dos órgãos individuais. Ainda assim, devido ao seu caráter sucinto e utilidade, a *Anatomia* de Mondino foi um livro didático padrão nas escolas médicas dos séculos XIV e XV.

LEONARDO E OS CLÁSSICOS

Durante os anos de seu extenso autodidatismo em Milão,[31] Leonardo familiarizou-se com os principais textos clássicos. Não apenas acumulou uma considerável biblioteca pessoal, mas também consultou manuscritos clássicos nas bibliotecas particulares de aristocratas ricos e mosteiros sempre que tinha uma oportunidade, ou tomava-os emprestado de outros estudiosos. Seus cadernos de notas são repletos de lembretes para ele mesmo pedir emprestado ou consultar certos livros. Como tinha apenas o conhecimento mais rudimentar de latim, estudava traduções italianas sempre que podia obtê-las, ou buscava estudiosos que pudessem ajudá-lo com os textos latinos.

Sabemos a partir dos próprios relatos de Leonardo que ele conhecia bem o *Timeu* de Platão. Também possuía diversas obras de Aristóteles, em particular a *Física*. Seu conhecimento dos escritos matemáticos de Platão, Pitágoras, Arquimedes e Euclides vinham em sua maior parte do famoso compêndio renascentista de Luca Pacioli, escrito em italiano. Quando Leonardo e Pacioli ficaram amigos, Pacioli ajudou Leonardo a aprofundar sua compreensão da matemática, em particular da geometria, guiando-o pela edição latina completa dos *Elementos* de Euclides.[32]

O interesse de Leonardo por astronomia estava em sua maior parte restrito ao estudo dos efeitos ópticos na percepção visual dos corpos celestes. Mas ele estava bem ciente do modelo ptolomaico de movimentos planetários. Possuía diversos livros de astronomia e cartografia, incluindo a famosa *Cosmografia* de Ptolomeu e um trabalho do astrônomo árabe Albumazar (Abu-Mashar).[33] Quanto à história natural, Leonardo, como a maioria dos humanistas da Renascença, conhecia bem os trabalhos de Aristóteles, de Plínio, o Velho, e de Dioscórides. Estudou uma edição italiana da enciclopédica *História Natural* de Plínio, impressa em Veneza em 1476, e leu a popular *Materia Medica* de Dioscórides. Seu próprio trabalho sobre botânica, contudo, foi muito além desses textos clássicos.[34]

Muitas das maiores conquistas científicas de Leonardo se deram no campo da anatomia, e foi esse o assunto que estudou com mais cuidado nos textos clássicos. Possuía uma edição italiana da *Anatomia* de Mondino e usou-a como guia inicial para dissecções do sistema nervoso e outras partes do corpo. Por meio de Mondino, familiarizou-se com as teorias de Galeno e Avicena, e estudou em seguida uma edição italiana do clássico de Avicena *Cânone de Medicina*. Finalmente, é provável que Leonardo tenha lido alguns dos trabalhos de Galeno em latim, com a ajuda do jovem anatomista Marcantonio della Torre, que conheceu durante seu segundo período em Milão.[35] Tendo estudado inteiramente as três principais autoridades médicas de seu tempo — Galeno, Avicena e Mondino — Leonardo tinha uma sólida formação em anatomia clássica e medieval, sobre a qual construiu suas extraordinárias realizações.

Leonardo da Vinci compartilhava com seus colegas humanistas sua grande confiança nas capacidades do homem individual, sua paixão pelas viagens de exploração, e seu entusiasmo com a redescoberta dos textos clássicos da

Antigüidade. Mas diferia dramaticamente da maioria deles por recusar-se a aceitar cegamente os ensinamentos das autoridades clássicas. Estudou-os minuciosamente, mas depois testou-os, submetendo-os a rigorosas comparações com seus próprios experimentos e observações diretas da natureza. Assim fazendo, eu argumentaria, Leonardo desenvolveu sozinho uma nova abordagem do conhecimento, conhecida hoje como método científico.

SEIS

Ciência Nascida da Experiência

A palavra moderna "ciência" tem origem no latim *scientia*, que significa "conhecimento", significado que se conservou na Idade Média e na Renascença. O entendimento moderno de ciência como um corpo organizado de conhecimento adquirido por um método particular evoluiu gradualmente durante os séculos XVIII e XIX. As características do método científico só foram totalmente reconhecidas durante o século XX e ainda são, com freqüência, mal compreendidas, especialmente pelo público em geral.

O MÉTODO CIENTÍFICO

O método científico representa um modo particular de adquirir conhecimento dos fenômenos naturais. Primeiro, envolve a observação sistemática dos fenômenos que estão sendo estudados e o registro dessas observações como evidência, ou dados científicos. Em algumas ciências, tais como a física, a química e a biologia, a observação sistemática inclui experimentos controláveis; em outras, tais como astronomia ou paleontologia, isso não é possível.

Em seguida, os cientistas tentam relacionar os dados de modo coerente, livres de contradições internas. A representação resultante é conhecida como modelo científico. Quando possível, tentamos formular nossos modelos em linguagem matemática, devido à precisão e consistência interna inerentes à matemática. Contudo, em muitos casos, especialmente nas ciências sociais, tais tentativas têm sido problemáticas, pois tendem a confinar os modelos científicos a um âmbito tão estreito que perdem muito de sua utilidade. Assim, percebemos no decorrer das últimas décadas que nem formulações matemáticas nem resultados quantitativos são componentes essenciais do método científico.

Finalmente, o modelo teórico é testado por observações adicionais e, se possível, experimentos adicionais. Se for verificado que o modelo é consistente com todos os resultados desses testes, e especialmente se for capaz de predizer os resultados de novos experimentos, ele é aceito por fim como teoria científica. O processo de submeter idéias e modelos científicos a sucessivos testes é um empreendimento coletivo da comunidade de cientistas, e a aceitação do modelo como teoria é feita por consenso tácito ou explícito nessa comunidade.

Na prática, esses passos, ou estágios, não são separados de modo claro e nem sempre ocorrem na mesma ordem. Por exemplo, um cientista pode formular uma generalização preliminar, ou hipótese, baseada na intuição ou em dados empíricos iniciais. Quando observações subseqüentes contradisserem a hipótese, ele ou ela pode tentar modificar a hipótese sem desistir dela completamente. Mas se a prova empírica continuar a contradizer a hipótese ou o modelo científico, o cientista é forçado a descartá-la em favor de uma nova hipótese ou modelo, que é então submetido a testes adicionais. Com o tempo, mesmo uma teoria aceita pode acabar sendo superada se surgir uma prova contrária. Esse método de embasar todos os modelos e teorias científicas em evidências empíricas é a própria essência da abordagem científica.

Todos os modelos e teorias científicas são limitados e aproximados. Essa percepção tornou-se crucial à compreensão contemporânea de ciência.[1] A ciência do século XX mostrou repetidas vezes que todos os fenômenos naturais estão, em última análise, interligados, e todas as suas propriedades essenciais, de fato, têm origem em suas relações mútuas. Então, para explicar qualquer uma delas completamente, teríamos de entender todas as outras, o que é obviamente impossível. Esse *insight* forçou-nos a abandonar a crença cartesiana na infalibilidade do conhecimento científico e a perceber que a ciência nunca pode oferecer explicações completas e definitivas. Na ciência, *grosso modo*, nunca lidamos com a verdade, no sentido de uma correspondência precisa entre nossas descrições e os fenômenos descritos. Sempre lidamos com o conhecimento limitado e aproximado.

Isso pode parecer frustrante, mas para muitos cientistas o fato de que *podemos* formular modelos e teorias aproximados para descrever uma teia sem fim de fenômenos interligados, e que somos capazes de melhorar sistematicamente nossos modelos ou aproximações com o passar do tempo, é uma fonte de confiança e força. Nas palavras do grande bioquímico Louis Pasteur: "A ciência avança por respostas experimentais a uma série de mais e mais questões sutis que se aprofundam cada vez mais na essência dos fenômenos naturais".[2]

A ABORDAGEM EMPÍRICA DE LEONARDO

Quinhentos anos antes do método científico ser reconhecido e descrito formalmente por filósofos e cientistas, Leonardo da Vinci desenvolveu e praticou sozinho suas características essenciais — o estudo da literatura disponível, observações sistemáticas, experimentação, medições cuidadosas e sucessivas, formulação de modelos teóricos e freqüentes tentativas de generalizações matemáticas.

A extensão completa do método de Leonardo veio à luz apenas recentemente com a datação rigorosa de suas anotações, que agora torna possível seguir a evolução de suas idéias e técnicas. Por séculos, seleções publicadas de seus cadernos de notas foram agrupadas de acordo com o assunto da matéria e muitas vezes apresentavam afirmações contraditórias de diferentes períodos da vida de Leonardo. Mas durante as três últimas décadas os cadernos de notas finalmente foram datados de modo apropriado.

O exame crítico e datação de velhos manuscritos, conhecido como paleografia, tornou-se uma ciência sofisticada.[3] No caso dos cadernos de notas, a datação envolve não apenas a avaliação das datas em si, referências a acontecimentos externos, e várias referências cruzadas no texto, mas também uma análise meticulosa da evolução do estilo de escrita e desenho de Leonardo no decorrer de sua vida; seu uso de diferentes tipos de papel (em geral com marcas d'água distintas) e diferentes tipos de penas, tintas e outros materiais de escrita em determinados momentos; bem como a comparação e a reunião de um grande número de manchas, rasgos, invólucros especiais, e todo tipo de marcas adicionadas por vários colecionadores no decorrer dos séculos.

Como resultado desse árduo trabalho, realizado por diversas décadas sob a liderança de Carlo Pedretti, todos os manuscritos de Leonardo estão agora publicados em edições fac-similares junto com versões cuidadosamente transcritas e anotadas dos textos originais. Passagens de diferentes períodos da vida de Leonardo — algumas vezes no mesmo fólio de um manuscrito — foram datadas com rigor. Essas edições críticas tornaram possível reconhecer os desenvolvimentos dos modelos teóricos de Leonardo e a perfeição gradual de seus métodos de observação e representação na página, e assim apreciar aspectos de sua abordagem científica que não poderiam ser reconhecidos antes.[4]

Uma mudança revolucionária produzida por Leonardo na filosofia da natureza do século XV foi sua implacável confiança na observação direta da natureza. Enquanto os filósofos e cientistas gregos evitavam a experimentação, e a maioria dos humanistas da Renascença repetiam sem críticas os pronunciamentos dos textos clássicos, Leonardo jamais se cansou de enfatizar a importância da *sperienza*, a experiência direta dos fenômenos naturais. Desde suas primeiras anotações, quando começou suas investigações científicas, até seus últimos dias, salpicou os cadernos de notas com declarações sobre a importância crítica da observação e da experimentação metódica.

"Todo nosso conhecimento tem origem nos sentidos", anotou em seu primeiro caderno de notas, o Codex Trivulzianus.[5] "A sabedoria é filha da experiência", lemos no Codex Forster,[6] e em seu *Tratado de Pintura*, Leonardo asseverou: "A mim me parece que aquelas ciências que não nasceram da experiência, mãe de toda exatidão, são vãs e cheias de erros (...), isto é, aquelas que no começo, meio ou fim não passam por algum dos cinco sentidos".[7] Não se ouvia falar de tal abordagem do estudo da natureza na época de Leonardo, que surgiria novamente apenas no século XVII, a era da Revolução Científica.

Leonardo desprezou os filósofos estabelecidos que apenas citavam os textos clássicos em grego e latim. "Eles andam empertigados, enfatuados e pomposos", escreveu com desdém, "bem vestidos e adornados não com seus próprios trabalhos mas com os dos outros."[8] Reconheceu que aprender de mestres habilidosos era importante nas artes, mas também observou que tais mestres eram raros. "O caminho mais seguro", sugeriu, "é dirigir-se aos objetos da natureza, e não àquelas falsas imitações, e por isso adquirem maus hábitos; pois aquele que pode ir ao poço não vai ao jarro d'água."[9]

Certo dia, quando contava mais de 60 anos e morava em Roma, Leonardo trabalhava em problemas de mecânica, preenchendo páginas de um pequeno caderno com uma série de diagramas elaborados de balanças e polias. "Definirei agora a natureza de balanças compostas (...)", escreveu a certa altura. E então — como se subitamente consciente dos leitores futuros que precisariam ser ensinados sobre ciência — interrompeu-se para acrescentar seu agora famoso manifesto sobre o método científico:

Devo primeiramente fazer alguns experimentos antes de prosseguir, pois é minha intenção mencionar a experiência primeiro, e então demonstrar pelo raciocínio por que tal experiência é obrigada a operar de tal maneira. E essa é a regra verdadeira que aqueles que especulam sobre os efeitos da natureza devem seguir.[10]

Na história intelectual da Europa, Galileu Galilei, que nasceu 112 anos depois de Leonardo, geralmente tem o crédito de ser o primeiro a desenvolver esse tipo de abordagem empírica rigorosa, e é comumente aclamado como o "pai da ciência moderna". Não pode haver dúvida de que essa honra teria sido concedida a Leonardo da Vinci, se ele tivesse publicado seus escritos científicos em vida, ou se seus cadernos de notas tivessem sido cuidadosamente estudados logo após sua morte.

A abordagem empírica acorreu naturalmente a Leonardo. Ele foi agraciado com poderes excepcionais de observação e uma aguçada memória visual, complementados por suas grandes habilidades de desenho.[11] O historiador de arte Kenneth Clark sugere que Leonardo tinha um "olho de precisão inumana com o qual (...) seguia os movimentos dos pássaros ou de uma onda, compreendia a estrutura de uma vagem ou de um crânio, anotava os gestos mais triviais ou os olhares mais evasivos".[12]

O que transformou Leonardo de um pintor com excepcionais talentos de observação em um cientista foi seu reconhecimento de que suas observações, para serem científicas, precisavam ser conduzidas de modo organizado, metódico. Experimentos científicos são realizados sucessivamente e em circunstâncias variáveis de modo a eliminar fatores acidentais e falhas técnicas tanto quanto possível. Os parâmetros de condução da experiência são variados para trazer à luz as características imutáveis essenciais aos fenômenos sob investigação. Isso é exatamente o que Leonardo fez. Ele nunca se cansou de conduzir seus experimentos e observações por muitas e muitas vezes, com atenção incansável aos menores detalhes, e não raro variava seus parâmetros de modo sistemático para testar a consistência de seus resultados. "Podemos apenas admirar o voraz apetite do mestre por detalhes", escreveu o historiador de arte Erich Gombrich. "Sua esfera de atividades e sua insaciável sede de conhecimento parecem nunca ter entrado em conflito com o formidável poder de concentração que o fazia estudar uma planta, um músculo, uma manga de camisa ou um problema geométrico como se nada mais pudesse preocupá-lo."[13]

Nos cadernos de notas, Leonardo comentou várias vezes sobre como um bom experimento deveria ser conduzido, e em particular sobre a necessidade de repetições e variações cuidadosas. Assim lemos no Manuscrito A: "Antes de fazer deste caso uma regra geral, teste-o duas ou três vezes e observe se os testes produzem os mesmos efeitos". No Manuscrito M anota: "Este experimento deve ser feito diversas vezes, de modo que nenhum acidente possa ocorrer para obstruir ou falsificar o teste".[14]

Inventor brilhante e engenheiro mecânico, Leonardo era capaz de projetar experimentos engenhosos com os recursos mais simples. Por exemplo, grãos de milhete ou raminhos de palha, jogados na água corrente, ajudavam-no a visualizar e desenhar as formas das linhas de fluxo; bóias especialmente projetadas, suspensas em diferentes profundidades de um rio, permitiam-no medir a velocidade da água em diferentes profundidades e distâncias das margens.[15] Construiu câmaras de vidro com bases alinhadas com areia e paredes traseiras pintadas de preto para observar pequenos detalhes do movimento da água numa experiência controlada em laboratório.[16]

Leonardo teve de inventar e projetar a maioria de seus instrumentos de medição. Isso incluía um dispositivo para medir a velocidade do vento, um higrômetro para medir a umidade do ar e vários tipos de odômetro para registrar distâncias viajadas. No curso do levantamento topográfico da Terra, Leonardo algumas vezes ataria à sua coxa um pêndulo que movia os dentes de uma roda dentada, para contar o número de seus passos. Em outras ocasiões usaria um carrinho com uma roda dentada projetada para avançar um passo a cada 10 *braccia* (cerca de 6 metros) viajadas, com um seixo caindo audivelmente em uma bacia de metal a cada milha (1,6 quilômetro) percorrida.[17] Além disso, fez muitas tentativas para melhorar os mecanismos do relógio para medição do tempo, que, em sua época, ainda estava em seus primórdios.[18]

Em suas observações e experimentos científicos, Leonardo mostrou a mesma paciência e atenção sutil aos detalhes que tinha como pintor. Isso é notável especialmente em sua pesquisa de anatomia. Por exemplo, em uma dissecção colocou cera nas cavidades do cérebro conhecidas como ventrículos cerebrais para determinar sua forma. "Faça dois orifícios nas pontas dos grandes ventrículos e insira cera derretida com a seringa", anotou em seus Estudos Anatômicos. "Então, quando a cera tiver assentado, retire o cérebro e verá exatamente a forma dos três ventrículos."[19] Ele inventou uma técnica igualmente engenhosa para dissecar o olho. Como o médico Sherwin Nuland a descreve,

Ao dissecar o olho, um órgão notoriamente difícil de se cortar, Leonardo deparou-se com a idéia de primeiro imergi-lo em clara de ovo e então ferver o todo, de modo a criar um coágulo antes de cortar o tecido. Técnicas semelhantes de embutimento são usadas rotineiramente hoje para permitir o fatiamento preciso de estruturas frágeis.[20]

A abordagem sistemática e a atenção cuidadosa aos detalhes que Leonardo dedicava às suas observações e experimentos são características de seu método de investigação científica. Em geral, ele começava a partir de conceitos e explicações comumente aceitos, muitas vezes resumindo o que havia reunido dos textos clássicos antes de verificá-los com suas próprias observações. Algumas vezes anotava esses resumos na forma de esboços rápidos, ou mesmo de desenhos elaborados. Antes da datação rigorosa dos cadernos de notas, esses desenhos eram vistos em geral como indicações da própria falta de conhecimento científico de Leonardo, em vez de "citações" de opiniões.

Por exemplo, a bem conhecida "ilustração do coito" na Coleção Windsor de desenhos anatômicos, que mostra os órgãos reprodutores masculinos com anatomias bastante errôneas, foi por muito tempo vista como reflexo do pobre entendimento de anatomia de Leonardo. Mais recentemente, contudo, o desenho foi reconhecido por Kenneth Keele, historiador de medicina e estudioso de Leonardo, como a ilustração de Leonardo para o que lera no *Timaeus* de Platão. Ele o havia usado como ponto de partida para suas próprias explorações anatômicas dos processos reprodutivos humanos.[21]

Após testar idéias tradicionais sucessivas vezes com observações e experimentos cuidadosos, Leonardo ou aderiria à tradição se não encontrasse evidência contraditória, ou formularia suas próprias explicações alternativas. Algumas vezes, dispensaria todos os comentários, confiando inteiramente no poder persuasivo de seus desenhos.

Em geral, Leonardo trabalhava em diversos problemas simultaneamente e dava especial atenção às similaridades de formas e processos em diferentes áreas da investigação — por exemplo, entre as forças transmitidas por polias e alavancas e aquelas transmitidas por músculos, tendões e ossos; entre padrões de turbulência na água e no ar; entre o fluxo de seiva em uma planta ou árvore e o fluxo de sangue no corpo humano.

Quando progredia em sua compreensão dos fenômenos naturais em uma área, estava sempre ciente das analogias e padrões que interligavam os fenômenos de outras áreas, e revisaria suas idéias teóricas de acordo com isso. Esse método levou-o a enfrentar muitos problemas não apenas uma vez, mas diversas vezes durante diferentes períodos de sua vida, modificando sucessivamente suas teorias, à medida que o seu pensamento científico evoluía.

O método de Leonardo de reavaliar repetidamente suas idéias teóricas em várias áreas significava que ele nunca via qualquer de suas explicações como "definitiva". Mesmo acreditando na exatidão do conhecimento científico, como a maioria dos filósofos e cientistas dos trezentos anos posteriores, suas sucessivas formulações teóricas em muitos campos são bastante semelhantes aos modelos teóricos característicos da ciência moderna. Por exemplo, ele propôs diversos modelos diferentes para o funcionamento do coração e seu papel na manutenção do fluxo sangüíneo, inclusive um que retratava o coração como um forno abrigando um fogo central, antes de concluir que o coração é um músculo bombeando sangue pelas artérias.[22] Leonardo também usava modelos simplificados — ou aproximações, como diríamos hoje — para analisar as características essenciais dos complexos fenômenos naturais. Por exemplo, representava o fluxo da água por um canal de secção transversal variada usando como modelo fileiras de homens marchando por uma rua de largura variável.[23]

Como os cientistas modernos, Leonardo sempre estava pronto para revisar seus modelos quando sentia que novas observações ou percepções o requeriam. Tanto em sua arte como em sua ciência, sempre pareceu estar mais interessado no processo de exploração do que no trabalho concluído ou nos resultados finais. Por isso, muitas de suas pinturas e toda sua ciência permaneceram como trabalho em curso, inacabado.

Essa é uma característica geral do método científico moderno. Apesar de cientistas publicarem seus trabalhos em vários estágios de conclusão em ensaios, monografias e livros didáticos, a ciência como um todo é sempre um trabalho em andamento. Velhos modelos e teorias continuam a ser substituídos por novos, que são julgados superiores mas são todavia limitados e aproximados, destinados por sua vez a ser substituídos conforme o avanço do conhecimento.

Desde a Revolução Científica no século XVII, esse progresso na ciência tem sido um empreendimento coletivo. Cientistas trocavam cartas, papéis e livros continuamente, e discutiam suas teorias em várias reuniões. Essa troca contínua de idéias está bem documentada, tornando fácil para os historiadores acompanhar o progresso da ciência no decorrer dos séculos. Com Leonardo, a situação é bem diferente. Trabalhou sozinho e em segredo, não publicou nenhuma de suas descobertas e raramente datou suas anotações. Além disso, copiava com freqüência excertos de trabalhos acadêmicos em seus cadernos de notas sem a devida atribuição, até mesmo sem identificá-los como citações, de modo que historiadores por muito tempo viram algumas dessas passagens copiadas como idéias originais de Leonardo.

Pioneiro solitário do método científico, Leonardo não via a ciência como um empreendimento coletivo, de colaboração. Durante sua vida, portanto, qualquer progresso em sua ciência era evidente apenas para ele. Estudiosos de hoje tiveram de se empenhar em um meticuloso trabalho investigativo para reconstruir a evolução de seu pensamento científico.

OS CADERNOS DE NOTAS

Leonardo registrou os resultados de suas observações e experimentos, seus modelos teóricos e suas especulações filosóficas em milhares de páginas de anotações, algumas na forma de tratados bem organizados em vários estágios de conclusão, mas a maioria deles como anotações e desenhos desconexos sem nenhuma ordem aparente, algumas vezes rabiscados no mesmo fólio várias vezes. Mesmo que as edições críticas com transcrições claras de todas os cadernos de notas estejam agora disponíveis, e a maioria das páginas tenha sido cuidadosamente datada, as anotações e desenhos de Leonardo são tão extensos, e seus tópicos tão diversos, que ainda resta muito trabalho a ser feito para concluir a análise de seus conteúdos científicos e avaliar sua importância.

O texto original é difícil de ler não apenas porque é escrito em escrita espelhada e está muitas vezes desconexo, mas também porque a ortografia e a sintaxe de Leonardo são muito idiossincráticas. Ele parece estar sempre com pressa de escrever seus pensamentos, comete muitos deslizes e erros, e muitas vezes enfileira junto palavras sem quaisquer espaços entre elas. A pontuação é praticamente ausente em sua escrita de mão. O ponto final (a única pontuação que usa) pode ocorrer com muita freqüência em alguns manuscritos e estar totalmente ausente em outros. Além disso, como qualquer pessoa acostumada a tomar notas pessoais regulares e extensas, ele emprega seu próprio código de abreviações e notações de abreviação.

No século XV, a ortografia italiana padrão ainda não havia sido estabelecida,[24] e escrivães permitiam-se variações consideráveis. Apropriadamente,

Ciência nascida da experiência / 181

Figura 6-1: Folhagem espiralada de uma estrela-de-belém [Ornithogalum umbellatum], *c. 1508, Coleção Windsor, Paisagens, Plantas e Estudos de Água, fólio 16r*

Leonardo varia sua ortografia de modo bastante indiscriminado, registrando o som da palavra falada de modo idiossincrático em vez de seguir uma tradição de escrita.

Tomadas juntas, essas idiossincrasias apresentam enormes obstáculos para o leitor do texto original de Leonardo. Felizmente, contudo, estudiosos nos forneceram dois tipos de transcrições que, reproduzidas lado a lado, resolvem todos esses problemas para seguir as palavras de Leonardo tão próximo quanto possível.[25] A assim chamada transcrição "diplomática" dá uma versão do texto exatamente como Leonardo o escreveu, com todas as abreviações, ortografia idiossincrática, erros, palavras riscadas, etc. A transcrição "crítica" tem a seu lado uma versão limpa do texto na qual as abreviaturas e erros foram eliminados, e a ortografia arcaica e extravagante de Leonardo foi substituída pelas contrapartes italianas modernas, com pontuação moderna, quando quer que isso pudesse ser feito sem afetar a pronúncia florentina original.

Dessas transcrições críticas surge um texto fluido, livre dos obstáculos mencionados, que qualquer pessoa razoavelmente fluente em italiano pode ler sem muitas dificuldades. Tal leitura torna evidente que a linguagem de Leonardo é altamente eloqüente, muitas vezes perspicaz, e algumas vezes tocante por sua graça e poesia. Vale a pena ler seus escritos em voz alta para apreciar sua beleza, porque o meio de Leonardo era a palavra falada, e não o texto cuidadosamente escrito e trabalhado. Para fazer suas argumentações, usava o poder persuasivo de seus desenhos, bem como as cadências elegantes de sua língua nativa, o toscano.

Voltemos agora às características-chave da ciência de Leonardo, discutida e desenvolvida em seus cadernos de notas.

UMA CIÊNCIA DAS FORMAS VIVAS

Desde o princípio da filosofia e da ciência ocidental tem havido uma tensão entre mecanicismo e holismo, entre o estudo da matéria (ou substância, estrutura, quantidade) e o estudo da forma (ou padrão, ordem, qualidade).[26] O estudo da matéria foi defendido por Demócrito, Galileu, Descartes e Newton; o estudo da forma por Pitágoras, Aristóteles, Kant e Goethe. Leonardo seguiu a tradição de Pitágoras e Aristóteles, e combinou-a com seu rigoroso método empírico para formular uma ciência das formas vivas, seus padrões de organização e seus processos de crescimento e transformação. Ele tinha profunda consciência da interligação fundamental de todos os fenômenos e da interdependência e geração mútua das partes de um todo orgânico, que Immanuel Kant, no fim do século XVIII, definiria como "auto-organização".[27] No Codex Atlanticus, Leonardo resume com eloqüência sua profunda compreensão dos processos básicos da vida parafraseando uma afirmação do filósofo jônico Anaxágoras: "Tudo se origina a partir de tudo, tudo é feito de tudo, e tudo transforma-se em tudo, porque aquilo que existe nos elementos é feito desses mesmos elementos".[28]

A Revolução Científica substituiu a visão de mundo aristotélica pela concepção do mundo como máquina. Desde então a abordagem mecanicista — o estudo da matéria, quantidade e constituintes — dominou a ciência ocidental. Foi apenas no século XX que os limites da ciência newtoniana tornaram-se evidentes, e a visão de mundo mecanicista cartesiana começou a dar espaço a uma visão holística e ecológica semelhante àquela desenvolvida por Leonardo da Vinci.[29] Com o advento do pensamento sistêmico e sua ênfase em redes, complexidade e padrões de organização, podemos agora avaliar de modo mais completo o poder da ciência de Leonardo e sua relevância para nossa era moderna.

A ciência de Leonardo é uma ciência de qualidades, de formas e proporções, em vez de quantidades absolutas. Ele preferia *retratar* as formas da natureza em seus desenhos em vez de *descrevê-las*, e analisava-as em termos de proporções em vez de quantidades mensuráveis. A proporção era vista por artistas da Renascença como a essência da harmonia e da beleza. Leonardo preencheu muitas páginas de seus cadernos de notas com elaborados diagramas de proporções entre as várias partes da figura humana, e desenhou diagramas correspondentes para analisar as formas do cavalo.[30] Estava bem menos interessado em medidas absolutas, que, em todo caso, não eram tão precisas, nem tão importantes em seu tempo como o são no mundo moderno. Por exemplo, ambas as unidades padrão de distância e peso — o *braccio* [braço] e a libra — variavam em diferentes cidades italianas, de Florença para Milão, e desta para Roma, e tinham valores diferentes em países europeus vizinhos.[31]

Leonardo admirava-se sempre com a grande diversidade e variedade das formas vivas. "A natureza é tão maravilhosa e abundante em suas variações", escreveu em uma passagem sobre como pintar árvores, "que entre as árvores da mesma espécie não encontraremos uma só planta que se assemelhe a outra nas proximidades, e isso não apenas da planta como um todo, mas entre os galhos, folhas e frutas, não se encontrará nem um que se pareça exatamente com outro."[32]

Leonardo reconheceu essa variedade infinita como característica-chave das formas vivas, mas também tentou classificar as formas que estudava em diferentes tipos. Fez listas de diferentes partes do corpo, tais como lábios e narizes, e identificou diferentes tipos de figuras humanas, variedades de espécies

Figura 6-2: Fluxo da água e fluxo do cabelo humano, c. 1513, Coleção Windsor, Paisagens, Plantas e Estudos da Água, fólio 48r

de plantas e até mesmo classes de vórtices de água.[33] Quando observava formas naturais, registrava suas características essenciais em desenhos e diagramas, classificava-os se possível e tentava entender os processos e forças subjacentes a suas formações.

Além de variações dentro de uma espécie particular, Leonardo prestava atenção a similaridades de formas orgânicas em diferentes espécies e a similaridades de padrões em diferentes fenômenos naturais. Os cadernos de notas

Figura 6-3: Fúria nas faces de um homem, de um cavalo e de um leão, c. 1503-1504, Coleção Windsor, Cavalos e outros Animais, fólio 117r

contêm incontáveis desenhos de tais padrões — similaridades anatômicas entre a perna de um homem e a de um cavalo, redemoinhos espiralados e folhagens espiraladas de certas plantas (Fig. 6-1), o fluxo da água e o fluxo do cabelo humano (Fig. 6-2), e assim por diante. Em um fólio de desenhos anatômicos, anota que as veias no corpo humano assemelham-se a laranjas, "nas quais, conforme a casca se espessa, a polpa diminui à medida que envelhecem".[34] Em meio a seus estudos para *A Batalha de Anghiari*, encontramos uma comparação de expressões de fúria nas faces de um homem, um cavalo e um leão (Fig. 6-3).

Essas comparações freqüentes de formas e padrões geralmente são descritas como analogias por historiadores de arte, que ressaltam que explicações em termos de analogias eram comuns entre artistas e filósofos da Idade Média e da Renascença.[35] Isso certamente é verdade. Mas as comparações de Leonardo de formas orgânicas e processos em diferentes espécies são muito mais que simples analogias. Quando investiga similaridades entre esqueletos de diferentes vertebrados, estuda o que biólogos hoje chamam de homologias — correspondências estruturais entre espécies diferentes, devido a sua descendência evolucionária de um ancestral em comum.

As similaridades nas expressões de fúria nas faces de animais e humanos também são homologias, que têm origem em semelhanças na evolução dos músculos da face. A analogia de Leonardo entre a pele das veias humanas e a pele das laranjas durante o processo de envelhecimento decorre de que, em ambos os casos, ele estava observando o comportamento de tecidos vivos. Em todos esses casos, percebeu intuitivamente que formas vivas em espécies diferentes exibem padrões similares. Hoje, explicamos esses padrões em termos de estruturas celulares microscópicas e de processos metabólicos e evolucionários. Leonardo, é claro, não tinha acesso a esse nível de explanação, mas percebeu corretamente que ao longo da criação (ou evolução, como diríamos hoje) da grande diversidade de formas, a natureza usou muitas e muitas vezes os mesmos padrões básicos de organização.

A ciência de Leonardo é completamente dinâmica. Retrata as formas da natureza — em montanhas, rios, plantas e no corpo humano — em movimentos e transformações incessantes.

A forma, para ele, nunca é estática. Percebe que as formas vivas são moldadas e transformadas continuamente por processos subjacentes. Estuda as múltiplas maneiras pelas quais rochas e montanhas são talhadas por fluxos turbulentos de água, e como as formas orgânicas das plantas, dos animais e do corpo humano são moldadas por seu metabolismo. O mundo que Leonardo retrata, tanto em sua arte como em sua ciência, é um mundo em desenvolvimento e fluxo, no qual todas as configurações e formas são meramente estágios em um processo contínuo de transformação. "Esse sentimento de movimento inerente no mundo", escreve o historiador da arte Daniel Arasse, "é absolutamente central no trabalho de Leonardo, porque revela um aspecto essencial de seu gênio, definindo assim sua singularidade entre seus contemporâneos."[36] Ao mesmo tempo, a compreensão dinâmica de Leonardo das formas orgânicas revela muitos paralelos fascinantes para a nova compreensão sistêmica da vida que surgiu na linha de frente da ciência ao longo dos últimos 25 anos.

Na ciência das formas vivas de Leonardo, os padrões de organização da vida e seus processos fundamentais de metabolismo e crescimento eram os vínculos conceituais unificadores que interligavam seu conhecimento de macro e microcosmo. No macrocosmo, os principais temas de sua ciência foram os movimentos da água e do ar, as formas geológicas e transformações da Terra, a diversidade botânica e os padrões de crescimento das plantas. No microcosmo, seu foco estava no corpo humano — sua beleza e proporções, a mecânica de seus movimentos, e como se comparava a outros corpos de animais em movimento, em particular ao vôo dos pássaros.

OS MOVIMENTOS DA ÁGUA

Leonardo era fascinado pela água em todas as suas manifestações. Reconhecia seu papel fundamental como meio da vida e fluido vital, como a matriz de todas as formas orgânicas. "É a expansão e o humor de todos os corpos vivos", escreveu. "Sem isso nada retém sua forma original."[37] No decorrer de sua vida, esforçou-se para entender os processos misteriosos subjacentes à criação das formas da natureza estudando os movimentos da água na terra e no ar.

Como engenheiro, Leonardo trabalhou bastante em esquemas de canalização, irrigação, drenagem de pântanos e usos de força hidráulica para bombeamento, moagem e serralheria. Como outros engenheiros notáveis na Renascença, estava bastante familiarizado tanto com os efeitos benéficos como com os destrutivos da força da água. Mas foi o único a ir além de regras empíricas de engenharia hidráulica e se aventurar em estudos teóricos embasados do fluxo da água. Suas análises e requintados desenhos dos fluxos de rios, redemoinhos, vórtices espiralados e outros padrões de turbulência estabeleceram Leonardo como pioneiro em um campo que nem mesmo existia em sua época — a disciplina conhecida hoje como dinâmica dos fluidos.

Ao longo de sua vida, Leonardo observou o curso de rios e marés, desenhou mapas belos e precisos de bacias hidrográficas inteiras, investigou a correnteza de lagos e mares, fluxos em açudes e cachoeiras, o movimento das ondas, bem como o fluxo por canos, esguichos e orifícios. Suas observações, desenhos e idéias teóricas preencheriam centenas de páginas em seus cadernos de notas.

Por meio de uma vida inteira dedicada ao estudo, Leonardo ganhou uma compreensão total das principais características dos fluidos. Reconheceu as duas forças principais em operação na água corrente — a força da gravidade e o atrito interno do fluido, ou viscosidade — e descreveu corretamente muitos fenômenos gerados por sua interação. Também percebeu que a água é incompressível e que, apesar de assumir um número infinito de formas, sua massa é sempre conservada.

Em um ramo da ciência que nem mesmo existia antes dele, as importantes descobertas de Leonardo da natureza dos fluidos tem de ser classificada como uma conquista significativa. Que ele tenha também desenhado de modo errado muitos padrões de turbulência e imaginado alguns fenômenos de fluxo que não ocorrem na realidade não diminui suas grandes façanhas, especialmente em vista do fato de que até hoje cientistas e matemáticos encontram enormes dificuldades em suas tentativas de predizer e elaborar um modelo dos complexos detalhes de turbulências.

No cerne das investigações de turbulência de Leonardo fica o vórtice de água, ou redemoinho. Em seus cadernos de notas há incontáveis desenhos de redemoinhos e turbilhões de todos os tamanhos e tipos — nas correntezas de rios e lagos, atrás de píers e cais, nas bacias de cachoeiras, e produzidos por objetos de várias formas imersos em água corrente. Esses desenhos, geralmente muito bonitos, são testemunhos da fascinação sempre renovada de Leonardo pela natureza em constante mudança e ainda assim estável desse tipo fundamental de turbulência. Creio que esse fascínio tem origem em uma intuição profunda de que a dinâmica dos vórtices, combinando estabilidade e mudança, corporifica uma característica essencial das formas vivas.[38]

Leonardo foi o primeiro a entender em detalhe o movimento dos vórtices de água, muitas vezes desenhando-os com precisão mesmo em situações complexas. Distinguiu corretamente entre redemoinhos circulares planos, nos quais a água gira essencialmente como um corpo sólido, e vórtices espiralados (como o redemoinho em uma banheira) que formam um espaço vazio, ou funil, em seu centro. "A espiral ou movimento de rotação de todo líquido", anotou, " é mais veloz quanto mais próximo do centro de revolução. O que estamos propondo aqui é um fato digno de admiração, uma vez que o movimento circular do disco é mais lento quanto mais próximo do centro do objeto em rotação."[39] Tais estudos detalhados dos vórtices em água turbulenta só foram realizados novamente 350 anos mais tarde, quando o físico Hermann von Helmholtz desenvolveu uma análise matemática do movimento do vórtice em meados do século XIX.

Figura 6-4: *Turbulências produzidas por uma prancha retangular, c. 1509-1511, Coleção Windsor, Paisagens, Plantas e Estudos da Água, fólio 42r*

Leonardo produziu diversos desenhos elaborados de padrões complexos de turbulência, gerada pela colocação de vários obstáculos em água corrente. A figura 6-4, da Coleção Windsor, mostra as turbulências em volta de uma prancha retangular inserida em dois ângulos diferentes. (Variações adicionais são sugeridas em pequenos esboços à direita do desenho principal.) O desenho superior mostra claramente um par de vórtices contra-rotatórios na cabeceira de um córrego de curso aleatório. Os detalhes essenciais desse padrão complexo de turbulência são precisos — um testemunho impressionante dos poderes de observação e da clareza conceitual de Leonardo.

AS FORMAS E TRANSFORMAÇÕES DA TERRA VIVA

Leonardo via a água como o principal agente na formação da superfície da Terra. "A água desgasta as montanhas e preenche os vales", escreveu, "e se pudesse, reduziria a Terra a uma esfera perfeita."[40] Essa consciência da interação contínua da água e das rochas impeliu-o a empreender exaustivos estudos de geologia, que serviram de base para as fantásticas formações rochosas que aparecem com tanta freqüência nos planos de fundo espectrais de suas pinturas.

Suas observações geológicas são assombrosas não apenas por sua grande precisão, mas também porque o levaram a formular princípios gerais que só foram redescobertos séculos depois e ainda são usados por geólogos hoje em dia.[41] Leonardo reconheceu a sucessão temporal nos estratos de solo e rocha, e os respectivos fósseis aí depositados; registrou também muitos detalhes minuciosos a respeito da erosão e deposição sedimentar causadas pelos rios.

Foi o primeiro a postular que as formas da Terra são o resultado de processos ocorridos no curso de épocas remotas que agora chamamos de tempo geológico. Com essa visão, aproximou-se de uma perspectiva evolucionária mais ou menos trezentos anos antes de Charles Darwin, que também encontrou na geologia inspiração para o pensamento evolucionário. Para Leonardo, o tempo geológico começou com a formação da Terra viva, um processo ao qual aludiu em suas pinturas com um sentimento de reverência e mistério.

"Represente uma paisagem com vento e água, ao nascer e ao pôr-do-sol",[42] Leonardo aconselhava a seus colegas pintores. Foi um verdadeiro mestre na representação desses efeitos atmosféricos. Como seus predecessores e contemporâneos, introduziu com freqüência flores e ervas em suas pinturas por seus significados simbólicos, mas ao contrário da maioria de seus colegas pintores foi sempre cuidadoso ao apresentar plantas em seus devidos hábitats ecológicos com a sazonalidade apropriada e grande precisão botânica.[43]

Os cadernos de notas contêm numerosos desenhos de árvores e plantas floridas nativas da Itália, muitas delas obras-primas do repertório botânico de imagens. A maioria desses desenhos foi feita como estudos para pinturas, mas alguns também incluem anotações detalhadas explicando as características das plantas. Diferente dos motivos decorativos formais de plantas que eram comuns nas pinturas da Renascença, as flores, ervas e árvores de Leonardo demonstram uma vitalidade e uma graça que só poderiam ser alcançadas por um pintor com conhecimentos profundos de botânica e ecologia.

De fato, a mente de Leonardo não se contentava apenas em retratar plantas em pinturas, mas voltava-se para uma investigação genuína da sua natureza intrínseca — os padrões de metabolismo e crescimento subjacentes a suas formas orgânicas. Fez observações minuciosas dos efeitos da luz do Sol, água e gravidade no crescimento das plantas; examinou a seiva de árvores e descobriu que a idade de uma árvore poderia ser determinada pelo número de anéis na seção transversal de seu tronco; investigou a disposição de folhas e galhos, conhecida pelos botânicos de hoje como o estudo da filotaxia; e relacionou padrões de ramificação à atividade do "humor" de uma árvore — uma extraordinária descoberta dos efeitos da atividade hormonal que só viriam a ser conhecidos no século XX. Como em tantos outros campos, Leonardo foi muito além de seus colegas em sua reflexão científica, estabelecendo-se como o primeiro grande teórico da botânica.[44]

MACRO E MICROCOSMO

Sempre que explorava as formas da natureza no macrocosmo, Leonardo também buscava similaridades de padrões e processos no corpo humano. Ao fazê-lo, foi além das analogias gerais entre macro e microcosmo que eram bem conhecidas em seu tempo, traçando paralelos entre observações muito sofisticadas em ambos os domínios. Aplicou seu conhecimento da turbulência da água ao movimento do sangue no coração e aorta.[45] Viu a "seiva vital" como fluido de vida essencial das plantas e observou que ela nutre os tecidos das plantas como o sangue nutre os tecidos do corpo humano. Percebeu a similaridade estrutural entre o caule (conhecido pelos botânicos como funículo) que prende as sementes de uma planta aos tecidos do fruto e o cordão umbilical que liga o feto humano à placenta.[46] Considerou essas observações como um poderoso testemunho da unidade da vida em todas as escalas da natureza.

As meticulosas e abrangentes observações de Leonardo acerca do corpo humano têm de ser classificadas entre suas maiores realizações científicas. Para estudar as formas orgânicas do corpo humano, dissecou diversos corpos humanos e animais, examinou ossos, juntas, músculos e nervos, desenhando-os com uma precisão e clareza jamais vistas. Ao mesmo tempo, seus desenhos anatômicos são magníficas obras de arte, devido a sua habilidade excepcional de representar formas e movimentos em uma formidável perspectiva visual, com sutis gradações de luz e sombra, o que confere a seus desenhos uma qualidade vívida raramente alcançada nas ilustrações anatômicas modernas.

Investigando os desenhos e anotações de Leonardo espalhados em mais de mil páginas de manuscritos anatômicos, podemos discernir vários temas. O primeiro deles é o da beleza e proporção, que exerceu grande fascínio sobre os artistas da Renascença. Eles viam a proporção na pintura, na escultura e na arquitetura como a essência da harmonia e da beleza; e houve muitas tentativas de estabelecer um cânone de proporções para a figura humana. Leonardo se lançou nesse projeto com seu costumeiro vigor e atenção aos detalhes, tomando uma pletora de medições para estabelecer um sistema abrangente de correspondências entre todas as partes do corpo. Ao mesmo tempo, explorou a relação entre proporção e beleza em suas pinturas. "As belas proporções de uma face angelical na pintura", escreveu, "produzem uma concordância harmônica, que alcança o olho assim como [um acorde em] música produz efeito sobre o ouvido."[47]

O segundo grande tema da pesquisa anatômica de Leonardo foi o corpo humano em movimento. Como mostramos anteriormente, a ciência das formas vivas de Leonardo é uma ciência de movimento e transformação, seja no estudo de montanhas, rios, plantas ou do corpo humano. Assim, compreender a forma humana significava para ele compreender o corpo em movimento. Demonstrou em incontáveis desenhos elaborados e estonteantes como nervos, músculos, tendões e ossos trabalham juntos para mover o corpo.

INSTRUMENTOS MECÂNICOS DA NATUREZA

Leonardo nunca pensou no corpo humano como uma máquina.[48] Contudo, reconheceu claramente que as anatomias de animais e humanos envolvem funções mecânicas. Em seus desenhos anatômicos, algumas vezes substituiu músculos por linhas ou fios para demonstrar melhor as direções de suas forças (ver figura 11 na p. 33 e figura 9-4 na p. 258). Mostrou como as juntas operam como dobradiças e aplicou o princípio de alavancas para explicar o movimento dos membros. "A natureza não pode dar movimento aos animais sem instrumentos mecânicos", afirmou.[49] Assim, percebeu que para compreender os movimentos do corpo animal precisava explorar as leis da mecânica. De fato, para Leonardo, este era o papel mais importante desse ramo da ciência: "A ciência instrumental ou mecânica é muito nobre e mais útil do que todas as outras, pois por meio dela todos os corpos animados que têm movimento realizam todas as suas operações".[50]

Para investigar a mecânica dos músculos, tendões e ossos, Leonardo mergulhou em um longo estudo da "ciência dos pesos", conhecida hoje como estática, que lida com a análise de cargas e forças em sistemas físicos em equilíbrio estático, tais como balanças, alavancas e polias. Na Renascença, esse conhecimento era crucial para arquitetos e engenheiros, assim como hoje, e a ciência medieval dos pesos abarcava uma vasta coleção de trabalhos compilados no fim do século XIII e XIV.

Como de costume, Leonardo absorveu as idéias-chave dos melhores textos e também dos mais originais, comentou sobre muitos de seus postulados em seus cadernos de notas, verificou-os com experiências, e refutou algumas provas incorretas.[51] A clássica lei da alavanca, em particular, aparece várias vezes nos cadernos de notas. No Codex Atlanticus, por exemplo, Leonardo afirma: "A proporção dos pesos que sustentam os braços de uma balança paralela ao horizonte é a mesma dos braços, porém inversa".[52]

Leonardo aplicou esta lei para calcular as forças e pesos necessários para estabelecer o equilíbrio em diversos sistemas simples e compostos envolvendo balanças, alavancas, polias e vigas penduradas em cordas.[53] Além disso, analisou cuidadosamente as tensões em vários segmentos das cordas, provavelmente com o propósito de estimar tensões similares nos músculos e tendões dos membros humanos.

Leonardo aplicou a lei da alavanca não apenas em situações nas quais as forças agem em uma direção perpendicular aos braços da alavanca, mas também naquelas em que as forças agem em vários ângulos. O Codex Arundel e o Manuscrito E, em particular, contêm vários diagramas de complexidades variáveis com pesos exercendo força em diferentes ângulos por cordas e polias. Reconheceu que, em tais casos, a distância relevante na lei da alavanca não é a distância do braço da alavanca em si mas a distância perpendicular da linha de força ao eixo de rotação. Chamou essa distância de "braço de alavanca potencial" (*braccio potenziale*) e marcou-a claramente em muitos diagramas. Na estática moderna, o braço de alavanca potencial é conhecido como o "braço de momento" e o produto do braço de momento e da força é chamado de "momento", ou "torque". A descoberta de Leonardo do princípio de que a soma dos momentos em qualquer ponto tem de ser igual a zero para um sistema estar em equilíbrio estático foi sua contribuição mais original à estática. Foi muito além da ciência medieval dos pesos de sua época.

MÁQUINAS DE LEONARDO

Leonardo aplicou seu conhecimento de mecânica não apenas a suas investigações dos movimentos do corpo humano, mas também a seus estudos de máquinas.[54] De fato, a singularidade de seu gênio reside em sua síntese de arte, ciência e criação. Durante a sua vida, foi famoso como artista, e também como engenheiro mecânico brilhante, que inventou e projetou incontáveis máquinas e dispositivos, que implicavam não raro inovações que estavam séculos à frente de seu tempo.[55] Hoje, os desenhos técnicos de Leonardo são exibidos com freqüência no mundo todo, acompanhados por modelos de madeira que mostram com detalhe impressionante como as máquinas funcionam do modo que Leonardo havia pretendido.[56]

Como indicamos anteriormente, Leonardo foi o primeiro a separar mecanismos individuais das máquinas nas quais eles estavam embutidos.[57] Nesses estudos, sempre insistiu que qualquer melhoria dos dispositivos existentes precisa ser baseada no conhecimento sólido dos princípios de mecânica. Prestou atenção especial à transmissão de força e movimento de um plano a outro, que era um grande desafio para a engenharia da Renascença. Em seu projeto de uma máquina de fresar movida pela água (ver figura 8-3 na p. 227), o movimento é transmitido três vezes entre eixos horizontais e verticais com a ajuda de uma combinação de rodas dentadas e engrenagens helicoidais. A transferência correspondente de força é indicada claramente por Leonardo em um pequeno diagrama abaixo do desenho principal.[58]

Entre as muitas inovações mecânicas de Leonardo, há muitas implicadas na conversão do movimento rotatório de uma manivela em movimento direto para a frente e para trás, que poderia ser usado, por exemplo, em processos automáticos de manufaturação.[59] E há o bem conhecido e extremamente engenhoso projeto de Leonardo de um guindaste de duas roldanas (Fig 2-3 na p. 63), que realiza a conversão oposta: o movimento de uma alavanca de operação vertical balançando para a frente e para trás é convertido no içamento suave de uma carga pesada por meio de duas roldanas dentadas e uma engrenagem-lanterna. Esse é um dos desenhos técnicos mais famosos de Leonardo. Mostra o mecanismo tanto em sua forma montada como em vista explodida, que expõe a combinação complexa de engrenagens e placas.[60]

Na Renascença, guindastes, gruas e outras máquinas eram feitos de madeira, e o atrito entre suas partes móveis era um grande problema. Leonardo inventou vários dispositivos sofisticados para reduzir o atrito e o desgaste, in-

Figura 6-5: Mancal de bola rotatória; Codex Madri I, fólio 20v; modelo por Muséo Techni, Montreal, 1987.

cluindo sistemas automáticos de lubrificação, mancais ajustáveis e roletes móveis de formas variadas — esferas, cilindros, cones truncados, etc. A figura 6-5 mostra um belo exemplo de mancal rotatório composto de oito hastes de lados côncavos girando em seus próprios eixos, intercalado por bolas que giram livremente mas são impedidas de movimentos laterais pelas hastes. Quando uma plataforma é colocada nesse mancal de bola, o atrito é reduzido de modo que a plataforma pode ser girada facilmente mesmo com uma carga pesada.

Todos os grandes engenheiros da Renascença estavam cientes dos efeitos do atrito, mas Leonardo foi o único que empreendeu estudos empíricos sistemáticos das forças de atrito. Descobriu por experiência que, quando um objeto desliza contra uma superfície, o coeficiente de atrito é determinado por três fatores: a aspereza das superfícies, o peso do objeto, e o ângulo de um plano inclinado:

> Para saber com precisão a quantidade de peso requerida para mover cem libras em uma rua em declive, é preciso conhecer a natureza do contato que esse peso terá na superfície de atrito em seu movimento, porque diferentes corpos têm diferentes atritos (...)

> Diferentes declives compõem diferentes graus de resistência ao contato; porque, se o peso que precisa ser movido está ao nível do chão e tem de ser arrastado, sem dúvida estará na primeira força de resistência, porque tudo repousa sobre a terra e nada na corda que precisa movê-la... Mas você sabe que, se alguém puxá-la direto para cima, raspando e tocando levemente uma parede perpendicular, o peso estará quase todo na corda que o puxa, e muito pouco na parede na qual ela resvala.[61]

As conclusões de Leonardo são totalmente corroboradas pela mecânica moderna. Hoje, a força de atrito é definida como o produto do coeficiente de atrito (medindo a aspereza das superfícies) e a força perpendicular à superfície de contato (que depende tanto do peso do objeto como da inclinação da superfície).

Os estudos de Leonardo de transmissão de força levaram-no a investigar a crença medieval de que a energia poderia ser dominada por meio de mecanismos de moto-perpétuo. A princípio, ele acatou a idéia. Projetou uma série de mecanismos para manter a água em moto-perpétuo por meio de diversos sistemas de realimentação. Mas acabou percebendo que todo sistema mecânico perde gradualmente a sua energia por causa do atrito. Por fim, Leonardo zombou das tentativas de construir mecanismos de moto-perpétuo: "Descobri em meio às inúmeras e vãs ilusões dos homens", escreveu no Codex Madri, "a busca por movimento contínuo, que é chamado por alguns de moto-perpétuo".[62]

Leonardo estendeu seu entusiástico interesse pelo atrito a seus vastos estudos da mecânica dos fluidos. O Codex Madri contém registros meticulosos de suas investigações e análises da resistência da água e do ar a corpos sólidos em movimento, bem como da água e do fogo movendo-se no ar.[63] Ciente do atrito interno dos fluidos, conhecido como viscosidade, Leonardo dedicou diversas páginas dos seus cadernos de notas à análise dos seus efeitos nos fluidos. "A água tem sempre uma coesão em si mesma", escreveu no Codex Leicester, "e ela será mais potente quanto mais viscosa se tornar."[64]

A resistência do ar era de especial interesse para Leonardo, porque tinha um papel importante em uma de suas grandes paixões — o vôo dos pássaros e o projeto de máquinas voadoras. "Para apresentar a verdadeira ciência do movimento dos pássaros no ar", declarou, "é necessário primeiro apresentar a ciência dos ventos."[65]

O SONHO DE VOAR

O sonho de voar como um pássaro é tão antigo quanto a própria humanidade. Mas ninguém o perseguiu com mais intensidade, perseverança e dedicação à pesquisa meticulosa do que Leonardo da Vinci. Sua "ciência de vôo" envolvia diversas disciplinas — da dinâmica de fluidos a anatomia humana, mecânica, anatomia dos pássaros e engenharia mecânica. Empenhou-se diligentemente nesses estudos ao longo da maior parte de sua vida, dos primeiros anos de seu aprendizado em Florença a sua velhice em Roma.[66]

O primeiro período intenso de pesquisa de máquinas de vôo teve início no começo dos anos de 1490, cerca de uma década depois da chegada de Leonardo em Milão.[67] Seus experimentos durante esse período combinavam mecânica e anatomia do corpo humano. Investigou cuidadosamente e mediu a capacidade do corpo em produzir a força necessária para descobrir como um piloto humano poderia ser capaz de levantar uma máquina voadora do chão batendo suas asas mecânicas.

Leonardo percebeu que o ar sob a asa de um pássaro é comprimido pela batida para baixo. "Veja como as asas, batendo contra o ar, sustentam a pesa-

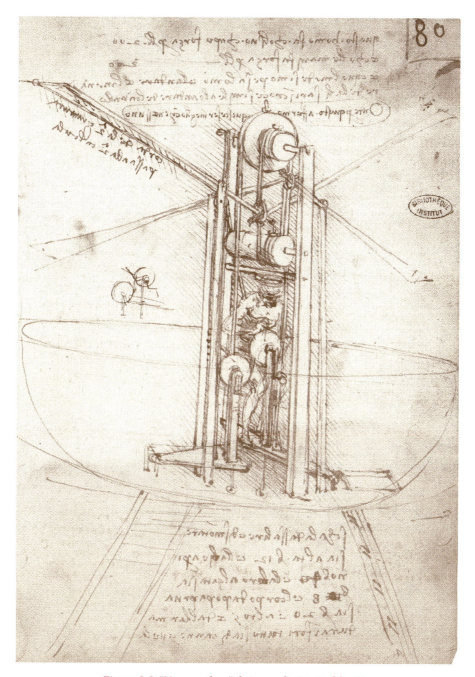

Figura 6-6: "Nave voadora" de Leonardo; Ms. B, fólio 80r

da águia no ar rarefeito das alturas", anotou no Codex Atlanticus, e então acrescentou essa extraordinária observação: "A quantidade de força exercida pelo objeto contra o ar é a mesma da força exercida pelo ar contra o objeto".[68] A observação de Leonardo foi reformulada por Isaac Newton duzentos anos depois e desde então ficou conhecida como a terceira lei de Newton.[69]

O resultado dessas investigações foi a assim chamada "nave voadora" de Leonardo, seu primeiro projeto de uma máquina voadora (ver figura 6-6). Do ponto de vista humano, o projeto é bastante estranho. Agachado no centro da embarcação, o piloto gera a força necessária empurrando dois pedais com os pés e ao mesmo tempo gira duas manivelas com as mãos. Como salienta o historiador Domenico Laurenza: "Não se encontra nenhuma anotação, nenhuma menção (...) de como o piloto guiará a máquina no vôo; ele se torna quase um piloto automático: tem de simplesmente gerar a força para levantá-la do chão".[70]

Durante esses anos, Leonardo projetou uma série de máquinas voadoras muito mais realistas nas quais o piloto posiciona-se horizontalmente (ver figura 6-7). Esses projetos implicam movimentos mais variados e sutis. Braços e pernas são usados para bater as asas. Outros movimentos fazem com que as asas girem sobre o próprio eixo, angulando-as na batida para cima e abrindo-as no ar na batida para baixo, como os pássaros fazem quando batem as asas em vôo. Há ainda outros movimentos para manter o equilíbrio e para mudar a direção.

Esses desenhos (no Manuscrito B e no Codex Atlanticus) representam seus projetos mais sofisticados de máquinas voadoras. Tornaram-se a base de diversos modelos construídos por engenheiros modernos.[71] A figura 6-8 mostra um desses modelos, construído com os materiais disponíveis na Renascença. Infelizmente, as limitações desses materiais — longarinas de madeira, juntas e tiras de couro, e forro de tecido cru — deixam claro por que Leonardo não pôde criar um modelo viável de suas máquinas voadoras, ainda que estivessem fundamentadas em princípios aerodinâmicos sólidos. O peso combinado da máquina e seu piloto era simplesmente grande demais para ser levantado pela musculatura humana.

Com o tempo, Leonardo tomou consciência de que não poderia obter a razão entre força e peso requerida para um vôo bem-sucedido. Dez anos após seus experimentos com máquinas voadoras em Milão, entrou em outro período intenso de pesquisa em Florença, com observações cuidadosas e metódicas do vôo dos pássaros até os mais sutis detalhes anatômicos e aerodinâmicos.[72]

No caderno resultante, Codex sobre o Vôo dos Pássaros, Leonardo conclui que o vôo humano com asas mecânicas poderia ser impossível devido às

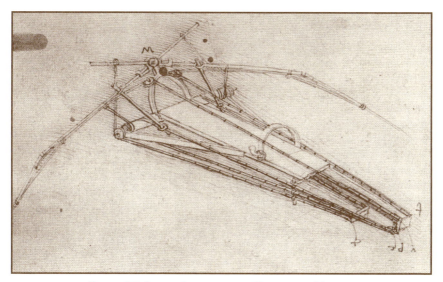

Figura 6-7: Projeto de máquina voadora, Ms. B, fólio 74v

limitações da nossa anatomia. Pássaros têm poderosos músculos peitorais, constata, que lhes permitem fugir rapidamente de predadores, ou carregar presas pesadas, mas precisam apenas de uma fração daquela força para sustentarem-se no ar durante o vôo normal.[73]

Suas observações levaram-no a especular que, mesmo que os seres humanos não sejam capazes de voar batendo asas mecânicas, o "vôo planado", ou *gliding*, seria possível, pois requer muito menos força. Durante seus últimos anos em Florença, começou a experimentar com projetos de máquinas voadoras com asas fixas, semelhante à asa-delta moderna.

Com base nesses projetos, engenheiros britânicos construíram recentemente um planador e testaram-no com sucesso em um vôo nas formações de greda no sudeste da Inglaterra conhecidas como Sussex Downs. Esse vôo inaugural do "planador de Leonardo", segundo relatos, superou as primeiras tentativas dos irmãos Wright em 1900.[74]

Apesar das máquinas com asas mecânicas móveis não terem sido destinadas ao vôo, os modelos construídos a partir dos projetos de Leonardo são testemunhos extraordinários de seu gênio como cientista e engenheiro. Nas palavras do historiador de arte Martin Kemp: "Usando sistemas mecânicos, as asas batem com muito da graça sinuosa e ameaçadora de uma gigantesca ave de rapina (...) os projetos [de Leonardo] conservam seu poder conceitual como expressões arquetípicas do desejo do homem de emular os pássaros, e con-

Figura 6-8: Modelo de uma máquina voadora, Museu de História da Ciência, Florença

tinuam capazes de maravilhar mesmo o público moderno, para quem a visão de toneladas de metal voando pelo ar tornou-se rotineira".[75]

O MISTÉRIO DA VIDA HUMANA

O terceiro grande tema da pesquisa anatômica de Leonardo (além dos temas de harmonia e proporção, e o corpo em movimento) é sua persistente busca para compreender a essência da vida. É o *leitmotiv* de suas anatomias de órgãos internos do corpo e, em particular, de suas investigações do coração — o órgão que foi o principal símbolo da existência humana e vida emocional no decorrer das eras.

Os cuidadosos e pacientes estudos de Leonardo acerca dos movimentos do coração e do fluxo sangüíneo, empreendidos na maturidade, são o ápice de seu trabalho anatômico. Ele não apenas compreendeu e retratou o coração como ninguém antes dele, mas também observou as sutilezas em suas funções e do fluxo sangüíneo que escapariam aos pesquisadores de medicina por séculos.

Como não via o corpo como uma máquina, a preocupação central de Leonardo não era o transporte mecânico do sangue, mas os problemas gêmeos, como ele os via, de como as ações do coração mantinham o sangue à temperatura do corpo e produziam os "espíritos vitais" que nos mantêm vivos. Aceitou a antiga noção de que esses espíritos vitais surgem de uma mistura de sangue e ar — o que é essencialmente correto, se os identificarmos com o sangue oxigenado — e desenvolveu uma teoria engenhosa para resolver ambos os problemas.

Na ausência de qualquer conhecimento de química, Leonardo usou seu vasto conhecimento das turbulências da água e do ar, e do papel do atrito, em sua tentativa de explicar a origem tanto da mistura de sangue e ar como da temperatura do corpo. Isso incluía uma descrição meticulosa de muitas características sutis do fluxo sangüíneo — como as ações coordenadas das quatro câmaras do coração (quando todos os seus contemporâneos conheciam apenas duas) e as correspondentes ações sincronizadas das válvulas coronárias — retratadas em uma série de magníficos desenhos. De acordo com Kenneth Keele, eminente médico e estudioso de Leonardo,

> Os êxitos de Leonardo na anatomia cardíaca [são] tão importantes que há aspectos de seu trabalho que ainda não foram igualados pela moderna ilustração anatômica (...). Sua prática coerente da ilustração do coração e suas válvulas, tanto em sístole como em diástole, com uma comparação da posição das partes, nunca foi equiparada por qualquer compêndio de anatomia.[76]

Leonardo deixou escapar alguns detalhes cruciais da mecânica da circulação sangüínea, descobertos por William Harvey cem anos depois, e sem a química não poderia explicar a troca de oxigênio entre o sangue e os tecidos dos pulmões e do corpo. Mas, espantosamente, reconheceu muitas características sutis do metabolismo celular sem nem mesmo ter conhecimento das células — por exemplo, que a energia térmica mantém os processos metabólicos, que o oxigênio (os "espíritos vitais") os sustentam, que há um fluxo constante de oxigênio do coração à periferia do corpo, e que o sangue retorna com produtos residuais do metabolismo dos tecidos. Em outras palavras, Leonardo desenvolveu uma teoria do funcionamento do coração e do fluxo sangüíneo que lhe permitiu compreender algumas das características essenciais da vida biológica.

Durante a última década de sua vida, enquanto se dedicava aos seus estudos mais avançados do coração humano, Leonardo também se interessou profundamente por outro aspecto do mistério da vida — sua origem nos processos de reprodução e desenvolvimento embrionário. É evidente pelo grandioso esboço de um tratado planejado (mas nunca concretizado) sobre os movimentos do corpo, escrito cerca de vinte anos antes, que ele sempre considerou a embriologia como uma parte essencial de seus estudos do corpo humano. Esse longo e detalhado esboço começa com a seguinte declaração arrebatadora:

> Este trabalho deve começar com a concepção do homem, e descrever a natureza do ventre, como a criança vive nele, e até que estágio aí reside, de que modo adquire vida e alimento, seu crescimento, e que intervalo há entre um estágio de crescimento e outro, e o que o expulsa para fora do corpo materno.[77]

Os estudos embriológicos de Leonardo, baseados em grande parte nas dissecções de vacas e ovelhas, incluíam a maioria dos tópicos listados e levaram-no a observações e conclusões dignas de nota. Enquanto a maioria das autoridades de sua época acreditava que todas as características herdadas tinham origem no pai, ele assegurava inequivocamente: "a semente da mãe tem poder igual à semente do pai no embrião".[78]

Descreveu os processos vitais do feto no ventre, inclusive sua nutrição pelo cordão umbilical, com detalhes impressionantes. Também fez uma série de medições em fetos animais para determinar suas taxas de crescimento. Os desenhos embriológicos de Leonardo são revelações graciosas e tocantes dos mistérios que cercam as origens da vida humana (ver figura E-1 na p. 267). Nas palavras do médico Sherwin Nuland,

> [Seu] retrato de um feto de cinco meses no ventre é muito belo (...). É uma obra-prima de arte e, considerando quão pouco se sabia sobre embriologia naquela época, também uma obra-prima de percepção científica.[79]

Leonardo sabia muito bem que, em última análise, a natureza e a origem da vida permaneceriam um mistério, a despeito de quão brilhante fosse sua mente científica. "A natureza é repleta de causas infinitas que nunca ocorreram em experiências",[80] declarou perto dos 50 anos, e conforme envelhecia, seu sentido de mistério se aprofundava. Quase todas as figuras em suas últimas pinturas possuem aquele sorriso que exprime o inefável, muitas vezes combinado com um dedo apontando. "Para Leonardo, o mistério", escreveu Kenneth Clark, "era uma sombra, um sorriso e um dedo apontado para a escuridão."[81]

SETE

Geometria Feita com Movimento

Leonardo estava bem ciente do papel crucial da matemática na formulação de idéias científicas e no registro e avaliação de experimentos. "Não existe certeza alguma", escreveu em seus cadernos de notas, "daquelas ciências nas quais não se possa aplicar qualquer uma das ciências matemáticas, ou mesmo àquelas que não estão relacionadas às ciências matemáticas em muitos casos."[1] Em seus Estudos Anatômicos declarou, em uma evidente homenagem a Platão, "Não deixe homem algum que não seja matemático ler meus princípios".[2]

A abordagem de Leonardo com relação à matemática era a de um cientista, não de um matemático. Queria usar a linguagem matemática para dar consistência e rigor às descrições de suas observações científicas. Contudo, em sua época não havia linguagem matemática apropriada para expressar o tipo de ciência que ele estava desenvolvendo — explorações das formas da natureza em seus movimentos e transformações. Assim, Leonardo usou seus poderes de observação e sua intuição privilegiada para experimentar novas técnicas que prenunciavam ramos da matemática que só seriam desenvolvidos séculos depois. Isso inclui a teoria das funções e os campos do cálculo integral e da topologia, como discutiremos abaixo.

Os diagramas matemáticos e anotações de Leonardo estão dispersos em seus cadernos de notas. Muitos deles ainda não foram totalmente avaliados. Enquanto temos livros esclarecedores de médicos sobre seus estudos anatômicos e análises detalhadas de seus desenhos botânicos feitas por botânicos, um volume abrangente sobre seus trabalhos matemáticos feito por um matemático profissional ainda precisa ser escrito. Aqui, posso dar apenas um breve resumo desse lado fascinante do gênio de Leonardo.

GEOMETRIA E ÁLGEBRA

Na Renascença, como vimos, a matemática consistia de dois ramos principais, geometria e álgebra, a primeira herdada dos gregos, enquanto que a última havia sido desenvolvida principalmente por matemáticos árabes.[3] A geometria era considerada mais fundamental, especialmente entre os artistas da Renascença, para quem ela representava as bases da perspectiva e, portanto, o sustentáculo matemático da pintura.[4] Leonardo partilhava totalmente dessa visão. Uma vez que sua abordagem da ciência era amplamente visual, não admira que todo seu pensamento matemático fosse geométrico. Ele nunca avançou muito na álgebra e, de fato, cometeu com freqüência erros e deslizes em cálculos aritméticos simples. A matemática que realmente lhe interessava era a geometria, o que é evidente pelo seu elogio do olho como "o príncipe da matemática".[5]

E nisso não estava sozinho. Até para Galileu, cem anos depois de Leonardo, a linguagem matemática significava essencialmente a linguagem da geometria. "A filosofia é escrita naquele grande livro que sempre está diante dos nossos olhos", escreveu Galileu em uma passagem muito citada. "Mas não podemos compreendê-la se não aprendermos primeiro a linguagem e os caracteres nos quais ela está escrita. Essa linguagem é a matemática, e os caracteres são triângulos, círculos e outras figuras geométricas."[6]

Como a maioria dos matemáticos de sua época, Leonardo não raro usava figuras geométricas para representar relações algébricas. Um exemplo simples mas muito engenhoso é seu uso generalizado de triângulos e pirâmides para ilustrar progressões aritméticas e, mais geralmente, o que agora chamamos de funções lineares.[7] Ele estava familiarizado com o uso de pirâmides para representar proporções lineares de seus estudos de perspectiva, nas quais observou que "Todas as coisas transmitem ao olho sua imagem por meio de uma pirâmide de linhas. Por 'pirâmide de linhas' me refiro àquelas linhas que, a partir dos contornos da superfície de cada objeto, convergem à distância e encontram-se em um único ponto (...) localizado no olho".[8]

Em suas anotações, Leonardo muitas vezes representou tal pirâmide, ou cone, em uma seção vertical, isto é, simplesmente como um triângulo, no qual

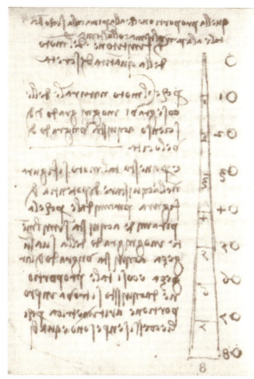

Figura 7-1: A "lei piramidal"; Ms. M, fólio 59v

a base do triângulo representa a extremidade de um objeto, e seu vértice, um ponto no olho. Leonardo usou então essa figura geométrica — o triângulo isósceles (isto é, um triângulo com dois lados iguais) — para representar progressões aritméticas e relações algébricas lineares, estabelecendo assim um elo visual entre as proporções de perspectiva e relações quantitativas em muitos campos da ciência, por exemplo, o aumento da velocidade de corpos em queda em função do tempo, discutido abaixo.

Ele sabia pela geometria euclidiana que em uma seqüência de triângulos isósceles com bases a distâncias iguais do vértice, as medidas dessas bases, bem como as distâncias de seus pontos terminais a partir do vértice, formam progressões aritméticas. Chamou tais triângulos de "pirâmides" e, de acordo com isso, referiu-se à progressão aritmética como "piramidal".

Leonardo ilustrou várias vezes essa técnica em seus cadernos de notas. Por exemplo, no Manuscrito M desenha uma "pirâmide" (triângulo isósceles) com uma seqüência de bases, nomeadas com pequenos círculos e números de 1 a 8 (ver figura 7-1). Dentro do triângulo, também indica as medidas das bases em aumento progressivo de 1 a 8. No texto que o acompanha, dá uma clara definição de progressão aritmética: "A pirâmide (...) adquire em cada grau de seu comprimento um grau de largura, e tal aquisição proporcional é encontrada na proporção aritmética, porque as partes que excedem são sempre iguais".[9]

Leonardo usa esse diagrama em particular para ilustrar o aumento da velocidade dos corpos em queda em função do tempo. "O movimento natural dos corpos pesados", explica, "adquire um grau de velocidade a cada grau de sua descida. Por essa razão, tal movimento, conforme adquire força, é representado pela figura de uma pirâmide."[10] Sabemos que a frase "cada grau de sua descida" refere-se a unidades de tempo, porque em uma página anterior do mesmo caderno, ele escreve: "A gravidade que desce livremente em cada grau de tempo adquire (...) um grau de velocidade".[11] Em outras palavras, Leonardo está estabelecendo a lei matemática de que entre corpos e queda livre há uma relação linear de velocidade e tempo.[12]

Na linguagem matemática de hoje, dizemos que a velocidade de um corpo em queda é uma função linear de tempo, e escrevemos simbolicamente como v = gt, onde g indica a aceleração gravitacional constante. Essa linguagem não estava disponível para Leonardo. O conceito de função como relação entre variáveis foi desenvolvido apenas no fim do século XVII. Mesmo Galileu descreveu a relação funcional entre velocidade e tempo de um corpo em queda com palavras e na linguagem da proporção, como fez Leonardo 140 anos antes dele.[13]

Na maior parte de sua vida, Leonardo acreditou que sua progressão "piramidal" fosse uma lei matemática universal descrevendo todas as relações quantitativas entre variáveis físicas. Descobriu apenas tardiamente em sua vida que há outros tipos de relações funcionais entre variáveis físicas, e que algumas delas também poderiam ser representadas por pirâmides. Por exemplo, percebeu que uma quantidade podia variar com o quadrado de outra variável, e que essa relação também estava incorporada na geometria das pirâmides. Em uma seqüência de pirâmides quadradas com um vértice comum, as áreas das bases são proporcionais aos quadrados de suas distâncias a partir do vértice. Como Kenneth Keele notou, não pode haver dúvida de que com o tempo Leonardo teria revisado e estendido muitas aplicações de sua lei piramidal à luz de suas novas descobertas.[14] Mas como veremos, Leonardo preferiu explorar um tipo diferente de matemática durante os últimos anos de sua vida.

DESENHOS COMO DIAGRAMAS

Leonardo percebeu muito cedo que a matemática de sua época não era adequada para o registro dos resultados mais importantes de sua pesquisa científica — a descrição das formas vivas da natureza em seus movimentos e transmutações incessantes. Em vez de matemática, usou com freqüência sua excepcional facilidade com o desenho para documentar graficamente suas observações em pinturas que são muitas vezes admiravelmente belas e, ao mesmo tempo, assumem o papel de diagramas matemáticos.

Figura 7-2: "*Água caindo sobre água*", c. 1508-1509, Coleção Windsor, *Paisagens, Plantas e Estudos da Água, fólio 42r*

Seu famoso desenho da "Água caindo sobre água" (Fig. 7-2), por exemplo, não é um retrato realista de um jato de água caindo em um poço mas um diagrama elaborado da análise de Leonardo dos diversos tipos de turbulência causados pelo impacto do jato.[15]

De modo semelhante, os desenhos anatômicos de Leonardo, que ele chamava de "demonstrações", nem sempre são retratos fiéis do que poderia ser visto em uma dissecção. Muitas vezes, são representações diagramáticas das relações funcionais entre várias partes do corpo.[16]

Por exemplo, em uma série de desenhos das estruturas internas do ombro (Fig. 7-3), Leonardo combina diferentes técnicas gráficas — partes individuais mostradas separadas do todo, músculos seccionados para expor os ossos, partes rotuladas com letras, diagramas mostrando linhas de força, entre outros — para demonstrar as extensões espaciais e relações funcionais mútuas de formas anatômicas. Esses desenhos mostram claramente características de diagramas matemáticos, usados na disciplina da anatomia.

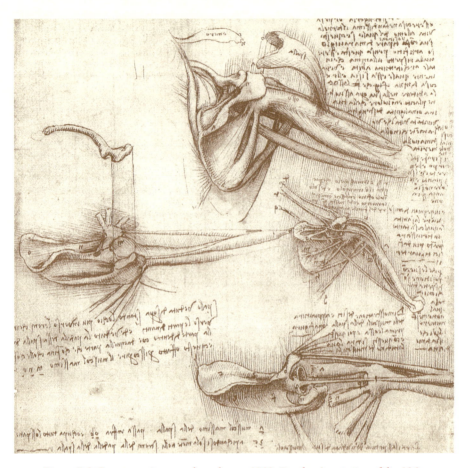

Figura 7-3: Estruturas internas do ombro, c. 1509, Estudos Anatômicos, fólio 136r

Os desenhos científicos de Leonardo — quer representem elementos de máquinas, estruturas anatômicas, formações geológicas, turbulências na água, ou detalhes botânicos — nunca eram representações realistas de uma única observação. Ao contrário, são sínteses de repetidas observações, dispostas na forma de modelos teóricos. Daniel Arasse faz uma observação interessante: quando Leonardo reproduzia objetos com seus contornos precisos, essas pinturas representavam modelos conceituais em vez de imagens realistas. E quando produzia imagens realistas de objetos, borrava os contornos com sua famosa técnica de *sfumato*, para representá-las como de fato aparecem ao olho humano.[17]

GEOMETRIA EM MOVIMENTO

Além de usar suas fenomenais habilidades de desenho, Leonardo também buscou uma abordagem matemática mais formal para representar as formas da natureza. Interessou-se seriamente pela matemática quando estava no fim dos seus 30 anos, após sua visita à biblioteca de Pavia. Aprofundou seus estudos de geometria euclidiana poucos anos depois com a ajuda do matemático e amigo Luca Pacioli.[18] Por cerca de oito anos, passou diligentemente pelos volumes dos *Elementos* de Euclides, e estudou diversas obras de Arquimedes. Mas foi além de Euclides em seus próprios desenhos e anotações. Como Kenneth Clark observou, "a ordem euclidiana não podia satisfazer Leonardo por muito tempo, pois era irreconciliável com sua percepção da vida".[19]

O que Leonardo achou especialmente atrativo na geometria foi seu potencial em lidar com variáveis contínuas. "As ciências matemáticas (...) são apenas duas", escreveu no Codex Madri, "das quais a primeira é a aritmética, a segunda é a geometria. Uma engloba as quantidades descontínuas [isto é, variáveis], a outra, as contínuas."[20] Era evidente para Leonardo que uma matemática de quantidades contínuas seria necessária para descrever os movimentos e transformações incessantes na natureza. No século XVII, matemáticos desenvolveram a teoria das funções e o cálculo diferencial para esse mesmo propósito.[21] Em vez dessas sofisticadas ferramentas matemáticas, Leonardo tinha apenas a geometria à sua disposição, mas expandiu-a e experimentou com novas interpretações e novas formas de geometria que prenunciaram desenvolvimentos subseqüentes.

Ao contrário da geometria euclidiana de figuras estáticas, rígidas, a concepção de relações geométricas de Leonardo é inerentemente dinâmica. Isso é evidente mesmo a partir de suas definições dos elementos geométricos básicos. "A linha é feita com o movimento do ponto", declara. "A superfície é feita pelo movimento transverso da linha; (...) o corpo é feito pelo movimento da extensão da superfície."[22] No século XX, o pintor e teórico de arte Paul Klee usou palavras quase idênticas para definir linha, plano e corpo em uma passagem que ainda hoje é usada para ensinar a estudantes os elementos primários do desenho arquitetônico:

> O ponto se move (...) e surge a linha — a primeira dimensão. Se a linha muda para formar um plano, obtemos um elemento bidimensional. No movimento de plano a espaços, o choque de planos faz surgir o corpo.[23]

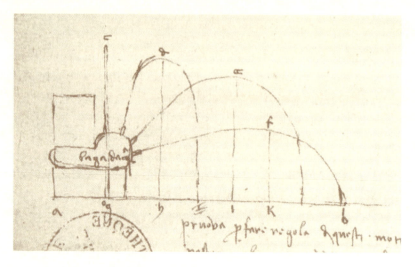

Figura 7-4: Série de jatos de água expelidos de uma bolsa pressurizada, Ms. C, fólio 7r (Os lados foram invertidos para tornar a semelhança com diagramas modernos de curvas mais evidente)

Leonardo também desenhou analogias entre um segmento de reta e uma duração de tempo: "A linha reta é similar a uma distância de tempo, e do mesmo modo como os pontos são o começo e fim da linha, assim também os instantes são os pontos extremos de qualquer extensão de tempo dada".[24] Dois séculos depois, essa analogia tornou-se a base do conceito de tempo como coordenada na geometria analítica de Descartes e no cálculo de Newton.

Como a matemática Matilde Macagno destaca,[25] por um lado, Leonardo usa a geometria para estudar trajetórias e vários tipos de movimentos complexos em fenômenos naturais; por outro lado, usa o movimento como ferramenta para demonstrar teoremas geométricos. Chamou sua abordagem de "geometria que se demonstra com movimento" (*geometria che si prova col moto*), ou "que se faz com movimento" (*che si fa col moto*).[26]

Os cadernos de notas de Leonardo contêm um grande número de desenhos e discussões de trajetórias de todos os tipos, incluindo trajeto de vôo de projéteis, bolas ricocheteando em paredes, jatos de água descendo pelo ar e caindo em poços, jatos ricocheteando em um tanque de água, e a propagação do som e sua reverberação como eco. Em todos esses casos, Leonardo presta cuidadosa atenção à geometria das trajetórias, suas curvas, ângulos de incidência e reflexão e assim por diante. De importância especial são os desenhos de séries de trajetórias que dependem de um único parâmetro; por exemplo, uma série de jatos de água que flui de uma bolsa pressurizada, gerada por diferentes inclinações de um esguicho (ver figura 7-4). Esses desenhos podem ser vistos como precursores geométricos do conceito de função de variáveis contínuas, dependentes de um parâmetro.

Os conceitos de funções, variáveis e parâmetros foram desenvolvidos gradualmente no século XVII a partir do estudo de curvas geométricas representando trajetórias, e foram formulados claramente apenas no século XVIII pelo grande matemático e filósofo Gottfried Wilhelm Leibniz.[27]

O segundo ramo bastante original da geometria de Leonardo é uma geometria de transformações contínuas de formas retilíneas e curvilíneas, que ocuparam-no intensamente durante os últimos doze anos de sua vida. A idéia central subjacente a esse novo tipo de geometria é a concepção de Leonardo tanto do movimento como da transformação como processos de transição contínua, nos quais os corpos deixam uma área no espaço e ocupam outra. "De tudo o que se move", explica, "o espaço que adquire é tão grande quanto o que deixa para trás."[28]

Leonardo viu essa conservação de volume como um princípio geral governando todas as mudanças e transformações das formas naturais, sejam corpos sólidos movendo-se no espaço ou corpos elásticos mudando de forma. Aplicou-o à análise de vários movimentos do corpo humano, em particular na contração dos músculos,[29] bem como no fluxo de água e outros líquidos. Aqui está como escreve sobre a correnteza de um rio: "Se a água não aumenta, nem diminui, em um rio, que pode ter sinuosidades, larguras e profundidades variáveis, a água passará em quantidades iguais em tempos iguais por cada grau do comprimento desse rio".[30]

A percepção de que o mesmo volume de água pode tomar um número infinito de formas pode muito bem ter inspirado Leonardo a buscar uma nova geometria dinâmica de transformações. É notável que suas primeiras explorações de tal geometria no Codex Forster coincidam com mais estudos de formas de ondas e redemoinhos na água corrente.[31] Leonardo evidentemente pensou que, ao desenvolver uma "geometria feita com movimento", com base na conservação de volume, ele poderia ser capaz de descrever os movimentos e transformações contínuas da água e outras formas naturais com precisão matemática. Metodicamente colocou-se a desenvolver tal geometria, e ao fazê-lo antecipou alguns desenvolvimentos importantes no pensamento matemático que só ocorreriam séculos mais tarde.

"DA TRANSFORMAÇÃO"

O objetivo final de Leonardo era aplicar sua geometria de transformações aos movimentos e mudanças das formas curvilíneas da água e outros corpos elásticos. Mas para desenvolver suas técnicas, começou com transformações de figuras retilíneas nas quais a conservação de áreas e volumes pode facilmente ser provada pela geometria euclidiana elementar. Assim fazendo, foi pioneiro de um método que se tornaria padrão na ciência nos séculos seguintes — desenvolver estruturas matemáticas com a ajuda de modelos simplificados antes de aplicá-los aos próprios fenômenos em estudo.

Muitos dos exemplos de transformações retilíneas de Leonardo estão contidos nos primeiros quarenta fólios do Codex Forster I sob o título de "Um livro intitulado 'Da Transformação', isto é, de um corpo em outro sem diminuição ou aumento de matéria".[32] Isso soa como conservação de massa, mas de fato todos os desenhos de Leonardo nesses fólios têm a ver com a conservação de área ou volume. Para corpos sólidos e líquidos incompressíveis, a conservação de volume realmente implica conservação de massa, e o seu título nos mostra que as explorações geométricas de Leonardo destinavam-se claramente ao estudo de tais corpos materiais.

Ele começa com transformações de triângulos, retângulos (os quais chama de "tampos de mesa") e paralelogramos. Sabe a partir da geometria euclidiana que dois triângulos ou paralelogramos com a mesma base e altura possuem a mesma área, mesmo quando suas formas são bastante diferentes. Então estende esse raciocínio às transformações em três dimensões, transformando cubos em prismas retangulares e comparando os volumes de pirâmides retas e inclinadas.

Em seu exemplo mais sofisticado, Leonardo transforma um dodecaedro — um sólido regular com doze faces pentagonais — em um

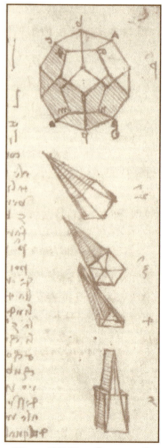

Figura 7-5: Transformação de um dodecaedro em um cubo, Codex Forster I, fólio 7r

cubo com volume idêntico. Faz isso em quatro passos ilustrados com clareza (ver figura 7-5): primeiro, divide o dodecaedro em doze pirâmides iguais com bases pentagonais; então divide cada uma dessas pirâmides em cinco pirâmides menores com bases triangulares, de modo que o dodecaedro possua agora sessenta pirâmides igualmente divididas; então transforma a base triangular de cada pirâmide em um retângulo de área igual, conservando assim o volume da pirâmide; e no último passo, dispõe engenhosamente as sessenta pirâmides retangulares em um cubo, que tem evidentemente o mesmo volume do dodecaedro original.

Para arrematar a demonstração, Leonardo reverte então os passos de todo o procedimento, começando com um cubo e terminando com um dodecaedro de igual volume. Desnecessário dizer, esse conjunto de transformações demonstra grande imaginação e enormes poderes de observação.

MAPEAMENTOS DE CURVAS E SUPERFÍCIES CURVAS

Tão logo Leonardo adquiriu confiança e destreza suficientes com as transformações de figuras retilíneas, dedicou-se ao tópico principal de suas explorações matemáticas — as transformações de figuras curvilíneas. Em um interessante exemplo "transicional", desenha um quadrado com um círculo inscrito e então transforma o quadrado em um paralelogramo, transformando assim o círculo em elipse. No mesmo fólio, transforma o quadrado em um retângulo, que prolonga o círculo em uma elipse diferente. Leonardo explica que a relação da *figura ovale* [elipse] com relação ao paralelogramo é a mesma do círculo com relação ao quadrado, e afirma que a área de uma elipse pode ser facilmente obtida se o círculo equivalente correto for encontrado.[33]

No decorrer de suas explorações de círculos e quadrados, Leonardo fez sua tentativa de resolver o problema de quadrar o círculo, que fascinava os matemáticos desde a Antigüidade. Em sua forma clássica, o desafio é construir um quadrado com uma área igual àquela de um círculo dado, e fazê-lo usando somente régua e compasso. Sabemos hoje que isso não é possível, mas incontáveis matemáticos profissionais e amadores tentaram. Leonardo trabalhou no problema por um período de mais de doze anos.

Em uma tentativa em particular, trabalhou à luz de vela noite adentro, e na aurora acreditava que havia finalmente encontrado a solução. "Na noite de Sto. André", registrou entusiasmado em seu caderno de notas, "encontrei por fim a quadratura do círculo; quando a luz da vela acesa à noite se extinguiu, e também o papel no qual escrevia, ela estava completa; ao cabo de uma hora."[34] Contudo, conforme o dia passava, chegou à conclusão de que aquela tentativa também havia sido em vão.

Ainda que Leonardo não tenha conseguido solucionar o clássico problema da quadratura do círculo, desenvolveu duas soluções engenhosas e não-ortodoxas, ambas reveladoras de seu pensamento matemático. Dividiu o círculo em um número de setores, os quais por sua vez são subdivididos em um triângulo e um pequeno segmento circular. Esses setores são então rearranjados de tal modo que formam um retângulo aproximado no qual o lado menor é igual ao raio do círculo (r) e o lado maior é igual à metade da circunferência (C/2). Como esse procedimento é feito com um número crescente de triângulos, a figura tenderá em direção a um retângulo verdadeiro com área igual àquela do círculo. Hoje, escreveríamos a fórmula para a área como $A = r (C/2) = r^2\pi$.

O último passo nesse processo envolve o conceito sutil de aproximação do limite de um número infinito de triângulos infinitamente pequenos, que foi compreendido somente no século XVII com o desenvolvimento do cálculo. Os matemáticos gregos todos evitavam processos e números infinitos, e assim foram incapazes de formular o conceito matemático de limite. É interessante, contudo, que Leonardo pareça ao menos ter tido uma percepção intuitiva dele. "Quadro o círculo menos a menor porção dele que o intelecto possa imaginar", escreveu nos manuscritos de Windsor, "isto é, o menor ponto perceptível."[35] No Codex Atlanticus afirmou: "Completei aqui vários modos de quadrar os círculos (...) e dei as regras para prosseguir ao infinito".[36]

O segundo método de Leonardo para quadrar o círculo é muito mais pragmático. Novamente, divide o círculo em muitos setores pequenos, mas então — talvez encorajado por sua percepção intuitiva do processo limitante no primeiro método — simplesmente arrola metade da circunferência em uma linha e constrói o retângulo de acordo com isso, seu lado menor sendo igual ao raio. Assim chega novamente à fórmula correta, que atribui corretamente a Arquimedes.[37]

O segundo método de Leonardo, que tanto seduziu sua mente prática, implica o que agora chamamos de mapeamento de uma curva em uma linha reta. Comparou-o à medição de distâncias com um rolamento, e também estendeu o processo a duas dimensões, mapeando várias superfícies curvas em planos.[38] Em diversos fólios do Manuscrito G, descreveu procedimentos para cilindros, cones e esferas rolantes em superfícies planas para encontrar suas áreas de superfície. Percebeu que cilindros e cones podem ser mapeados em um plano, linha por linha, sem qualquer distorção, enquanto isso não é possível para esferas. Mas experimentou diversos métodos de mapear aproximadamente uma esfera em um plano, o que corresponde ao problema do cartógrafo em encontrar mapas planos precisos para a superfície da Terra.

Um dos métodos de Leonardo implicava o desenho de círculos paralelos em uma porção da esfera, demarcando assim uma série de pequenas faixas, e então dispondo as faixas uma a uma, de modo que um triângulo aproximado fosse gerado no plano. As faixas eram provavelmente pintadas em seguida, de modo que deixavam uma impressão no papel. Como Matilde Macagno aponta, essa técnica prenuncia o desenvolvimento do cálculo integral, que começou no século XVII com várias tentativas de calcular as medidas de curvas, áreas de círculos e volumes de esferas.[39] De fato, alguns desses esforços implicavam a divisão de superfícies curvas em pequenos segmentos ao desenhar uma série de linhas paralelas, como Leonardo havia feito dois séculos antes.[40]

TRANSFORMAÇÕES CURVILÍNEAS

Na linguagem matemática de hoje, o conceito de mapeamento pode ser aplicado também à transformação de Leonardo de um círculo em uma elipse, na qual os pontos de uma curva são mapeados em outra junto com o mapeamento, sobre o paralelogramo, de todos os outros pontos correspondentes do quadrado. Alternativamente, a operação pode ser vista como uma transformação contínua — um movimento gradual, ou "fluxo", de uma figura a outra — que foi como Leonardo compreendeu sua "geometria feita com movimento". Usou essa abordagem de várias maneiras para transformar figuras retilíneas em curvilíneas de tal modo que suas áreas ou volumes fossem sempre conservados. Esses procedimentos são ilustrados e discutidos sistematicamente no Codex Madri II, mas há incontáveis desenhos relacionados espalhados pelos cadernos de notas.[41]

Leonardo usou essas transformações curvilíneas para experimentar com uma variedade sem fim de formas, transformando figuras planas retilíneas e corpos sólidos — cones, pirâmides, cilindros, etc. — em figuras curvilíneas "iguais". Em um interessante fólio do Codex Madri II, ilustra suas técnicas básicas ao esboçar diferentes transformações em uma única página (ver figura 7-6). No últi-

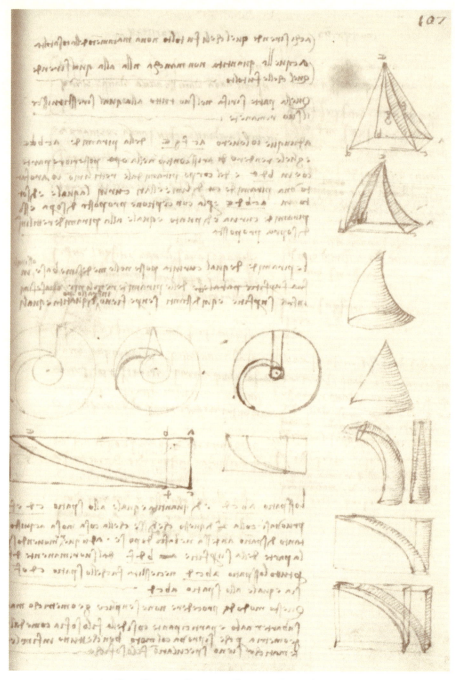

Figura 7-6: Catálogo das transformações de Leonardo, Codex Madri II, fólio 107r

mo parágrafo do texto nesse fólio, explica que esses são exemplos de "geometria que se demonstra com movimento" (*geometria che si prova col moto*).[42]

Como Macagno e outros observaram, alguns desses esboços, bem como alguns desenhos de falciformes pontiagudos, lembram muito as formas rodopiantes de substâncias em líquidos rotativos (por exemplo, xarope de chocolate mexido com leite), que Leonardo estudou de modo extensivo. Esse é outro forte indício de que seu objetivo final era usar sua geometria para a análise de transformações das próprias formas físicas, em particular em redemoinhos e outras turbulências.

Nesses esforços, Leonardo foi ajudado grandemente por sua excepcional habilidade de visualizar formas geométricas como objetos físicos, moldá-las como esculturas de argila em sua imaginação e esboçá-las de modo rápido e preciso. "Não importa quão abstrato seja o problema geométrico", escreve Martin Kemp, "sua percepção das relações com formas reais ou potenciais no universo físico estava sempre presente. Isso justifica seu quase irresistível desejo de sombrear diagramas geométricos como se estivesse representando objetos existentes."[43]

PRIMEIRAS FORMAS DE TOPOLOGIA

Quando olhamos para a geometria de Leonardo do ponto de vista da matemática atual e, em particular, da perspectiva da teoria da complexidade, podemos ver que ele desenvolveu os princípios do ramo da matemática agora conhecido como topologia. Como a geometria de Leonardo, a topologia é uma geometria de transformações contínuas, ou mapeamentos, nas quais certas propriedades de figuras geométricas são preservadas. Por exemplo, uma esfera pode ser transformada em um cubo ou cilindro, os quais possuem superfícies contínuas similares. Uma rosca (toro), em contraste, é topologicamente diferente por causa do buraco em seu centro. O toro pode ser transformado, por exemplo, em uma xícara de café onde o buraco agora aparece na asa. Nas palavras do historiador de matemática Morris Kline,

> A topologia diz respeito àquelas propriedades de figuras geométricas que permanecem invariáveis quando as figuras são curvadas, esticadas, encolhidas ou deformadas em qualquer modo que não crie novos pontos ou fusione pontos existentes. A transformação pres-

supõe, em outras palavras, que há uma correspondência de um para um entre os pontos da figura original e os pontos da figura transformada, e que a transformação ligue pontos adjacentes a pontos adjacentes. Essa última propriedade é chamada de continuidade.[44]

As transformações geométricas de Leonardo de figuras planas e corpos sólidos são claramente exemplos de transformações topológicas. Topólogos modernos chamam as figuras relacionadas por tais transformações, nas quais propriedades geométricas muito gerais são preservadas, de topologicamente equivalentes. Essas propriedades não incluem área e volume, visto que transformações topológicas podem esticar arbitrariamente, expandir ou encolher figuras geométricas. Em contraste, Leonardo concentrou-se em operações que conservam a área ou volume, e chamou as figuras transformadas de "iguais" às originais. Mesmo que representem apenas um pequeno subconjunto de transformações topológicas, elas exibem muitos dos traços característicos da topologia em geral.

Os historiadores geralmente creditam as primeiras explorações topológicas ao filósofo e matemático Leibniz que, no fim do século XVII, tentou identificar as propriedades básicas das figuras geométricas em um estudo que chamou de *geometria situ* [geometria de lugar]. Mas relações topológicas não foram estudadas sistematicamente até a virada do século XIX para o XX, quando Henri Poincaré, o mais importante matemático da época, publicou uma série de artigos abrangentes sobre o assunto.[45] Poincaré é, portanto, considerado o fundador da topologia. As transformações da "geometria feita com movimento" de Leonardo são os primeiros desenvolvimentos desse importante campo da matemática — trezentos anos antes de Leibniz e quinhentos anos antes de Poincaré.

Um assunto que fascinou Leonardo desde seus primeiros anos em Milão foi o desenho de labirínticos emaranhados de nós. Hoje, esse é um ramo especial da topologia. Para um matemático, um nó é uma volta ou caminho fechado emaranhado, semelhante a uma corda atada com nós com suas duas extremidades livres emendadas, precisamente as estruturas que Leonardo estudou e desenhou. Ao projetar tais motivos entrelaçados, seguiu uma tradição decorativa de sua época.[46] Mas superou em muito seus contemporâneos nesse gênero, tratando seus desenhos de nós como objetos de estudo teórico e desenhando uma vasta quantidade de estruturas entrelaçadas extremamente complexas.[47]

Figura 7-7: Mapa do vale de Chiana, 1504, Coleção Windsor,
Desenhos e Papéis Diversos, vol. IV, fólio 439v

O pensamento topológico — pensamento em termos de conectividade, relações espaciais e transformações contínuas — era quase natural para Leonardo. Muitos de seus estudos arquitetônicos, especialmente seus projetos de igrejas e templos radialmente simétricos, exibem tais características.[48] E do mesmo modo, seus numerosos diagramas. As técnicas topológicas de Leonardo podem ser encontradas também em seus mapas geográficos. No famoso mapa do vale de Chiana (Fig. 7-7), agora na Coleção Windsor, utiliza uma abordagem topológica para distorcer a escala enquanto fornece um retrato preciso da conectividade do terreno e seus intrincados caminhos de água.

A parte central está ampliada e mostra proporções precisas, enquanto as partes adjacentes estão severamente distorcidas para encaixarem-se em todo o sistema de cursos d'água no formato dado.[49]

DE LUDO GEOMETRICO

Durante os últimos doze anos de sua vida, Leonardo passou um bom tempo mapeando e explorando as transformações de sua "geometria feita com movimento". Diversas vezes escreveu sobre sua intenção de apresentar os resultados desses estudos em um ou mais tratados. Durante os anos que passou em Roma, e enquanto resumia seu conhecimento de turbulências complexas em seus famosos desenhos do dilúvio,[50] Leonardo produziu um compêndio magnífico de transformações topológicas, intitulado *De Ludo Geometrico* [Sobre o Jogo da Geometria], em um grande fólio duplo no Codex Atlanticus.[51] Desenhou 176 diagramas mostrando uma atordoante variedade de formas geométricas, construídas a partir de círculos, triângulos e quadrados que se interseccionam — uma série de meias-luas, rosáceas e outros padrões florais, folhas pareadas, cata-ventos e estrelas curvilíneas. A princípio, essa interação sem fim de motivos geométricos foi interpretada muitas vezes como rabiscos de brincadeira de um artista em idade avançada — "um mero passatempo intelectual", nas palavras de Kenneth Clark.[52] Tais apreciações foram feitas porque historiadores de arte geralmente não estavam cientes da importância matemática da geometria de transformações de Leonardo. Um exame minucioso do fólio duplo mostra que suas formas geométricas, não importa quão complexas e fantasiosas, são todas baseadas em rigorosos princípios topológicos.[53]

Quando criou seu fólio duplo de equações topológicas, Leonardo já contava mais de 60 anos. Continuou a explorar a geometria das transformações durante os últimos anos de vida. Mas deve ter percebido que ainda estava muito longe de desenvolvê-la a ponto de usá-la para analisar as verdadeiras transformações de fluidos e outras formas físicas. Hoje sabemos que para tal tarefa são necessárias ferramentas matemáticas muito mais sofisticadas que aquelas que Leonardo tinha à sua disposição. Na dinâmica de fluidos moderna, por exemplo, usamos análise vetorial e tensorial, em vez de geometria, para descrever o movimento de fluidos sob a influência da gravidade e várias tensões de cisalhamento. Contudo, o princípio fundamental de Leonardo da conservação de massa, conhecido pelos físicos hoje como equação de continuidade, é uma parte essencial das equações que descrevem os movimentos da água e do ar. No que diz respeito às formas em constante mutação dos fluidos, está claro que a intuição matemática de Leonardo estava na pista certa.

A NECESSIDADE DAS FORMAS DA NATUREZA

Como Galileu, Newton, e as gerações posteriores de cientistas, Leonardo trabalhou a partir da premissa básica de que o universo físico, no fundo, é ordenado e que suas relações causais podem ser compreendidas pela mente racional e expressas matematicamente.[54] Usou o termo "necessidade" para expressar a natureza rigorosa dessas relações causais ordenadas. "A necessidade é a invenção e inventor da natureza, o freio e a regra", escreveu por volta de 1493, pouco depois de ter iniciado seus primeiros estudos de matemática.[55]

Como a ciência de Leonardo era uma ciência de qualidades, de formas orgânicas e seus movimentos e transformações, a "necessidade" matemática que viu na natureza não era expressada em relações quantitativas e numéricas, mas em formas geométricas transformando-se continuamente de acordo com leis e princípios rigorosos. "Matemático" para Leonardo se referia acima de tudo à lógica, ao rigor e à coerência de acordo com os quais a natureza foi formada e está continuamente remodelando suas formas orgânicas.

Esse significado de "matemático" é bastante diferente daquele entendido pelos cientistas durante a Revolução Científica e os trezentos anos subseqüentes. Contudo, não é diferente do entendimento de alguns dos principais matemáticos de hoje. O recente desenvolvimento da teoria da complexidade gerou uma nova linguagem matemática na qual a dinâmica de sistemas complexos — incluindo as turbulências e os padrões de crescimento das plantas estudados por Leonardo — não são mais representados por relações algébricas, mas por formas geométricas, como atratores estranhos ou fractais gerados por computador, que são analisados em termos de conceitos topológicos.[56]

Essa nova matemática, naturalmente, é muito mais abstrata e sofisticada do que qualquer coisa que Leonardo poderia ter imaginado nos séculos XIV e XV. Mas é usada no mesmo espírito no qual desenvolveu sua "geometria feita com movimento" — para mostrar com rigor matemático como complexos fenômenos naturais são formados e transformados pela "necessidade" de forças físicas. A matemática da complexidade levou a uma nova apreciação da geometria e à ampla percepção de que a matemática é muito mais que fórmulas e equações. Como Leonardo da Vinci quinhentos anos atrás, os matemáticos de hoje estão nos mostrando que a compreensão de padrões, relações e transformações é crucial para entender o mundo vivo ao nosso redor; e que todas as questões de padrão, ordem e coerência são, em última análise, matemáticas.

OITO

Pirâmides de Luz

O método científico de Leonardo não se baseava somente na observação cuidadosa e sistemática da natureza — sua tão louvada *sperienza*[1] — mas também incluía uma análise detalhada e abrangente do processo de observação em si. Como artista e cientista, sua abordagem visual predominava, e iniciou suas investigações da "ciência da pintura" com o estudo da perspectiva: pesquisando como distância, luz e condições atmosféricas influenciam a aparência dos objetos. A partir da perspectiva, prosseguiu em duas direções opostas — para fora e para dentro, conforme o caso. Investigou a geometria dos raios de luz, a interação de luz e sombra e a própria natureza da luz; também estudou a anatomia do olho, a fisiologia da visão e a trajetória das impressões sensoriais ao longo dos nervos até a "sede da alma".

Para um intelectual moderno, acostumado à fragmentação exasperante das disciplinas acadêmicas, é surpreendente ver como Leonardo transitava rapidamente da perspectiva e dos efeitos de luz e sombra para a natureza da luz, o trajeto dos nervos ópticos e as funções da alma. Sem carregar o fardo da divisão mente-corpo que Descartes introduziria 150 anos depois, Leonardo não separava a epistemologia (a teoria do conhecimento) da ontologia (a teoria do que existe no mundo), e nem mesmo a filosofia da ciência e a da arte. Suas abrangentes investigações de todo o processo de percepção levaram-no a formular idéias muito originais sobre a relação entre realidade física e processos cognitivos — as "funções da alma", em sua linguagem —, que só reapareceriam muito recentemente com o desenvolvimento de uma ciência cognitiva pós-cartesiana.[2]

A CIÊNCIA DA PERSPECTIVA

Os primeiros estudos de Leonardo sobre percepção situam-se no início de seu trabalho científico. "Todo nosso conhecimento tem sua origem nos sentidos", escreveu em seu primeiro caderno, o Codex Trivulzianus,[3] iniciado em 1484. Durante os anos subseqüentes ingressou em seus primeiros estudos da anatomia do olho e dos nervos ópticos. Ao mesmo tempo, investigou as geometrias da perspectiva linear e de luz e sombra, e demonstrou seu profundo entendimento desses conceitos em suas primeiras pinturas magistrais, *A Adoração dos Reis Magos* e *A Virgem do Rochedo*.[4]

O interesse de Leonardo pela matemática subjacente à perspectiva e à óptica intensificou-se no verão de 1490, quando conheceu o matemático Fazio Cardano na Universidade de Pavia.[5] Discutiu longamente com Cardano sobre perspectiva linear e óptica geométrica, que eram conhecidas como "a ciência da perspectiva". Logo após essas discussões, Leonardo encheu dois cadernos com um curto tratado sobre perspectiva e com diversos diagramas de óptica geométrica.[6] Ele voltou aos estudos de óptica e visão dezoito anos depois, por volta de 1508, quando investigou várias sutilezas da percepção visual. Nesse momento, Leonardo revisou seus primeiros apontamentos e resumiu suas descobertas sobre visão no pequeno Manuscrito D, semelhante em sua brevidade e na estrutura compacta e elegante ao Codex sobre o Vôo dos Pássaros, composto por volta da mesma época.

A perspectiva linear foi estabelecida no começo do século XV pelos arquitetos Brunelleschi e Alberti como uma técnica matemática para a representação de imagens tridimensionais em um plano bidimensional. Em sua obra clássica *De Pictura* [Da Pintura][7], Alberti sugeriu que uma pintura deveria dar a impressão de uma janela pela qual o artista olha para o mundo visível. Todos os objetos na pintura deveriam ser sistematicamente reduzidos conforme a sua distância com relação ao primeiro plano, e todas as linhas de visão deveriam convergir para um único "ponto central" (mais tarde chamado de "ponto de fuga"), que correspondia ao ponto de vista fixo do espectador.

Como mostra o historiador de arquitetura James Ackerman, a geometria da perspectiva desenvolvida pelos artistas florentinos foi a primeira concepção científica do espaço tridimensional:

> Como método de construção de um espaço abstrato no qual qualquer corpo pode ser relacionado matematicamente a qualquer ou-

Figura 8-1: A geometria da perspectiva linear, Codex Atlanticus, fólio 119r

tro corpo, a perspectiva dos artistas foi um preâmbulo para a física e a astronomia modernas. Talvez a influência tenha sido indireta e transmitida inconscientemente, mas persiste o fato de que os artistas foram os primeiros a conceber um modelo matemático geral de espaço e que isso constituiu um passo essencial na evolução do simbolismo medieval para a imagem moderna do universo.[8]

Leonardo utilizou a definição de Alberti para perspectiva linear como ponto de partida. "Perspectiva", afirma, "não é nada mais do que ver um lugar atrás de uma vidraça, bastante transparente, em cuja superfície os objetos atrás desse vidro serão desenhados."[9] Umas poucas páginas depois no mesmo caderno, introduz o raciocínio geométrico com o auxílio da imagem de uma "pirâmide de linhas", comum na óptica medieval: "Perspectiva", escreve, "é uma demonstração racional, confirmando pela experiência como todas as coisas transmitem sua imagem ao olho por meio de uma pirâmide de linhas. Por 'pirâmide de linhas' me refiro àquelas linhas que, partindo das extremidades da superfície de cada objeto, convergem a uma distância e se encontram em um único ponto (...) localizado no olho".[10] A primeira declaração sobre perspectiva também segue com uma referência à visualização de pirâmides. "Esses [objetos]", explica Leonardo, "podem ser traçados por meio de pirâmides até o olho, e as pirâmides se interceptam na vidraça."[11]

Para determinar exatamente quanto a imagem de um objeto na vidraça diminui com a distância do objeto até o olho, Leonardo conduziu uma série de experimentos, nos quais variou metodicamente as três variáveis relevantes em todas as combinações possíveis — a altura do objeto, a distância do olho e a distância entre o olho e a vidraça vertical.[12] Esboçou a disposição dos experimentos em diversos diagramas, como mostrado na figura 8-1, onde o objeto é mantido estacionário e o olho do observador, junto com a vidraça à

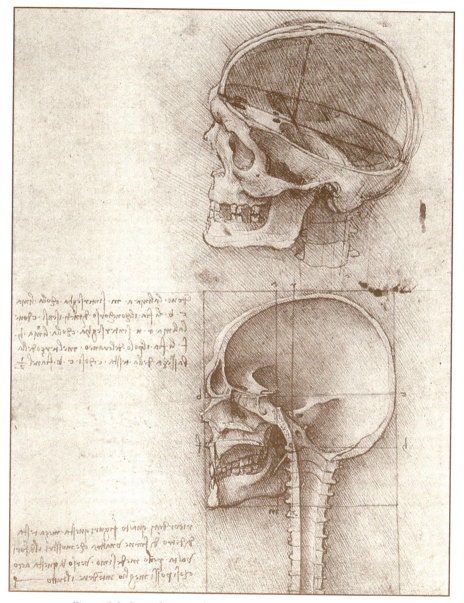

Figura 8-2: *Seção do crânio humano, Estudos Anatômicos, fólio 43r*

sua frente, é colocado em dois lugares diferentes. As "pirâmides" correspondentes (triângulos isósceles) com os dois ângulos visuais diferentes são mostradas claramente.

Com esses experimentos, Leonardo concluiu que a altura da imagem na vidraça é inversamente proporcional à distância do objeto até o olho, se a distância entre o olho e a vidraça for mantida constante. "Percebo por experiência", registrou no Manuscrito A, "que se o segundo objeto está tão distante do primeiro quanto o primeiro está do olho, apesar de serem do mesmo tamanho, o segundo aparentará metade do tamanho do primeiro."[13] Em outra entrada, registra uma série de distâncias com as reduções correspondentes da imagem do objeto, e conclui: "À medida que o espaço percorrido dobra, a diminuição dobra".[14]

Esses resultados, obtidos no fim dos anos de 1480, marcaram as primeiras investigações de Leonardo da aritmética, ou progressões "piramidais". Para averiguá-los, não teve de realizar todos esses experimentos, porque a relação linear inversa entre a distância do objeto e o olho e a redução de sua imagem na vidraça pode ser facilmente obtida com a geometria euclidiana elementar. Mas se passariam quase dez anos antes de Leonardo adquirir essas habilidades matemáticas.[15]

Leonardo demonstrou seu entendimento de perspectiva linear não apenas em sua arte, mas também em seus desenhos científicos. Enquanto conduzia seus experimentos sobre geometria da perspectiva, também investigou as conexões anatômicas entre o olho e o cérebro.

Documentou suas descobertas em uma série de representações magníficas do crânio humano, nas quais o escorço da perspectiva visual é empregado de modo notável (ver figura 8-2). Leonardo combinou essa técnica com delicadas representações de luz e sombra para criar uma vívida noção de espaço dentro do crânio, do qual exibiu estruturas anatômicas que nunca haviam sido vistas antes e localizou-as com total precisão em três dimensões.[16] Usou o mesmo domínio da perspectiva visual e representações sutis de luz e sombra em seus desenhos técnicos (ver, por exemplo, Fig. 8-3), retratando máquinas e mecanismos complexos com uma elegância e eficácia nunca vistas antes.[17]

Enquanto utilizava habilidosamente as regras de perspectiva de Alberti para produzir inovações radicais na arte da ilustração científica, Leonardo logo percebeu que para suas pinturas essas regras eram demasiado restritivas e cheias de contradições.[18]

Alberti havia sugerido que o horizonte geométrico de uma pintura deveria estar no mesmo nível do olho das figuras pintadas, de modo a criar a ilusão de uma continuidade entre o espaço imaginário e o dos espectadores. Contudo, afrescos e retábulos estavam em geral posicionados bem no alto, o que tornava impossível para os espectadores olhar para eles de um ponto de

Pirâmides de luz / 227

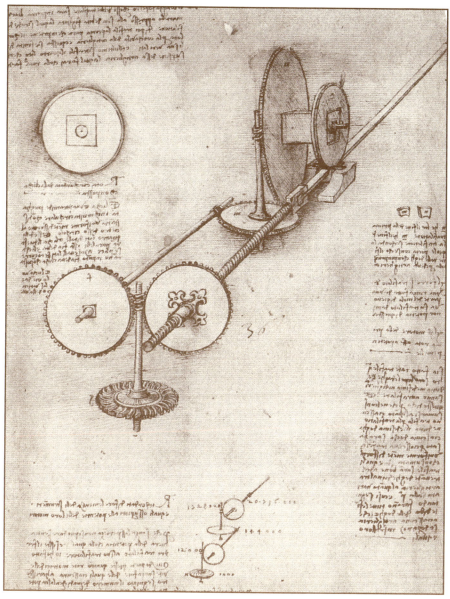

Figura 8-3: Máquina de fresar movida pela água, Codex Atlanticus, fólio 10r

vista que fizesse a ilusão funcionar. Além disso, o sistema de Alberti pressupunha um ponto de vista fixo na frente do ponto de fuga, mas a maioria dos espectadores era propensa a se mover ao redor e olhar a pintura de ângulos diferentes, o que também eliminaria a ilusão. Na *Última Ceia*, ciente das contradições internas da perspectiva linear, considerou as regras de Alberti para intensificar a presença das figuras humanas e para criar ilusões elaboradas,[19] mas depois não pintou mais nenhum motivo arquitetônico e foi muito além da perspectiva linear do *quattrocento*.

Para aperfeiçoar a teoria da perspectiva, Leonardo questionou a suposição simplista de Alberti de que as linhas de todas as pirâmides visuais se encontram em um único ponto matemático dentro do olho. Em vez disso, estudou a fisiologia da percepção visual em si. "Perspectiva", observou, "não é nada mais do que um conhecimento completo da função do olho."[20] Levou em conta que a visão natural é binocular — produzida por dois olhos móveis, e não a partir de um único olho fixo da geometria de Alberti. Investigou cuidadosamente o verdadeiro trajeto das impressões sensoriais, e também considerou os efeitos das condições atmosféricas na percepção visual.

Partindo de seus estudos da anatomia do olho e da fisiologia da visão,[21] Leonardo chegou a uma teoria da perspectiva que foi muito além de Alberti, Piero della Francesca e outros artistas de destaque do início da Renascença. "Há três tipos de perspectiva", declarou. "O primeiro ocupa-se da razão para a diminuição [das] coisas conforme distanciam-se do olho. O segundo contém o modo pelo qual as cores variam à medida que se distanciam do olho. O terceiro e último compreende a exposição de como os objetos devem parecer menos definidos quanto mais distantes estiverem." Especificou que o primeiro tipo, tradicional, era chamado de "perspectiva linear" (*liniare*), o segundo de "perspectiva da cor" (*di colore*) e o terceiro de "perspectiva do desaparecimento" (*di spedizione*).[22]

À medida que um objeto recua, sua imagem diminui simultaneamente dessas três maneiras. Seu tamanho se reduzirá, sua cor se tornará mais fraca e a definição de seu detalhe se degenera até que os três "desapareçam" no ponto de fuga. De acordo com Leonardo, um pintor deveria dominar todos os três tipos de perspectiva, e além disso tinha de levar em conta um quarto tipo, a "perspectiva aérea" (*aerea*) causada pelos efeitos da atmosfera nas cores e outros aspectos da percepção visual.[23] Leonardo demonstrou seu domínio da representação desses aspectos sutis da perspectiva em muitas de suas pinturas. De fato, é muitas vezes a atmosfera enevoada e a natureza onírica de suas paisagens montanhosas e distantes que conferem mágica especial e qualidade poética a suas obras-primas.

LUZ E SOMBRA

Além dos efeitos da perspectiva na pintura, Leonardo também investigou a geometria da luz, conhecida agora como óptica geométrica, bem como a interação de luz e sombra sob iluminação natural e artificial. O estudo da óptica já havia se desenvolvido bastante na Idade Média. Ela tinha um enorme prestígio entre os filósofos medievais, que associavam a luz ao poder divino e à glória.[24] Sabiam que a luz viajava em linhas retas e que seus trajetos obedeciam a leis geométricas, uma vez que os raios de luz atravessavam as lentes e eram refletidos em espelhos. Para a mente medieval, essa associação de óptica com as leis matemáticas perenes da geometria era mais uma prova da origem divina da luz.

A figura dominante na óptica medieval foi o matemático árabe Alhazen,[25] que escreveu uma obra em sete volumes, *Kitab al-Manazir* [Livro de Óptica], publicado em árabe no século XI e amplamente divulgada em tradução latina como *Opticae Thesaurus* do século XIII em diante. O tratado de Alhazen incluía discussões detalhadas sobre a visão e a anatomia do olho. Introduziu a idéia de que os raios de luz emanam de objetos luminosos em linhas retas por todas as direções e descobriu as leis de reflexão e refração. Deu atenção especial ao problema de encontrar o ponto em um espelho curvo no qual um raio de luz será refletido para chegar de uma determinada fonte a um observador, conhecida depois como "problema de Alhazen". A *Óptica* de Alhazen inspirou diversos pensadores europeus que acrescentaram a ela observações originais, incluindo o filósofo polonês Witelo de Silésia, bem como John Pecham e Roger Bacon na Inglaterra. Foi a partir desses autores que Leonardo tomou conhecimento da obra pioneira de Alhazen.[26]

Desde seus primeiros anos na oficina de Verrocchio, Leonardo tinha familiaridade com o polimento de lentes e o uso de espelhos côncavos para focar a luz do Sol para soldar objetos.[27] No decorrer de sua vida, tentou melhorar o desenho desses espelhos para queima, e quando se interessou seriamente pela teoria da óptica empreendeu estudos cuidadosos de suas geometrias. Ficou fascinado pelas intrincadas intersecções dos raios refletidos, que investigou em uma série de diagramas belos e precisos, traçando as trajetórias dos raios de luz paralelos passando por suas reflexões até o ponto focal (ou pontos focais). Mostrou que nos espelhos esféricos os raios são focados em uma área ao longo do eixo central (ver figura 8-4), enquanto espelhos parabólicos são verdadeiros "espelhos de fogo", focando todos os raios em um único pon-

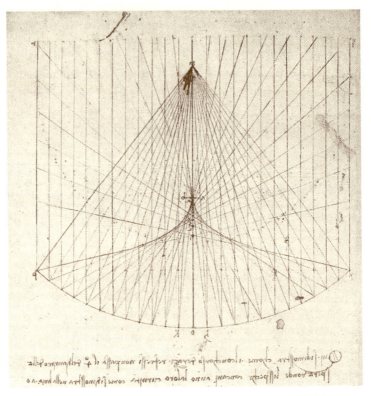

Figura 8-4: *Estudo de espelho esférico côncavo*, Codex Arundel, *fólio 87v*

to. Também fez diversas tentativas de resolver o problema de Alhazen, e mais tarde em sua vida, enquanto experimentava com espelhos parabólicos em Roma, encontrou uma solução engenhosa ao empregar um instrumento com hastes articuladas.[28]

Na figura 8-4, Leonardo traçou os raios de luz refletidos desenhando em cada ponto o raio do espelho (que é perpendicular à superfície reflexiva), usando a assim chamada lei de reflexão, segundo a qual o ângulo de incidência é igual ao ângulo de reflexão. Alhazen já conhecia essa lei, mas Leonardo percebeu que ela se aplicava não apenas à reflexão da luz, mas também ao ricochete mecânico de uma bola jogada contra uma parede e ao eco do som.[29] "A linha de choque e a de seu ricochete", escreve no Manuscrito A, "fará um ângulo na parede (...) entre dois ângulos iguais." E então acrescenta: "A voz é similar a um objeto visto em um espelho".[30] Vários anos depois, aplicou o mesmo raciocínio ao ricochete de um jato d'água de uma parede, observando, contudo, que um pouco da água se espalha como um redemoinho após a reflexão.[31]

Grande parte dos estudos ópticos de Leonardo tratava dos efeitos da luz incidindo em objetos e a natureza de diferentes tipos de sombras. Como pintor, era famoso por seu uso sutil de luz e sombra;[32] assim, não admira que a maior seção, a parte 5, de seu *Tratado de Pintura* seja intitulada "Sobre Sombra e Luz". Baseado em suas primeiras anotações no Manuscrito C, esses capítulos contêm conselhos práticos sobre como representar gradações de luz e sombra em paisagens, em árvores, drapejamento e faces humanas, bem como discussões abstratas sobre a natureza da sombra, a diferença entre brilho e luz, a natureza dos contrastes, a justaposição de cores e muitos assuntos correlatos.

De acordo com Leonardo, a sombra é o elemento central na ciência da pintura. Ela permite que o pintor represente de modo eficaz corpos sólidos em relevo, surgindo dos planos de fundo da superfície pintada. Sua definição poética de sombra no Codex Atlanticus é sem dúvida escrita a partir do ponto de vista do artista:

> A superfície de todo corpo opaco é cercada e envolvida por luzes e sombras (...). Além disso, sombras têm em si próprias vários graus de escuridão, porque são provocadas pela ausência de uma quantidade variável de raios luminosos (...). Elas revestem os corpos aos quais são aplicadas.[33]

Para compreender os mecanismos da interação entre luz e sombra em toda a sua extensão, Leonardo projetou uma série de elaborados experimentos com lamparinas brilhando sobre esferas e cilindros, com seus raios se cruzando e sendo refletidos para criar uma variedade sem fim de sombras. Como em seus experimentos com perspectiva linear, usou sistematicamente as variáveis relevantes — nesse caso, o tamanho e a forma da lamparina, o tamanho do objeto iluminado e a distância entre os dois. Distinguiu entre "sombras originais" (formadas no objeto em si) e "sombras derivadas" (projetadas pelo objeto através do ar e sobre outras superfícies).[34]

A figura 8-5, por exemplo, mostra um diagrama de uma esfera iluminada pela luz incidindo através de uma janela. Leonardo traçou raios de luz emanando de quatro pontos (chamados de a, b, c e d). Ele mostra quatro gradações de sombras primárias na esfera (chamada de n, o, p e q), e as gradações correspondentes de sombras derivadas, projetadas entre as linhas divisórias dos oito raios de luz atrás da esfera (nomeados pelas letras ao longo da base do diagrama).

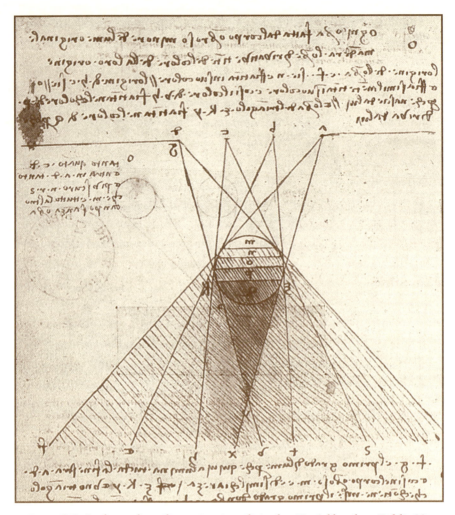

Figura 8-5: Gradações de sombras primárias e derivadas, Ms. Ashburnham II, fólio 13v

Nesses experimentos, Leonardo usa grandes fontes de luz (tais como janelas), bem como fontes pontuais (por exemplo, a chama de uma vela), levando em consideração os efeitos combinados da luz do Sol direta e da luz ambiente — "a luz universal do céu", como a chama.[35] Também introduz diversas lamparinas, estuda como as gradações de sombras mudam com cada nova lamparina, e examina como as sombras se movem quando as lamparinas e o objeto são movidos. Como Kenneth Clark destacou: "Os cálculos são tão complexos e intrincados que percebemos neles, quase pela primeira vez, uma tendência de Leonardo em conduzir pesquisas para descobrir as causas, e não como subsídios para a sua arte".[36]

ÓPTICA E ASTRONOMIA

As observações ópticas de Leonardo também incluíam observações dos corpos celestes, especialmente o Sol e a Lua. Estava bem ciente do sistema ptolomaico de movimento planetário, mas seus próprios estudos astronômicos diziam respeito quase exclusivamente à aparência dos corpos celestes para o olho humano e a difusão da luz de um corpo para outro. Até onde sabemos, Leonardo via a astronomia simplesmente como uma extensão da óptica e da ciência da perspectiva. De fato, declarou: "Não há parte da astronomia que não seja uma função de linhas visuais e perspectiva".[37]

Leonardo tentou calcular a altura do Sol a partir de dois ângulos de elevação diferentes, e seu tamanho comparando-o com a imagem em uma câmara escura.[38] O que lhe interessava muito mais, contudo, era a transmissão de luz entre corpos celestes. Estava familiarizado com a divisão antiga do universo em um "reino celestial", no qual corpos perfeitos se movem de acordo com leis matemáticas precisas e imutáveis, e um "reino terreno", no qual fenômenos naturais são complexos, sempre mutáveis e imperfeitos.[39] Também sabia que Aristóteles acreditava que a Lua e os planetas eram esferas perfeitas, cada qual com sua própria luminosidade. Leonardo discordava de Aristóteles nesse ponto. Baseado em suas observações a olho nu, afirmou corretamente: "A Lua não tem luz própria, mas tanta quanto a que o Sol lhe provê, ela ilumina. Dessa luminosidade, vemos tanto quanto nos é refletida".[40]

Convencido de que a Lua não tem luz própria mas reflete a luz do Sol, Leonardo prosseguiu argumentando que não poderia ser uma esfera perfeita, já que não apresenta uma área circular brilhante como "as bolas de ouro colocadas nos topos dos altos edifícios". Formulou a hipótese de que o brilho desigual da Lua é o resultado das múltiplas reflexões da luz do Sol pelas ondas em suas águas. "A película, ou superfície de água que constitui o mar da Lua", escreveu, "está sempre agitada, pouco ou muito, mais ou menos; e essa desigualdade é a causa da proliferação das inúmeras imagens do Sol, que são refletidas nas cristas e concavidades, nos lados e faces de inúmeras dobras."[41]

Então raciocinou que não poderia haver ondas no mar lunar a menos que a superfície de suas águas fosse agitada pelo vento, e concluiu assim que a Lua, como a Terra, tinha seu próprio conjunto de quatro elementos.[42] E no coroamento final dessas observações e argumentações interdependentes, Leonardo ressaltou que a luz do Sol refletida pelas águas do mar deve ser transmitida também na direção oposta, da Terra para a Lua. Esse raciocínio levou-o à surpreendente e profética afirmação de que "Para qualquer pessoa que se encontrasse na Lua (...) esta nossa Terra com seu elemento de água pareceria e funcionaria exatamente como a Lua para nós".[43]

As idéias de Leonardo sobre astronomia, ainda que corretas apenas em parte, eram certamente notáveis, e é difícil de acreditar que ele não estivesse nem um pouco interessado em mecânica celestial. Sabemos que possuía uma cópia da *Cosmografia* de Ptolomeu e que a tinha em grande consideração. Também possuía um volume do astrônomo árabe Albumazar, e diversas outras fontes sobre astronomia são mencionadas nos seus cadernos.[44] Mas nenhum apontamento sobre os movimentos dos planetas chegou até nós.

Também é interessante que Leonardo não tenha aderido à antiga crença de que as estrelas têm influência sobre a vida na Terra. Na Renascença, a astrologia gozava de alta reputação. As profissões de astrônomo e astrólogo estavam ligadas de modo inseparável, e mesmo Leonardo usava a palavra *astrologia* quando se referia à astronomia. Os príncipes da Renascença, inclusive Ludovico Sforza, de Milão, consultavam com freqüência astrólogos da corte sobre assuntos de saúde, e mesmo sobre decisões políticas. Por isso, Leonardo provavelmente guardava para si seus pontos de vista sobre os astrólogos na corte, mas em seus cadernos mostrou grande desprezo por eles, descrevendo suas práticas como "aquele juízo falacioso por meio do qual (peço perdão) ganha-se a vida enganando os tolos".[45] O foco principal dos estudos de Leonardo era o reino terrestre das formas vivas sempre mutáveis, e ele acreditava que seus processos não eram influenciados pelas estrelas mas seguiam suas próprias "necessidades", que ele buscava compreender e explicar por meio do raciocínio, com base na experiência direta.

A NATUREZA DOS RAIOS DE LUZ

Os estudos de perspectiva e de luz e sombra de Leonardo não encontraram expressão artística apenas em seu domínio da representação de sutis complexidades visuais, mas também estimularam sua mente científica a investigar a própria natureza dos raios que levavam luz em pirâmides a partir dos objetos até o olho. Com seu método empírico de observação sistemática e experimentos engenhosos que se valiam apenas dos instrumentos mais rudimentares, observou fenômenos ópticos e formulou conceitos sobre a natureza da luz que levariam centenas de anos para serem redescobertos.

Seu ponto de partida era o conhecimento aceito na época de que a luz é emitida por objetos luminosos em linhas retas. Para testar essa afirmação, Leonardo usou o princípio da câmara escura, conhecido desde a Antiguidade. Eis como ele descreve seu experimento:

> Se a frente de um edifício, ou qualquer praça ou campo, iluminado pelo Sol, tiver uma habitação oposta a ele, e se na frente que não está voltada para o Sol você fizer um pequeno buraco redondo, todos os objetos iluminados mandarão suas imagens através daquele pequeno buraco e aparecerão dentro da habitação na parede oposta, que deve ser branca. Lá estarão exatamente e de cabeça para baixo (...). Se os corpos são de várias cores e formas, os raios que constituem as imagens serão de várias cores e formas, e de várias cores e formas serão as representações na parede.[46]

Leonardo repete esse experimento muitas vezes com várias combinações de objetos e com diversos buracos na câmara escura, como está claramente ilustrado em um fólio na Coleção Windsor.[47] Tendo realizado uma série de testes, confirma o conhecimento tradicional: "As linhas do... Sol, e outros raios luminosos que passam pelo ar, são obrigados a manter-se em linha reta".[48] Também especifica que essas linhas são infinitamente finas, como linhas geométricas. Ele as chama de linhas "espirituais", querendo com isso dizer simplesmente substância imaterial.[49] E por fim, Leonardo afirma que raios de luz são raios de força — ou, como diríamos hoje, de energia[50] — que irradiam do centro de um corpo luminoso, tal como o Sol. "Ficará claro aos experimentadores", escreve, "que todo corpo luminoso tem em si um centro oculto, do qual e para o qual (...) chegam todas as linhas geradas pela superfície luminosa."[51]

Assim, em essência, Leonardo identifica três propriedades básicas dos raios de luz: são raios de energia gerados no centro de corpos luminosos; são infinitamente finos e sem substância material; e viajam sempre em linhas retas. Antes da descoberta da natureza eletromagnética da luz no século XIX, ninguém poderia ter feito uma descrição melhor, e, mesmo então, as contradições a respeito da natureza das ondas de luz persistiram até que foram resolvidas por Albert Einstein no século XX.[52] Por outro lado, a concepção dos raios de luz como linhas geométricas retas ainda é considerada uma excelente aproximação para o entendimento de uma enorme variedade de fenômenos ópticos e é ensinada a estudantes de física em nossas faculdades e universidades como óptica geométrica.

A NATUREZA ONDULATÓRIA DA LUZ

Antes de testá-la experimentalmente, Leonardo conhecia, por meio do tratado de óptica de Alhazen, a idéia de que raios de luz emanam de objetos luminosos em linhas retas para todas as direções. Outra idéia que era popular na
óptica medieval, que ele adotou de John Pecham (que, por sua vez, foi influenciado por Alhazen), foi o conceito de pirâmides de luz que preenchem o ar
com imagens de objetos sólidos:

> O corpo do ar está cheio de infinitas pirâmides compostas de linhas
> retas radiantes que emanam da borda das superfícies dos corpos só-
> lidos colocados no ar; e quanto mais longe estão de sua origem, mais
> agudas são as pirâmides, e apesar de seus caminhos convergentes
> cruzarem-se e entrelaçarem-se, não se misturam nunca, mas prolife-
> ram de modo independente, impregnando todo o ar ao redor.[53]

Com essa descrição poética, Leonardo simplesmente reformulou a descoberta original de Alhazen, mas acrescentou a observação significativa de que as
pirâmides de luz "cruzam-se e entrelaçam-se" sem interferir umas nas outras.
Em uma extraordinária demonstração de pensamento sistêmico, Leonardo
usou essa observação como argumento-chave para especular sobre a natureza
ondulatória da luz. Eis o modo como procedeu.

Primeiro, associa o fato de a luz irradiar igualmente em todas as direções,
o que testou várias vezes, com a imagem da pirâmide visual. Desenha um diagrama que mostra um corpo esférico irradiando pirâmides iguais (representadas por triângulos) em diferentes direções, e anota no texto que o acompanha
que suas pontas são envolvidas por um círculo: "O perímetro eqüidistante dos
raios convergentes da pirâmide dará a seus objetos ângulos de igual tamanho".[54] Em outras palavras, se observadores fossem dispostos nas pontas dessas pirâmides em volta do círculo, seus ângulos de visão seriam os mesmos
(ver figura 8-6). No mesmo diagrama, Leonardo alonga uma pirâmide para
mostrar que o ângulo de visão em seu vértice decresce conforme a pirâmide
fica maior.

A partir desse exercício, conclui que a luz se propaga em círculos, e imediatamente associa esse padrão circular à propagação concêntrica das ondulações da água e à propagação do som no ar: "Assim como a pedra jogada na
água torna-se o centro e a origem de vários círculos, e o som feito no ar espa-

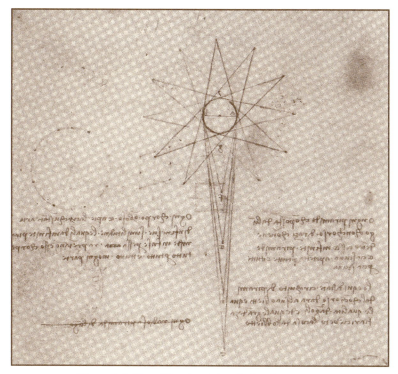

Figura 8-6: Pirâmides visuais irradiadas de um corpo esférico, Ms. Ashburnham II, fólio 6v

lha círculos, da mesma maneira todo objeto posicionado no ar luminoso difunde-se em círculos e preenche os arredores com um número infinito de sua própria imagem".[55]

Tendo associado o padrão circular da propagação da luz à propagação similar de ondulações na água, Leonardo começou estudando os detalhes do fenômeno em um poço para aprender algo sobre a radiação da luz. Assim fazendo, ele faz uso, bem no início de suas investigações científicas, de uma técnica que se tornaria parte integrante do método científico nos séculos subseqüentes. Como não podia ver de fato a propagação circular (ou, mais corretamente, esférica) da luz, toma o padrão similar na água como modelo, na esperança de que isso lhe revelará algo a respeito da natureza da luz com um estudo mais detalhado. De fato, estuda-o minuciosamente.

No Manuscrito A, no mesmo caderno que contém sua análise de perspectiva e muitos de seus diagramas ópticos, Leonardo registra suas investigações detalhadas da propagação circular das ondas de água:

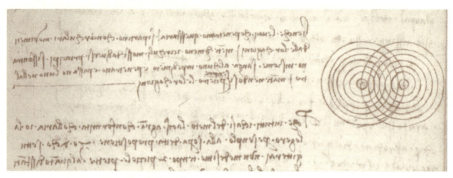

Figura 8-7: Intersecção de ondas circulares formadas na água, Ms. A, fólio 61r

Se você jogar duas pedras pequenas ao mesmo tempo em um espelho de água parada, a certa distância uma da outra, verá que em volta dessas duas percussões originam-se dois conjuntos separados de círculos, que se encontrarão conforme aumentam de tamanho e então se interpenetram e interceptam um no outro, sempre mantendo como seus centros os lugares atingidos pelas pedras.[36]

Leonardo ilustra esse fenômeno com um diagrama (Fig. 8-7), e para compreender sua natureza exata, concentra-se no movimento preciso das partículas de água, jogando pequenos pedaços de palha na água para que o olho pudesse segui-las com mais facilidade e observar seus movimentos. Eis o que ele observou.

> Embora pareça haver alguma demonstração de movimento, a água não sai do seu lugar, porque as aberturas feitas pelas pedras são fechadas de novo imediatamente. E esse movimento, causado pela abertura e fechamento súbito da água, produz nela uma certa agitação, que poderia ser chamada de tremor em vez de movimento.
>
> E para que possa ficar mais evidente para você o que digo, preste atenção a esses pedaços de palha que, por causa de sua leveza, flutuam na água e não são deslocados de sua posição original pela onda que revolve embaixo deles conforme os círculos chegam.

No decorrer da história, incontáveis pessoas jogaram pedras em poços e observaram as ondulações circulares que originavam, mas muito poucas teriam sido capazes de se equiparar à precisão e aos sutis detalhes das observações de Leonardo. Ele reconheceu a essência do movimento de onda — que as partículas de água não se movem junto com a onda, mas meramente movem-se para cima e para baixo conforme a onda passa.[57] O que é transportado junto com a onda é a perturbação que causa o fenômeno ondulatório — o "tremor", como Leonardo a chama —, mas nenhuma partícula material: "A água, embora permaneça em sua posição, pode tomar facilmente esse tremor das partes vizinhas e passá-lo para outras partes adjacentes, sempre diminuindo sua força até cessar". E essa é a razão, conclui corretamente, pela qual as ondas circulares cruzam-se suavemente sem perturbar umas às outras:

> Portanto, sendo a perturbação da água um tremor, e não um movimento, os círculos não podem romper uns aos outros ao se encontrar, porque sendo a água da mesma natureza em todas as suas partes, segue-se que essas partes transmitem o tremor de uma a outra sem mudar de lugar.

Essa suave intersecção de ondas de água é a propriedade-chave que sugere para Leonardo que luz e som também se propagam em ondas. Ele reparou que as pirâmides de luz "cruzam-se e entrelaçam-se" sem interferir umas nas outras,[58] e aplica o mesmo raciocínio ao som: "Embora as vozes que atravessam o ar se espalhem em movimento circular a partir de suas origens, os círculos que se movem a partir de diferentes origens encontram-se sem qualquer impedimento, penetrando e passando um pelo outro, sempre mantendo suas origens em seus centros, porque em todos os casos de movimento, há grande semelhança entre água e ar".[59] Em outras palavras, assim como as ondulações circulares que se cruzam na água mantêm suas próprias identidades, podemos ver as imagens de diferentes objetos, ou ouvir os sons de diferentes vozes, e ainda distingui-los claramente.

A partir dessas observações, Leonardo extrai a conclusão decisiva de que tanto luz como som são ondas. Poucos anos depois, estende sua percepção a ondas elásticas na Terra e conclui que o movimento de onda, causado por vibrações (ou "tremores") iniciais, é uma maneira universal de propagação de efeitos físicos. "O movimento da terra contra a terra, esmagando-a", escreve, "move as partes afetadas apenas levemente. A água atingida pela água cria círculos ao redor do lugar onde é atingida; a voz no ar vai além, [e o tremor] no fogo mais longe ainda."[60]

A percepção de que o movimento de onda é um fenômeno universal em todos os quatro elementos — terra, água, ar e fogo (ou luz) — foi uma descoberta revolucionária na época de Leonardo. Passaram-se mais duzentos anos antes de a natureza ondulatória da luz ser redescoberta por Christian Huygens; a natureza ondulatória do som foi claramente expressa primeiro por Marin Marsenne na primeira metade do século XVII, e terremotos foram associados a ondas elásticas apenas no século XVIII.[61]

A despeito das impressionantes descobertas de Leonardo sobre a natureza do movimento de onda e de sua ampla recorrência na natureza, seria um exagero dizer que ele desenvolveu uma teoria ondulatória da luz similar àquela apresentada por Huygens duzentos anos depois. Para fazê-lo, teria sido preciso compreender a representação matemática da onda e relacionar sua amplitude, freqüência e outras características aos fenômenos ópticos observados. Esses conceitos não foram usados na ciência até o século XVII, quando a teoria matemática das funções foi desenvolvida.

Leonardo forneceu uma descrição correta de ondas transversais, nas quais a direção da transferência de energia (a propagação dos círculos) está em ângulos retos com relação à direção da vibração (o "tremor"), mas nunca considerou ondas longitudinais, nas quais as vibrações e a transferência de energia vão na mesma direção. Em particular, não percebeu que ondas sonoras são longitudinais. Percebeu que ondas em diferentes meios (ou "elementos") viajam a diferentes velocidades, mas acreditava equivocadamente que a velocidade de onda é proporcional à força do choque que a produz.[62]

Ele ficava maravilhado com a rapidez da velocidade da luz: "Olhe para a luz da vela e considere sua beleza", escreveu. "Pisque e olhe para ela novamente. O que você vê não estava lá antes, e o que estava antes não está mais."[63] Mas também percebeu que, não importa quão rápido a luz se mova, sua velocidade não é infinita. Afirmou que a velocidade do som é maior do que a das ondas elásticas na Terra, e que a luz move-se mais rápido do que o som, mas que a mente move-se ainda mais rápido do que a luz. "A mente salta em um instante de leste para oeste", observou, "e todas as outras coisas imateriais têm velocidades que são muitíssimo inferiores."[64]

Mesmo que Leonardo não tenha afirmado explicitamente que a velocidade da luz seja finita, está claro em seus cadernos que ele sustentava esse ponto de vista. Isso é extraordinário, dado que a concepção tradicional, transmitida desde a Antigüidade, era de que a propagação da luz é instantânea. Mesmo

Huygens e Descartes aceitaram essa concepção tradicional, e apenas no fim do século XVII a velocidade finita da luz foi estabelecida.[65]

Leonardo estava bastante ciente do fenômeno da refração (a deflexão de um raio de luz ao passar obliquamente do ar para um vidro, por exemplo). Realizou diversos experimentos engenhosos para investigá-la, sem, contudo, relacionar o efeito à natureza ondulatória da luz como Descartes e outros fariam cerca de 150 anos depois. Leonardo usou até mesmo a refração em um prisma primitivo para dividir a luz branca em diferentes cores, como Isaac Newton faria novamente em um famoso experimento nos anos de 1660. Mas ao contrário de Newton, Leonardo não foi muito além de registrar o efeito com precisão.[66]

Por outro lado, Leonardo descobriu a explicação correta para um fenômeno que intrigou as pessoas ao longo da história — a cor azul do céu. Nos anos de seus experimentos ópticos, escalou um dos enormes picos do Monte Rosa e observou o azul profundo do céu à grande altitude.[67] Durante a longa escalada, aparentemente ponderou sobre a antiga questão, "Por que o céu é azul?", e com admirável intuição chegou à resposta correta:

> O azul mostrado pela atmosfera não é sua própria cor, mas é causado por umidade que evaporou em átomos minúsculos e imperceptíveis sobre os quais os raios solares incidem, tornando-os luminosos contra a imensa escuridão da região de fogo que forma a cobertura acima deles. E isso pode ser visto, como eu mesmo vi, por qualquer um que escale o Monte Rosa.[68]

A explicação moderna desse fenômeno foi dada cerca de quatrocentos anos depois por lorde Rayleigh, e o efeito é conhecido agora como dispersão de Rayleigh. A luz do Sol é dispersada pelas moléculas da atmosfera (os "átomos minúsculos e imperceptíveis" de Leonardo) de modo que a luz azul é absorvida muito mais do que outras freqüências e é então irradiada em diferentes direções por todo o céu. Assim, em qualquer direção que olhemos, veremos mais da luz azul dispersa do que a luz de qualquer outra cor. É evidente que a explicação de Leonardo de raios solares incidindo em moléculas e "tornando-as luminosas" é uma descrição qualitativa perfeitamente precisa do efeito, e certamente deve figurar entre suas mais importantes conquistas na óptica.

ONDAS SONORAS

Leonardo também investigou a natureza do som e, a partir de experimentos com sinos, tambores e outros instrumentos musicais, observou que o som é sempre produzido por "um golpe em um objeto ressonante". Deduziu corretamente que isso provoca um movimento oscilante no ar ao redor, que chamou de "movimento ventilante" (*moto ventilante*) em associação com o movimento oscilante de um leque.[69] "Não pode haver som algum", concluiu, "onde não há movimento e percussão do ar; não pode haver percussão desse ar onde não há instrumento."[70]

Leonardo então propôs que, como na água, a percussão inicial se propaga na forma de ondas circulares, "uma vez que em todos os casos de movimento a água tem grande semelhança com o ar".[71] Como observado anteriormente, ele não estava ciente de que o som viaja por ondas longitudinais, mas percebeu o fenômeno da ressonância, demonstrando-o com pequenos pedaços de palha, como havia demonstrado o movimento oblíquo das ondas de água:

> O golpe dado no sino faz um outro sino similar a ele responder e mover-se um pouco. E a corda de um alaúde, ao soar, produz resposta e movimento em outra corda similar de tom similar em outro alaúde. E isso você perceberá ao colocar uma palha na corda que é similar àquela soada.[72]

As observações de sinos e cordas de alaúde ressonantes sugeriram a Leonardo o mecanismo geral da propagação e percepção do som — da percussão inicial e das ondas resultantes no ar à ressonância do tímpano.

Na falta da linguagem matemática apropriada, Leonardo não foi capaz de desenvolver uma teoria ondulatória da luz satisfatória, nem uma teoria ondulatória do som correspondente.[73] Observou que a altura do som gerado dependia da força da percussão, mas falhou em associá-la à amplitude da onda sonora; nem relacionou a altura do som à freqüência de onda. Contudo, muitos anos depois, na época em que revia o conteúdo de todos os seus cadernos de notas,[74] chegou perto de compreender a relação entre altura e freqüência ao estudar o som feito por moscas e outros insetos.

Enquanto a crença comum de sua época era a de que as moscas produzem som com a boca, Leonardo observou corretamente que o som é gerado pelas asas e avançou com um experimento inteligente: "Que as moscas têm sua voz nas asas", registrou, "você verá ao (...) besuntá-las com um pouco de mel de tal modo que não sejam inteiramente impossibilitadas de voar. E observará que o som feito pelo movimento de suas asas (...) mudará de tom alto para baixo quanto mais suas asas estiverem impedidas, em uma proporção direta".[75]

Uma das descobertas mais impressionantes de Leonardo no campo da acústica foi sua observação de que, "Se você bater de leve em uma tábua coberta de pó, esse pó se juntará em diversos montículos".[76] Tendo realçado a vibração das cordas de um alaúde ao colocar pequenos pedaços de palha nelas, ele então conclui corretamente que a poeira estava voando das partes em vibração da tábua e se depositando nos nodos, isto é, nas áreas que não estão vibrando. Não se contentou com essa observação e prosseguiu batendo de leve cuidadosamente na superfície vibrante enquanto observava os movimentos sutis dos montículos de pó. Ao lado de um esboço que representava um montículo tal como uma pirâmide, registrou suas observações. "Os montes sempre jogarão esse pó para baixo dos topos de suas pirâmides, para sua base", escreveu. "Daí, reentrará por debaixo, ascenderá pelo centro, cairá novamente do topo daquele montículo. E assim o pó circulará de novo e de novo (...) enquanto a percussão continuar."[77]

A atenção aos detalhes nessas observações é verdadeiramente notável. O fenômeno de linhas nodais de pó ou areia em placas em vibração foi redescoberto em 1787 pelo físico alemão Ernst Chladni. Elas são chamadas agora comumente de "padrões de Chladni" nos livros de física, nos quais geralmente não é mencionado que Leonardo da Vinci descobriu-os quase trezentos anos antes.

A VISÃO E O OLHO

Para completar sua ciência da perspectiva, Leonardo estudou não apenas os caminhos externos dos raios de luz, junto com vários fenômenos ópticos, mas também seguiu-os direto ao olho. De fato, durante os anos de 1480, empreendeu seus estudos anatômicos do olho e da fisiologia da visão simultaneamente com suas investigações de perspectiva e interação de luz e sombra.

Naquela época, havia um debate entre artistas e filósofos renascentistas sobre a localização exata da ponta da pirâmide visual no olho. A maioria dos artistas seguia Alberti, que deu pouca atenção à fisiologia da visão em si e localizou o vértice da pirâmide visual em um ponto geométrico no centro da pupila. A maioria dos filósofos, ao contrário, tomava a posição de Alhazen, que afirmava que a faculdade visual do olho deve residir em uma área finita em vez de em um ponto infinitamente pequeno.[78]

No começo de suas investigações de perspectiva e anatomia do olho, Leonardo adotou a concepção de Alberti, mas durante os anos de 1490, conforme sua pesquisa se sofisticava, encampou a posição de Alhazen, argumentando que "se todas as imagens que vêm ao olho convergem em um ponto matemático, que é provado como sendo indivisível, então todas as coisas que se vê no universo se manifestariam como uma, e esta seria indivisível".[79]

Em seus escritos de óptica posteriores, no Manuscrito D, finalmente, afirmou repetida e confiantemente que "todas as partes da pupila possuem a faculdade da visão (*virtù visiva*), e (...) essa faculdade não é reduzida a um ponto, como querem os perspectivistas".[80] Em seu caderno de notas, Leonardo oferece três experimentos simples mas elegantes, envolvendo a percepção indistinta de pequenos objetos próximos ao olho, como provas persuasivas da posição de Alhazen.[81] Daí em diante, distinguiu dois tipos de perspectiva. A primeira, "perspectiva feita por arte", é uma técnica geométrica para representar objetos localizados no espaço tridimensional sobre uma superfície plana, enquanto a segunda, "perspectiva feita pela natureza", necessita de uma ciência apropriada da visão para ser compreendida.[82]

Tendo convencido a si mesmo de que em tal ciência da visão o vértice geométrico da pirâmide visual no olho precisa ser substituído por trajetórias das impressões sensoriais muito mais complexas, Leonardo traçou essas trajetórias através das lentes e do globo ocular até o nervo óptico, e a partir daí por todo o trajeto até o centro do cérebro, onde acreditava ter encontrado a sede da alma.

NOVE

Os Olhos, os Sentidos e a Alma

A estrutura dos olhos e o processo da visão eram para Leonardo prodígios da natureza que nunca deixaram de fasciná-lo. "Que linguagem pode expressar essa maravilha?", escreve a respeito do globo ocular, antes de continuar com uma rara expressão de reverência religiosa: "Certamente nenhuma. É aí que o discurso humano volta-se diretamente para a contemplação do divino".[1] No *Tratado de Pintura*, Leonardo estende-se com entusiasmo a respeito do olho humano:

> Não vê que o olho abarca a beleza de todo o mundo? Ele é o mestre da astronomia, pratica a cosmografia, aconselha e corrige todas as artes humanas; transporta o homem a diferentes partes do mundo. [O olho] é o príncipe das matemáticas; suas ciências são muito exatas. Mediu as alturas e dimensões das estrelas, descobriu os elementos e suas localizações (...). Criou a arquitetura, a perspectiva e a pintura divina (...). [O olho] é a janela do corpo humano, pela qual [a alma] contempla e desfruta a beleza do mundo.[2]

Não admira que Leonardo tenha passado mais de vinte anos investigando a anatomia e a fisiologia do olho ao dissecar cuidadosamente o globo ocular e os músculos e nervos a ele associados. Um de seus primeiros desenhos, feito por volta de 1487, mostra a cabeça humana rodeada por diversas membranas, como camadas de uma cebola (Fig. 9-1). De fato, essa analogia com a cebola era usada amplamente pelos principais anatomistas medievais[3]. Abaixo das ca-

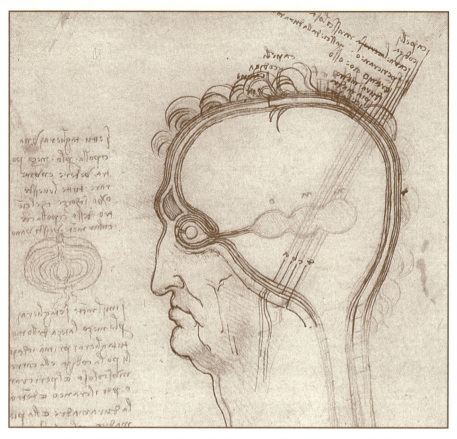

Figura 9-1: Ilustração de Leonardo da visão medieval do couro cabeludo, do cérebro e do globo ocular, Estudos Anatômicos, fólio 32r

madas do couro cabeludo Leonardo mostra duas membranas (conhecidas hoje como dura-máter e pia-máter) circundando o cérebro e então estendendo-se para formar o globo ocular, que contém um cristalino redondo. A pupila é formada por uma lacuna transparente nas membranas na frente do cristalino, que parece encontrar-se solta, presumivelmente flutuando em algum fluido claro. Esse desenho rudimentar é uma ilustração fiel da visão medieval do olho, que é baseada quase inteiramente na imaginação em vez do conhecimento empírico.

Com suas próprias dissecções anatômicas, Leonardo logo progrediu para bem além dessas idéias tradicionais. O "desenho da cebola" já mostra uma de suas descobertas, o seio frontal acima do globo ocular, e nos anos subseqüentes acrescentaria gradualmente muitos detalhes minuciosos da anatomia do olho e dos caminhos da percepção visual.

Ele estava bem ciente da novidade de suas descobertas. "O olho até agora foi definido por incontáveis escritores de um certo modo", anotou no Codex Atlanticus, "mas percebo por experiência que ele funciona de uma maneira diferente."[4]

ANATOMIA DO OLHO POR LEONARDO

O estudo de percepção visual de Leonardo foi um programa extraordinário de investigação científica, combinando óptica, anatomia do olho e neurociência. Ele explorou esses campos sem quaisquer inibições, aplicando a eles o mesmo método empírico meticuloso que usou para explorar tudo o mais na natureza, nunca temendo que algum fenômeno pudesse estar além de seu alcance.

Uma das primeiras coisas que Leonardo observou quando estudou a estrutura do olho em detalhe foi sua habilidade para mudar o tamanho da pupila de acordo com sua exposição à luz. Ele viu esse fenômeno pela primeira vez enquanto pintava um retrato, e então testou-o em uma série de experimentos nos quais expôs objetos a quantidades variáveis de luz. "A pupila do olho", concluiu, "muda para tantos tamanhos diferentes quanto há diferenças nos graus de brilho e escuridão dos objetos que se apresentam à sua frente (...). A natureza equipou a faculdade visual, quando irritada por luz excessiva, com a contração da pupila (...), e aqui a natureza funciona como alguém que, tendo luz demais em sua casa, fecha metade da janela, mais ou menos de acordo com a necessidade." E então acrescentou: "Pode-se observar isso em animais noctívagos tais como gatos, corujas e outros, que têm a pupila pequena ao meio-dia e muito grande à noite".[5]

Quando investigou o mecanismo dessas contrações e dilatações em suas dissecções do globo ocular, Leonardo descobriu o delicado esfíncter da pupila. "Percebo por experiência", registrou, "que a cor preta, ou quase preta, ondulada e rugosa que aparece em volta da pupila, não serve a outra função que não a de aumentar ou diminuir o tamanho da pupila."[6] Em outra passagem, relacionou a ação das dobras radiais do esfíncter ao fechamento de uma bolsa com um cordão.[7] É surpreendente como a descrição detalhada de Leonardo da "cor preta, ou quase preta, ondulada e áspera" dos músculos pupilares é precisa. De fato, é quase idêntica à dos compêndios de medicina modernos, nos quais o músculo da abertura central da íris, o assim chamado "colarete", é descrito como um aro rugoso castanho-escuro.[8]

Na Idade Média e na Renascença, a maioria dos filósofos da natureza acreditava que a visão envolvia a emissão de "raios visuais" pelo olho, que eram então refletidos pelos objetos percebidos. Essa concepção foi primeiramente proposta por Platão e foi sustentada por Euclides, Ptolomeu e Galeno. Somente o grande filósofo empírico Alhazen expôs a concepção oposta — a de que a visão era acionada quando imagens, levadas por raios de luz, penetravam no olho.

Leonardo debateu os méritos de ambas as concepções extensamente antes de concordar com Alhazen.[9] Seu principal argumento em favor da teoria da "intromissão" foi baseado na descoberta da adaptação da pupila à mudança de iluminação. Em particular, observou o fato de que a súbita luz do Sol brilhante produz dor no olho como prova decisiva de que a luz não apenas entra no olho, mas também pode feri-lo e, em casos extremos, até destruí-lo. Um argumento adicional para a entrada da luz no olho foi a observação de Leonardo de imagens persistentes. "Se você olhar para o Sol ou outro corpo luminoso e então fechar os olhos", anotou, "o verá similarmente dentro do seu olho por um longo espaço de tempo. Isso é uma prova de que as imagens entram no olho."[10]

Após um hiato de quase vinte anos, Leonardo retoma os estudos de visão por volta de 1508 para explorar mais detalhes da anatomia do olho e as vias que a imagem percorre.[11] Dessa vez, também fez uso de sua nova técnica de embeber o globo ocular em clara de ovo durante as dissecções.[12] Reconheceu a córnea como uma membrana transparente e observou sua curvatura saliente, concluindo corretamente que isso estende o campo visual em mais de 180 graus: "A natureza fez convexa a superfície da córnea no olho para permitir que objetos ao redor imprimam suas imagens a ângulos maiores".[13]

Leonardo percebeu que a extensão do campo visual pela saliência da curvatura da córnea é devida à refração dos raios de luz quando passam do ar ao meio mais denso da córnea, e cuidadosamente ilustrou esse fenômeno em diversos esboços. Além disso, testou as refrações de modo experimental construindo um modelo de cristal da córnea.[14]

Leonardo estava bem familiarizado com lentes devido a seus experimentos ópticos, bem como a seu próprio uso de óculos, dos quais precisava na época em que estudou o cristalino do olho.[15] Naturalmente, aplicou seu conhecimento de refração a suas investigações da córnea e do cristalino. Contudo, sempre apresentou o cristalino, que chamou de "humor cristalino", como esférico e localizado no centro do globo ocular, suspenso em um fluido claro,

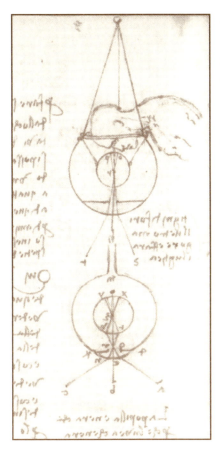

Figura 9-2: Modelo do olho e diagrama da trajetória da imagem, Ms. D, fólio 3v

em vez de situá-lo logo atrás da pupila. Kenneth Keele ressaltou que a técnica sofisticada de dissecção do globo ocular de Leonardo, desenvolvida por volta de 1509, certamente teria permitido a ele reconhecer a forma e a localização verdadeira do cristalino, e especulou se Leonardo não continuara suas dissecções do olho após essa época, ou se desenhos mais precisos não se perderam.[16]

A óptica detalhada dos raios de luz dentro do globo ocular apresentou grandes dificuldades para Leonardo, assim como para todos os seus contemporâneos. Hoje, sabemos que os raios são refratados pelo cristalino convexo de tal modo que se cruzam atrás do cristalino e formam uma imagem invertida do objeto percebido na retina. Como o cérebro corrige a inversão para produzir a visão normal ainda não é totalmente compreendido.

Uma vez que Leonardo não podia saber que uma segunda inversão da imagem é realizada no cérebro, teve que construir duas inversões consecutivas dos raios de luz dentro do globo ocular para produzir uma imagem direita. Teve uma idéia brilhante, porém incorreta. A primeira inversão dos raios, postulou, ocorre entre a pupila e o cristalino, causada pela pequena abertura da pupila que vira a imagem de cabeça para baixo como uma câmara escura.[17]

Os raios invertidos entram no cristalino onde são invertidos uma segunda vez, resultando em uma imagem direita no fim. Leonardo construiu um modelo simples mas muito engenhoso do olho para testar essa idéia e ilustrou-o claramente com um desenho encantador no Manuscrito D (Fig. 9-2). Na parte mais baixa do desenho, esboçou a trajetória da imagem de acordo com a sua teoria. Os raios de luz, entrando no olho por baixo, são levemente refratados pela córnea (exceto pelo raio central), prosseguem pela pequena abertura da pupila e, como em uma câmara escura, produzem uma imagem invertida no cristalino esférico. Lá, os raios são invertidos novamente antes de formar uma imagem apropriada atrás do cristalino, de onde entrariam no nervo óptico.

A parte superior do desenho mostra o modelo de Leonardo. Ele encheu de água um globo transparente, representando o globo ocular, e à frente colocou um prato com um pequeno buraco no meio, representando a pupila. Suspensa no centro do globo está uma "bola de vidro fino", representando o cristalino, atrás da qual Leonardo coloca seu próprio olho debaixo d'água na posição do nervo óptico. "Esse instrumento", explica no texto anexo, "enviará as imagens (...) para o olho assim como o olho as envia à faculdade visual."[18]

A elaboração de Leonardo do caminho percorrido pela imagem foi certamente engenhosa, mas também teve alguns sérios problemas. O efeito câmara escura funcionaria apenas se o tamanho da pupila fosse muito menor e sua distância do cristalino maior do que são de fato. E mesmo se fosse esse o caso, as imagens dos objetos na retina seriam afetadas pelas contrações e dilatações da pupila em resposta a exposições variáveis de luz. Leonardo considerou essa possibilidade e também experimentou trajetórias alternativas, mas nunca foi capaz de resolver as inconsistências inerentes à sua construção.[19] Contudo, suas descobertas de muitos detalhes sutis da anatomia do olho são verdadeiramente notáveis.

Leonardo foi o primeiro a distinguir entre visão central e periférica. "O olho tem uma única linha central", observou, "e todas as coisas que chegam ao olho ao longo dessa linha são bem vistas. Ao redor dessa linha central, há um número infinito de outras linhas aderentes a esta central, que são de menor valor quanto mais distantes estiverem da linha central."[20] Também foi o primeiro a explicar a visão binocular — o modo pelo qual vemos as coisas estereoscopicamente pela fusão das imagens separadas do campo visual formadas em cada olho. Para explorar detalhes da visão binocular, colocou objetos de vários tamanhos a distâncias variadas dos olhos, de muito perto a muito longe, e olhava para eles alternadamente com o olho direito e esquerdo e com ambos os olhos. Sua conclusão foi inequívoca e correta: "Um e o mesmo objeto é claramente compreendido quando visto com dois olhos concordantes. Esses olhos referem-no a um mesmo e único ponto dentro da cabeça (...). Mas se você deslocar um desses olhos com o dedo, verá um objeto convertido em dois".[21]

DO NERVO ÓPTICO À SEDE DA ALMA

Desde seus primeiros estudos de percepção sensorial, Leonardo não limitou suas investigações da visão à óptica do olho mas seguiu a trajetória das impressões sensoriais pelos nervos até o cérebro. De fato, mesmo seu inicial "desenho de cebola" do couro cabeludo e do globo ocular (Fig. 9-1), que representa a concepção medieval do olho, mostra o nervo óptico levando ao centro do cérebro, onde vagas delineações de três cavidades podem ser vistas. De acordo com a filosofia aristotélica e medieval, essas são as áreas no cérebro onde diferentes estágios da percepção acontecem. A primeira cavidade, chamada de *sensus communis* [senso comum] por Aristóteles, era o lugar onde todos os sentidos se juntavam para produzir uma percepção integrada do mundo, que era então interpretada e parcialmente confiada à memória nas duas outras cavidades.

Esses espaços vazios de fato existem na porção central do cérebro, mas suas formas e funções são bem diferentes das imaginadas pelos filósofos da natureza medievais. Eles são chamados de ventrículos cerebrais pelos neurocientistas de hoje; existem na verdade quatro deles, todos interconectados. Sustentam e escoram o cérebro e produzem um fluido claro, incolor, que circula pelas superfícies do cérebro e medula espinhal, transportando hormônios e removendo produtos metabólicos residuais.

Leonardo adotou a idéia aristotélica dos ventrículos como centros da percepção sensorial, expandiu-a e, ao empregar suas habilidades como anatomista e cientista empírico, integrou-a com suas idéias a respeito da natureza da luz e da fisiologia da visão. Para começar, determinou a forma exata dos ventrículos cerebrais injetando cera cuidadosamente neles.[22]

Ele registrou seus resultados em diversos desenhos, por exemplo o mostrado na figura 9-3, que também exibe as trajetórias de diversos nervos sensoriais até o cérebro. A comparação desse desenho (que é baseado na dissecação do cérebro de um boi) com aqueles de um livro didático médico moderno torna evidente que Leonardo reproduziu as formas e localizações dos ventrículos cerebrais com tremenda precisão. Os dois anteriores, assim chamados ventrículos laterais, o terceiro ventrículo (central) e o quarto ventrículo (posterior) podem ser facilmente reconhecidos.

A teoria neurológica de Leonardo da percepção visual precisa ser classificada como uma de suas principais conquistas científicas. Ela foi analisada com detalhe admirável pelo eminente estudioso de Leonardo e médico Kenneth Keele.[23]

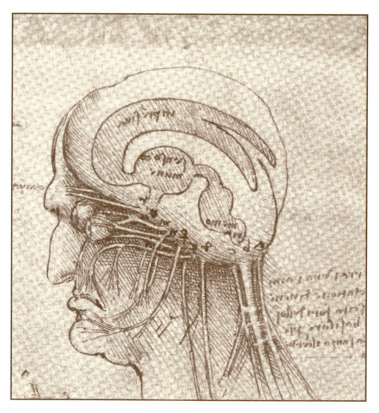

Figura 9-3: Ventrículos cerebrais e caminhos de nervos cranianos, "Weimar Blatt", em Estudos Anatômicos entre os fólios 54 e 55

Na anatomia de Leonardo, o nervo óptico é retratado expandindo-se gradualmente onde se encaixa no globo ocular e fixando-se diretamente à parte de trás do cristalino esférico, formando uma espécie de retina restrita. É aí que as imagens são transformadas em impulsos nervosos. Ele viu esse processo como uma percussão do nervo óptico pelos raios de luz, que aciona impulsos sensoriais (*sentimenti*) que viajam pelos nervos na forma de ondas, assim como os "tremores" causados por pedregulhos jogados em um lago propagam-se na forma de ondas de água.[24] Contudo, Leonardo especificou que os impulsos sensoriais, ou nervosos, não são materiais. Chamou-os "espirituais", pelo que queria dizer simplesmente que eram incorpóreos e invisíveis. Seguindo Galeno, pensou que o nervo óptico, como todos os nervos, fosse oco, "perfurado" por um pequeno tubo central pelo qual as frentes de onda formadas por impulsos sensoriais viajam em direção ao centro do cérebro.

Kenneth Keele conclui que a fisiologia da percepção sensorial de Leonardo é "totalmente mecanicista", porque apresenta de modo destacado movimento e percussão.[25] Discordo dessa classificação em vista da ênfase explícita de Leonardo na natureza não-material dos impulsos nervosos. De acordo com a neurociência moderna, os impulsos nervosos são de natureza eletromagnética, frentes de ondas de íons movendo-se ao longo dos nervos — e, como Leonardo afirmou, invisíveis a olho nu. Os neurônios formam longas fibras finas (chamadas axônios), rodeadas por membranas celulares, e para os quais o termo de Leonardo "tubos perfurados" não parece uma má descrição. Dentro desses tubos, as frentes de ondas de íons movem-se no fluido das células nervosas. Esses são fenômenos nos campos da microbiologia e bioquímica que eram inacessíveis a Leonardo. Como bom empirista, simplesmente afirmou que os impulsos sensoriais são invisíveis e não especulou mais profundamente a respeito de sua natureza. Nenhum cientista poderia ter feito melhor antes do desenvolvimento do microscópio e da teoria do eletromagnetismo, surgida séculos depois.

Desde seus primeiros estudos anatômicos, Leonardo prestou atenção especial à trajetória dos nervos sensoriais no crânio humano, em particular do nervo óptico. De fato, como Keele aponta, "as investigações pessoais de Leonardo da anatomia do olho e dos nervos ópticos (...) formaram o motivo central de suas belas demonstrações em perspectiva da estrutura do crânio humano".[26] Esses impressionantes desenhos do crânio são famosos por suas representações delicadas de luz e sombra e sua aplicação magistral da perspectiva visual (ver figura 8-2 na p. 225). Além disso, o olho treinado do médico vê nelas descrições surpreendentemente acuradas das cavidades do crânio e das aberturas nervosas — a órbita do olho, seus seios adjacentes, os dutos lacrimais, e as aberturas (forames) para os nervos ópticos e auditivos.[27]

Quando Leonardo seguiu os nervos ópticos a partir de cada globo ocular até o cérebro, percebeu que eles se cruzavam em uma área conhecida agora como quiasma [cruzamento] óptico.[28] Documentou essa descoberta em todos os seus desenhos dos nervos ópticos e cranianos (ver figura 9-3). Leonardo especulou que o cruzamento dos nervos ópticos servia para facilitar "o movimento igual dos olhos" no processo de percepção visual.[29] Estava no caminho certo, mas não sabia que o processo de sincronização da percepção visual dos dois olhos é muito mais complexo, envolvendo a interação sutil de diversos conjuntos de músculos e nervos.

Quando Leonardo desenhou o chamado Weimar Blatt (Fig. 9-3), por volta de 1508, seu conhecimento da natureza e curso dos nervos cranianos tinha alcançado o auge. Ainda sustentava que todos os nervos que levam impressões sensoriais convergem no ventrículo anterior,[30] mas distanciou-se de Aristóteles ao mudar a localização do *senso comune* para a cavidade central do cérebro.[31] No ventrículo anterior, Leonardo localizou um órgão especial não mencionado por ninguém antes dele, que chamou de receptor de impressões (*impressiva*).[32] Viu-o como uma estação de transmissão que capta os padrões de onda das impressões sensoriais, faz seleções por alguns processos de ressonância, e organiza-os em formas rítmicas harmônicas que são então passadas para o *senso comune*, onde entram na consciência.

A AUDIÇÃO E OUTROS SENTIDOS

Apesar de Leonardo considerar a visão como "o melhor e mais nobre dos sentidos",[33] ele investigou também os outros sentidos, dando atenção particular à trajetória dos nervos cranianos. Desde seus primeiros desenhos da cabeça, delineou de modo consistente os nervos auditivos e olfativos, bem como o nervo óptico, e mostrou como todos convergem ao *senso comune*.

Em seus famosos desenhos do crânio em perspectiva, Leonardo retratou com clareza o canal auditivo, mas em seus manuscritos conhecidos não há descrição detalhada da anatomia do ouvido. Ele estava ciente do tímpano e reconheceu que sua percussão por ondas sonoras produz impulsos sensoriais no nervo auditivo. Contudo, não documentou nenhum dos processos intermediários, tendo convencido a si mesmo, talvez, de que a geração de impulsos nervosos auditivos por meio de percussão era análoga à dos impulsos no nervo óptico, e que ambos terminavam no *senso comune*.

Leonardo pode ou não ter registrado estudos mais detalhados da percepção humana do som em manuscritos que foram perdidos, mas nós sabemos com certeza que passou tempo considerável estudando a *produção* do som pela voz humana. Não apenas investigou a anatomia e a fisiologia de todo o aparato vocal para compreender a formação da voz, mas estendeu seus estudos à fonética, à teoria musical e ao funcionamento e às formas dos instrumentos musicais.[34]

A laringe, ou "caixa de voz", que contém as cordas vocais, é um órgão notoriamente complicado, e não admira que Leonardo não tenha compreendido totalmente seu funcionamento. Contudo, produziu desenhos impressionantemente acurados de sua anatomia detalhada, muito além de qualquer coisa conhecida em sua época, e também percebeu que muitas outras partes do corpo estão envolvidas na formação da voz humana. Nas palavras de Kenneth Keele, Leonardo percebeu que

> a produção da voz envolvia a função integrada de estruturas desde a caixa torácica, passando pelos pulmões, brônquios, traquéia, laringe, faringe, cavidades nasal e boca até os dentes, lábios e língua; e considerou todas essas estruturas, produzindo desenhos de todas elas com precisão sem precedentes.[35]

Em seus estudos da voz humana, Leonardo usou com freqüência os mecanismos de produção sonora em flautas e trompetes como modelos. De fato, sempre usou a palavra *voce* [voz] para sons produzidos por esses instrumentos. Suas investigações da variação de altura em instrumentos de sopro naturalmente levaram-no a estudar escalas e a desenvolver elementos de teoria musical.

O talento musical de Leonardo era bem conhecido por seus contemporâneos e teve um importante papel em seu sucesso inicial na corte dos Sforza em Milão.[36] Também temos relatos contemporâneos de que compôs peças de música para as apresentações teatrais e outros espetáculos que produziu na corte.[37] Infelizmente, nenhuma partitura musical de Leonardo foi preservada. Por outro lado, podemos encontrar diversos desenhos de instrumentos musicais em seus cadernos de notas, a maioria deles com projetos para melhorar instrumentos existentes. Esses projetos incluíam teclados para instrumentos de sopro, tambores afinados, flautas *glissando* (como apitos com uma haste móvel para controlar a altura do som), e uma *viola organista*, um tipo de órgão com timbre semelhante a um instrumento de corda.[38]

As dissecções de Leonardo dos nervos cranianos e do sistema nervoso central convenceram-no de que todos os cinco sentidos são associados com nervos especiais que levam impressões sensoriais ao cérebro, onde são selecionados e organizados pelo receptor de impressões (*impressiva*) e passados para o *senso comune*. Ali, no ventrículo central do cérebro, as impressões sensoriais integradas são julgadas pelo intelecto e são influenciadas pela imaginação e pela memória.

Em diversos desenhos do crânio humano, Leonardo indicou a posição do terceiro ventrículo cerebral por três coordenadas que se entrecruzam com completa precisão espacial em três dimensões (ver figura 8-2). Identificou essa cavidade no centro do cérebro não apenas como a localização do *senso comune*, mas também como a sede da alma. "A alma parece residir na parte do juízo", concluiu, "e a parte do juízo parece estar no lugar onde todos os sentidos se juntam, que é chamado *senso comune* (...). O *senso comune* é a sede da alma, a memória é seu reservatório e o receptor de impressões é seu informante."[39] Com essa informação, Leonardo relaciona sua elaborada teoria de percepção sensorial à antiga idéia da alma.

COGNIÇÃO E A ALMA

Na antiga filosofia grega, a alma foi concebida como força motriz definitiva e fonte de toda a vida.[40] Intimamente associada a essa força motriz, que abandona o corpo na morte, estava a idéia de saber. Desde o início da filosofia grega, o conceito da alma teve uma dimensão cognitiva. O processo de animação também era um processo de saber. Assim Anaxágoras, no século V a.C., chamou a alma de *nous* [razão] e viu-a como uma substância racional que move o mundo.

Durante o período de filosofia greco-romana, o pensamento alexandrino separou gradualmente as duas características que haviam sido originalmente unidas na concepção grega da alma — a de uma força vital e a da atividade da consciência. Lado a lado com a alma, que move o corpo, agora aparece o "espírito" como princípio independente, expressando a essência do indivíduo e também da personalidade divina. Os filósofos alexandrinos introduziram a divisão tripla do ser humano em corpo, alma e espírito, mas as fronteiras entre "alma" e "espírito" eram flutuantes. A alma era situada em algum lugar entre os dois extremos, matéria e espírito.

Leonardo adotou a visão integrada da alma sustentada por Aristóteles e pelos primeiros filósofos gregos, que viam-na como agente da percepção e saber e a força subjacente à formação e aos movimentos do corpo. Diferente dos filósofos gregos, contudo, não especulou meramente a respeito da natureza da alma, mas testou as concepções antigas empiricamente. Em suas meticulosas dissecções do cérebro e do sistema nervoso, traçou as percepções sensoriais desde as impressões iniciais nos órgãos do sentido, especialmente o olho, passando pelos nervos sensoriais até o centro do cérebro. Também seguiu os impulsos nervosos por movimento voluntário desde o cérebro descendo a medula espinhal e pelos nervos motores periféricos até os músculos, tendões e ossos; e ilustrou todos esses trajetos em desenhos anatômicos precisos (ver, por exemplo, figura 9-4).[41]

A partir de suas investigações minuciosas do cérebro e do sistema nervoso, Leonardo concluiu que a alma avaliava impressões sensoriais e as transferia para a memória, e que era também a origem do movimento corporal voluntário, que associou com a razão e o julgamento.

Na concepção de Leonardo, todo movimento material originava-se nos movimentos imateriais e invisíveis da alma. "O movimento espiritual", raciocinou, "fluindo pelos membros de animais sencientes, amplia seus músculos. Assim ampliados, esses músculos são contraídos e puxam de volta os tendões que são conectados a eles. Essa é a origem da força nos membros humanos (...). O movimento material surge do imaterial."[42] Com esse conceito de alma, Leonardo expandiu a tradicional idéia aristotélica de acordo com a sua evidência empírica. Nisso, estava bem à frente de seu tempo.

Durante os séculos subseqüentes, os cadernos de notas de Leonardo continuaram escondidos em antigas bibliotecas européias e muitos deles se perderam, e a aristotélica visão integrada da alma desapareceu gradualmente da filosofia. A idéia de espírito como princípio divino desligado do corpo tornou-se o tema dominante da metafísica religiosa, e a alma, dessa maneira, foi vista como independente do corpo e dotada de imortalidade. Para outros filósofos, o conceito da alma tornou-se cada vez mais sinônimo do conceito de mente racional, e no século XVII René Descartes postulou a divisão fundamental da realidade em dois reinos independentes e separados — o da mente, a "substância pensante" (*res cogitans*), e o da matéria, a "substância extensa" (*res extensa*).

Essa divisão conceitual entre mente e matéria tem assombrado a ciência e a filosofia ocidental há mais de trezentos anos. Seguindo Descartes, cientistas e filósofos continuaram a pensar sobre a mente como uma entidade intangível e foram incapazes de imaginar como essa "substância pensante" está relacionada ao corpo. Em particular, a relação exata entre mente e cérebro ainda é um mistério para a maioria dos psicólogos e neurocientistas.

Durante as duas últimas décadas do século XX, contudo, uma nova concepção da natureza da mente e da consciência surgiu nas ciências biológicas, que finalmente sobrepujou a divisão cartesiana entre mente e corpo. O avanço decisivo foi rejeitar a visão de mente como uma coisa; perceber que mente e consciência não são entidades, mas sim processos. Nos últimos 25 anos, o

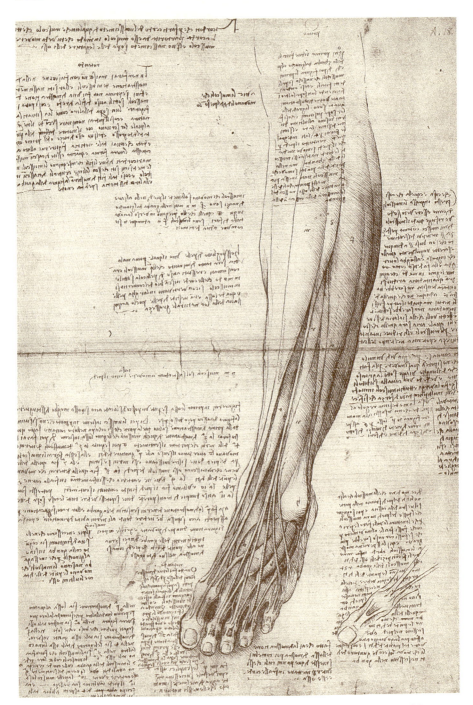

Figura 9-4: Estudo dos músculos anteriores da perna, c. 1510, Estudos Anatômicos, fólio 151r

estudo da mente a partir dessa nova perspectiva floresceu em um rico campo interdisciplinar conhecido como ciência cognitiva, que transcende as estruturas tradicionais da biologia, da psicologia e da epistemologia.[43]

Uma das percepções centrais da ciência cognitiva é a identificação de cognição, o processo de conhecimento, com o processo de vida. Cognição, de acordo com essa concepção, é a atividade organizadora dos sistemas vivos em todos os níveis da vida. Conseqüentemente, as interações de um organismo vivo — planta, animal ou humano — com seu ambiente são compreendidas como interações cognitivas. Assim, vida e cognição tornam-se inseparavelmente interligadas. Mente — ou, mais precisamente, atividade mental — é imanente na matéria em todos os níveis da vida. Essa nova concepção representa uma expansão radical do conceito de cognição e, implicitamente, do conceito de mente. Na nova concepção, cognição envolve todo o processo de vida — incluindo percepção, emoção e comportamento — e nem mesmo requer necessariamente um cérebro e um sistema nervoso.

É evidente que a identificação da mente, ou cognição, com os processos de vida, apesar de ser uma idéia nova na ciência, aproxima-se bastante da concepção de alma de Leonardo. Como Leonardo, os cientistas cognitivos modernos vêem a cognição (ou a alma) como o processo de percepção e conhecimento e como o processo que anima os movimentos e a organização do corpo. Há uma diferença conceitual. Enquanto os cientistas cognitivos entendem a cognição claramente como um processo, Leonardo via a alma como uma entidade. Contudo, quando escreveu sobre ela, sempre a descreveu em termos de suas atividades.

O quão próxima a concepção de alma de Leonardo está do conceito moderno de cognição pode ser visto em suas anotações sobre o vôo dos pássaros, nas quais compara os movimentos do pássaro vivo com os da máquina voadora que estava projetando. Depois de muitas horas de observações intensas do vôo dos pássaros nas colinas ao redor de Florença, Leonardo ficou totalmente familiarizado com suas capacidades instintivas de manobrar no vento, manter seu equilíbrio respondendo a mudanças de correntes de ar com movimentos sutis das asas e das caudas.[44]

Em suas anotações, explicou que essa capacidade era um sinal da inteligência do pássaro — uma reflexão das ações de sua alma[45]. Na linguagem científica moderna, diríamos que as interações de um pássaro com as correntes de ar e suas manobras graciosas ao vento são processos cognitivos, como Leonardo claramente reconheceu e descreveu com precisão. Ele também percebeu que esses sutis processos cognitivos de um pássaro em vôo sempre seriam superiores aos de um piloto humano guiando um aparelho mecânico:

> Poderia ser dito que a um instrumento assim projetado pelo homem faltaria apenas a alma do pássaro, que precisa ser imitada pela alma do homem (...). [Contudo], a alma do pássaro certamente responderá melhor às necessidades de seus membros do que a alma do homem, separada deles e especialmente de seus quase imperceptíveis movimentos de equilíbrio.[46]

Seguindo Aristóteles, Leonardo viu a alma não apenas como a fonte de todos os movimentos corporais mas também como a força subjacente à formação do corpo. Chamou-a de "compositor do corpo".[47] Isso é totalmente consistente com as visões dos cientistas cognitivos de hoje, que entendem a cognição como um processo envolvendo a autogeração e auto-organização de organismos vivos.

A principal diferença entre o conceito de alma de Leonardo e da ciência cognitiva moderna parece ser que Leonardo deu à alma humana uma localização específica no cérebro. Hoje sabemos que a consciência reflexiva — o tipo especial de cognição que é característico dos grandes símios e humanos — é um processo amplamente distribuído envolvendo complexas camadas de redes neurais. Sem acesso às estruturas microscópicas, à química e aos sinais eletromagnéticos do cérebro, Leonardo não tinha como descobrir essas extensas redes de neurônios; e uma vez que observou que as trajetórias de vários nervos sensoriais parecem convergir em direção ao ventrículo central do cérebro, decidiu que essa tinha de ser a sede da alma.

Na época da Renascença, não havia concordância a respeito da localização da alma. Enquanto Demócrito e Platão haviam reconhecido a importância do cérebro, Aristóteles considerava o coração a sede do *sensus communis*. Averróis, o grande comentador árabe de Aristóteles, cujos ensinamentos foram muito influentes na Itália durante a Renascença,[48] havia exposto uma outra idéia. Ele identificava a alma com a forma de todo o corpo vivo, o que significava que ela não tinha uma localização específica. Leonardo, após considerar tais opiniões, em vista das evidências empíricas que havia reunido, localizou com confiança a alma na cavidade central do cérebro.

Corpo e alma formavam um todo indivisível para Leonardo. "A alma deseja ficar com seu corpo", explicou, "porque sem os instrumentos orgânicos desse corpo ela não pode nem realizar nem sentir nada."[49] De novo, isso é completamente consistente com a ciência cognitiva moderna, na qual viemos a compreender a relação entre mente e corpo como uma relação entre processo (cognitivo) e estrutura (viva), que representam dois aspectos complementares do fenômeno da vida. De fato, assim como Leonardo escreveu sobre a alma, do mesmo modo os cientistas cognitivos de hoje falam da mente como sendo fundamentalmente corporificada. Por um lado, processos cognitivos formam continuamente nossas formas corporais, e, por outro lado, a própria estrutura da razão surge do nosso corpo e do nosso cérebro.[50]

De modo notável para sua época, Leonardo argumentou muitas vezes contra a existência de espíritos desligados do corpo. "Um espírito não pode ter voz nem forma nem força", declarou. "E se alguém disser que, pelo ar coletado e comprimido, um espírito assume corpos de várias formas, e por tal instrumento fala e move-se com força, a isso respondo que, onde não há nervos nem ossos, não pode haver força exercida em qualquer movimento feito por tais espíritos imaginários."[51]

Na visão de Leonardo, a unidade essencial de corpo e alma surge bem no início da vida e dissolve-se com a extinção de ambos na morte. Nos dois fólios que contêm seus mais belos desenhos do embrião humano no ventre (Fig. E-1), encontramos os seguintes pensamentos inspirados sobre a relação entre a alma da mãe e do filho:

> Uma única e mesma alma governa esses dois corpos; e os desejos, medos e dores são comuns a essa criatura como a todas as outras partes animadas (...). A alma da mãe (...) no tempo devido desperta a alma que deve ser seu habitante. Esta, a princípio, continua dormente sob a guarda da alma da mãe que nutre e vivifica-a pelo cordão umbilical.[52]

Essa passagem extraordinária é totalmente compatível com a ciência cognitiva moderna. Em linguagem poética, o artista e cientista descreve o desenvolvimento gradual da vida mental do embrião junto com seu corpo. Ao fim da vida, o processo inverso acontece. "Enquanto pensava estar aprendendo a viver, estava aprendendo a morrer", escreveu Leonardo de modo comovente no fim de sua vida.[53] Em uma admirável ruptura com a doutrina cristã, Leonardo da Vinci nunca expressou uma crença de que a alma sobreviveria após a morte do corpo.

UMA TEORIA DO CONHECIMENTO

Meus dois últimos capítulos delineiam o equivalente a uma extensa teoria do conhecimento, prestando testemunho ao gênio de Leonardo como pensador integrativo, sistêmico. Tratando percepção e conhecimento como pintor, começou explorando a aparência das coisas ao olhar, a natureza da perspectiva, os fenômenos da óptica e a natureza da luz. Ele não apenas usou a antiga metáfora do olho como a janela da alma, mas considerou-a com seriedade e submeteu-a a suas investigações empíricas, seguindo os raios das "pirâmides de luz" para dentro do olho, traçando-os através do cristalino e do globo ocular até o nervo óptico. Descreveu como nessa área, conhecida hoje como retina, a percussão dos raios de luz gera impulsos sensoriais, e seguiu esses impulsos sensoriais ao longo do nervo óptico por todo o caminho até a "sede da alma", na cavidade central do cérebro.

Leonardo também desenvolveu uma teoria detalhada sobre o modo como as impressões sensoriais entram na consciência. Foi vago sobre como exatamente os impulsos nervosos sofrem a influência do intelecto, da memória e da imaginação, atenuando a relação entre experiência consciente e processos neurológicos. Contudo, mesmo hoje, nossos principais neurocientistas não conseguem fazer melhor.[54]

Que Leonardo tenha sido capaz de desenvolver uma teoria sofisticada e coerente da percepção e do conhecimento baseado em evidências empíricas mas sem nenhum conhecimento de células, moléculas, bioquímica ou eletromagnetismo é decerto extraordinário. Muitos aspectos de suas explicações tornaram-se mais tarde disciplinas científicas separadas, incluindo óptica, anatomia craniana, neurologia, fisiologia do cérebro e epistemologia. Durante a última década do século XX, esses assuntos começaram a convergir novamente dentro do campo interdisciplinar da ciência cognitiva, mostrando admiráveis similaridades com a concepção sistêmica de Leonardo dos processos de conhecimento.

Mais uma vez, não posso deixar de me maravilhar com quão diferentemente a ciência ocidental teria se desenvolvido se Leonardo tivesse publicado seus tratados em vida, como pretendia. Galileu, Descartes, Bacon e Newton — os gigantes da Revolução Científica — viveram e trabalharam em meios intelectuais muito mais próximos da Renascença do que o nosso. Creio que eles teriam compreendido a linguagem e o raciocínio de Leonardo muito melhor do que o fazemos hoje. Esses filósofos da natureza, como ainda são chamados, enfrentaram os mesmos problemas que ocuparam e fascinaram Leonardo, e para os quais ele muitas vezes encontrou soluções originais. Como eles teriam incorporado os *insights* de Leonardo às suas teorias?

Essas perguntas não têm respostas. Enquanto as pinturas de Leonardo tiveram uma influência decisiva na arte européia, seus tratados científicos permaneceram escondidos durante séculos, desconectados do desenvolvimento da ciência moderna.

EPÍLOGO

*"Leia-me, ó leitor, se em minhas
palavras encontra deleite."*

A ciência de Leonardo não pode ser compreendida dentro do paradigma mecanicista de Galileu, Descartes e Newton. Apesar de ter sido um gênio da mecânica e ter projetado incontáveis máquinas, sua ciência não era mecanicista. Reconheceu por completo e estudou de modo exaustivo os aspectos mecânicos dos corpos humanos e animais, mas sempre os viu como instrumentos, usados pela alma para a auto-organização do organismo. A tentativa de entender esses processos de auto-organização — o crescimento, os movimentos e as transformações das formas de vida da natureza — foi o âmago da ciência de Leonardo. Uma ciência de atributos e proporções, de formas orgânicas moldadas e transformadas por processos subjacentes. Para Leonardo, a natureza inteira estava viva e animada, um mundo em desenvolvimento e fluxo contínuos, tanto no macrocosmo da Terra como no microcosmo do corpo humano.

Enquanto seus contemporâneos submetiam-se às autoridades de Aristóteles e da Igreja, Leonardo desenvolveu e praticou uma abordagem empírica para adquirir conhecimento independente, que se tornaria conhecida séculos depois como método científico. Consistia na observação sistemática e cuidadosa dos fenômenos naturais, em experimentos engenhosos, na formulação de modelos teóricos e em muitas tentativas de generalizações matemáticas.

Leonardo utilizou seu método empírico — junto com seus excepcionais poderes de observação e sua "sublime mão esquerda" — para analisar, desenhar e pintar "com especulações filosóficas sutis (...) todos os tipos de formas".[1] Os registros que deixou das investigações de toda uma vida são testemunhos magníficos tanto de sua arte como de sua ciência.

Em décadas recentes, os estudiosos nos deram análises abrangentes de algumas áreas da ciência de Leonardo (embora muitas vezes a partir de perspectivas diferentes da minha), enquanto outras continuam inexploradas em sua maior parte. Todo o *corpus* dos estudos anatômicos de Leonardo foi analisado com impressionante minúcia em um excelente livro, *Leonardo da Vinci's Elements of the Science of Man*, por Kenneth Keele, historiador de medicina e estudioso de Leonardo.[2]

As contribuições originais de Leonardo ao paisagismo e ao projeto de jardins, bem como seu importante trabalho de botânica, são discutidos de modo arguto e em detalhe no livro do botânico William Emboden, *Leonardo da Vinci on Plants and Gardens*.[3] Infelizmente, não há um volume comparável a respeito dos volumosos escritos sobre "o movimento das águas", que incluem seus estudos pioneiros dos fluidos, bem como suas observações originais sobre a dimensão ecológica da água como meio e fluido nutriz da vida. Suas observações geológicas, séculos à frente de seu tempo, também continuam praticamente inexploradas.

As contribuições de Leonardo à mecânica e engenharia são discutidas de modo exaustivo em diversos livros, incluindo o belo volume *Renaissance Engineers from Brunelleschi to Leonardo da Vinci*, do historiador de ciência Paolo Galluzzi.[4] Suas observações e análises precisas do vôo dos pássaros e suas obstinadas tentativas de projetar máquinas voadoras funcionais são avaliadas em uma monografia cativante e ricamente ilustrada de Domenico Laurenza, *Leonardo On Flight*.[5] Contudo, nenhum tributo aos trabalhos de Leonardo em arquitetura e engenharia a partir da moderna perspectiva de criação [*design*] foi oferecido até agora.[6] Esse, certamente, seria um assunto fascinante.

Os estudos de Leonardo das formas de vida da natureza começaram por suas aparências externas e depois voltaram-se para investigações metódicas de suas naturezas intrínsecas. Padrões de organização da vida, suas estruturas orgânicas e seus processos fundamentais de metabolismo e crescimento são os laços conceituais unificadores que interligam seu conhecimento de macro e microcosmo. No decorrer de sua vida, estudou, desenhou e pintou as rochas e os sedimentos da Terra, moldados pela água; o crescimento das plantas determinado pelo metabolismo; e a anatomia do corpo animal em movimento. Usou sua compreensão científica das formas da natureza como o pilar intelectual de sua arte, e usou seus desenhos e pinturas como ferramentas de análise científica. Assim, os estudos de Leonardo das formas de vida da natureza representam uma unidade integrada, inconsútil de arte e ciência.

Na Renascença italiana, não era raro encontrar pintores que também eram escultores, arquitetos ou engenheiros consumados. O *uomo universale* era o grande ideal da época. Todavia, a síntese de arte e ciência de Leonardo da Vinci, e suas brilhantes aplicações em numerosos campos da criação [*design*] e da engenharia, foi absolutamente singular. Nos séculos subseqüentes, os conceitos científicos e observações de Leonardo foram gradualmente redescobertos, e sua visão de uma ciência de formas orgânicas reapareceu muitas vezes em diferentes épocas. Contudo, nunca mais se viu tanto gênio intelectual e artístico concentrado numa só pessoa.

O próprio Leonardo jamais se gabou de seus talentos e habilidades singulares, e nas milhares de páginas de seus manuscritos nunca ostentou a originalidade de tantas idéias e descobertas. Mas estava bastante ciente de sua excepcional magnitude. No Codex Madri, em meio a longas discussões sobre as leis da mecânica, encontramos duas linhas que poderiam figurar em seu epitáfio:

> *Leia-me, ó leitor, se em minhas palavras encontra deleite,*
> *pois raramente no mundo alguém como eu nascerá novamente.*[7]

Por mais de quarenta anos, Leonardo prosseguiu obstinadamente em suas explorações científicas, guiado por sua implacável e intensa curiosidade intelectual, seu amor pela natureza e sua paixão por todas as coisas vivas. Seus magníficos desenhos muitas vezes refletem essa paixão com grande graça e sensibilidade. Por exemplo, sua famosa ilustração de um feto no útero (Fig. E-1) é acompanhada por diversos esboços menores que comparam o ventre ao saco embrionário de uma flor, retratando as descamações da membrana uterina como um arranjo de pétalas de flores. Todo o conjunto de desenhos mostra vividamente o enorme cuidado e respeito de Leonardo por todas as formas de vida. Uma ternura comovente emana desses desenhos.

A ciência de Leonardo era uma ciência benevolente. Ele abominava a violência e tinha uma compaixão especial por animais. Era vegetariano porque não queria causar dor aos animais matando-os para comer. Comprava pássaros engaiolados no mercado, libertava-os e observava seu vôo não apenas com sua visão aguçada de examinador, mas também com grande empatia. Folheando os cadernos de notas, temos a impressão de que um pássaro voou para dentro da página enquanto Leonardo discutia alguma outra coisa, seguido por todo um bando de criaturas irrequietas nos fólios subseqüentes.[8]

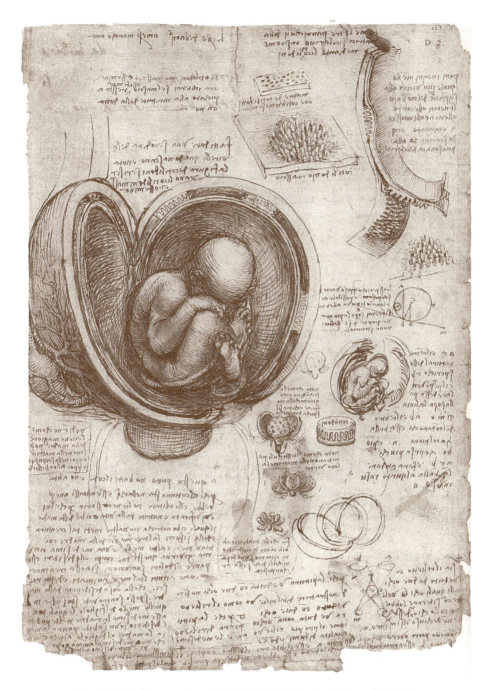

Figura E-1: O feto no ventre, c. 1510-1512, Estudos Anatômicos, fólio 198r

Figura E-2: Estudo para uma asa mecânica imitando a asa de um pássaro, Codex sobre o Vôo dos Pássaros, fólio 7r

Nos projetos de suas máquinas voadoras, Leonardo tentou imitar o vôo dos pássaros de modo tão rigoroso que quase nos dá a impressão de que queria se tornar um pássaro. Chamou sua máquina voadora de *uccello* [pássaro], e quando desenhou suas asas mecânicas, imitou a estrutura anatômica da asa de um pássaro de maneira tão precisa, e, quase diríamos, afetuosa, que é quase impossível notar a diferença (ver figura E-2).

Em vez de tentar dominar a natureza, como Francis Bacon defendeu no século XVII, a intenção de Leonardo era aprender com ela tanto quanto possível. Ficava pasmo com a beleza que via na complexidade das formas, dos padrões e dos processos naturais, e ciente de que a engenhosidade da natureza era muito superior à criação humana. "Apesar de a engenhosidade humana em várias invenções usar diferentes instrumentos para o mesmo fim", afirmou, "ela nunca encontrará uma invenção mais bonita, mais fácil ou mais econômica do que a da natureza, pois em suas invenções nada falta, nada é supérfluo."[9]

Essa maneira de encarar a natureza como modelo e mentora está sendo redescoberta agora na prática do *design* ecológico. Como Leonardo da Vinci há quinhentos anos, os *ecodesigners* de hoje estudam os padrões e fluxos do mundo natural, tentando incorporar esses princípios subjacentes em seus processos de criação.[10] Quando Leonardo projetou casas e palácios, prestou atenção especial à mobilidade das pessoas e objetos, aplicando a metáfora dos processos metabólicos a seus projetos arquitetônicos.[11] Também considerou jardins como parte da construção, tentando sempre integrar arquitetura e natureza. Aplicou os mesmos princípios a seus projetos urbanísticos, percebendo a cidade como um tipo de organismo no qual pessoas, bens materiais, alimentos, água e dejetos precisam fluir com facilidade para que uma cidade seja saudável.[12]

Em seus extensos projetos de engenharia hidráulica, Leonardo estudou cuidadosamente a correnteza dos rios para modificar seus cursos com suavidade, inserindo represas relativamente pequenas nos lugares certos e nos melhores ângulos. "Um rio, para ser desviado de um lugar para outro, deve ser persuadido, e não coagido com violência", explicou.[13]

Esses exemplos do uso de processos naturais como modelos para a criação humana, e do trabalhar em conjunto com a natureza em vez de tentar dominá-la, mostram claramente que Leonardo, como projetista e inventor, trabalhou no espírito hoje defendido pelo *ecodesign*. Subjacente a essa atitude de apreciação e respeito pela natureza está uma postura filosófica que não encara os humanos como seres à parte do resto do mundo vivo, mas sim como sendo fundamentalmente incorporados e dependentes de toda comunidade da vida na biosfera.

Hoje, essa postura filosófica é incentivada por uma escola de pensamento e movimento cultural conhecida como "ecologia profunda".[14] A distinção entre ecologia "rasa" e "profunda" é agora amplamente aceita como uma terminologia útil para referir-se a uma divisão principal dentro do pensamento ambiental contemporâneo. A ecologia rasa vê os humanos como acima ou fora do mundo natural, como a fonte de toda utilidade, e atribui uma importância apenas instrumental, ou "valor de uso", à natureza. A ecologia profunda, ao contrário, não distingue nem separa o ser humano — ou qualquer outra coisa — do ambiente natural. Ela vê o mundo vivo como fundamentalmente interligado e interdependente e reconhece o valor intrínseco de todos os seres vivos. Espantosamente, os cadernos de notas de Leonardo contêm uma formulação explícita dessa visão: "As virtudes da grama, das pedras e das árvores não se encontram em seu ser porque os seres humanos as conhecem (...). A grama é nobre em si própria sem a ajuda de linguagens ou letras humanas".[15]

Em última análise, consciência ecológica profunda é consciência espiritual ou religiosa. Quando a espiritualidade é compreendida como um modo de ser que emana de um profundo sentimento de unidade com o todo, um sentimento de que pertencemos ao universo como um todo, fica claro que a consciência ecológica é espiritual em sua essência mais profunda.[16] Parece que a visão de mundo de Leonardo da Vinci tinha esse tipo de dimensão espiritual. Ao contrário da maioria de seus contemporâneos, ela quase nunca se referia à criação de Deus, mas preferia falar das infinitas obras e maravilhosas invenções da natureza. Os cadernos de notas estão repletos de passagens onde ele descreve como a natureza "ordenou" que os animais devessem sentir dor, como criou as pedras, fez a superfície da córnea convexa, deu movimento aos animais e formou seus corpos.

Em todas essas passagens, percebe-se a grande reverência de Leonardo pela ilimitada criatividade e sabedoria da natureza. Não são expressadas em linguagem religiosa, mas são, não obstante, profundamente espirituais.

Durante os séculos que se seguiram à morte de Leonardo, enquanto seus cadernos de notas permaneceram escondidos, a Revolução Científica e a Revolução Industrial substituíram a visão de mundo orgânica da Idade Média e da Renascença por uma concepção totalmente diferente do mundo como máquina. O paradigma mecanicista resultante — formulado em linguagem científica por Galileu, Descartes, Newton e Locke — dominou nossa cultura por mais de trezentos anos, durante os quais deu forma à sociedade ocidental moderna e influenciou de modo significativo o resto do mundo.[17]

Esse paradigma consiste em um número de idéias e valores profundamente arraigados, entre eles a visão do universo como um sistema mecânico composto por fundamentos elementares, a visão de corpo humano como uma máquina, a visão da vida em sociedade como uma luta competitiva pela existência, e uma crença no progresso material ilimitado, que se realizaria por meio do crescimento econômico e tecnológico. Todas essas suposições foram desafiadas de modo profético por acontecimentos recentes, e uma revisão radical deles está agora em curso.

Com o desenrolar do novo século, está ficando cada vez mais evidente que os principais problemas da nossa época — sejam econômicos, ambientais, tecnológicos, sociais ou políticos — são problemas sistêmicos que não podem ser resolvidos dentro da atual conjuntura, fragmentada e reducionista, de nossas disciplinas acadêmicas e instituições sociais. Precisamos de uma mudança radical em nosso modo de pensar, em nossas percepções e valores. De fato, estamos agora no início dessa mudança fundamental de visão de mundo na ciência e na sociedade.

Durante as últimas décadas, a visão cartesiana e mecanicista de mundo começou a dar espaço a uma visão holística e ecológica semelhante àquela representada na ciência e na arte de Leonardo da Vinci. Em vez de encarar o universo como uma máquina formada por componentes elementares, os cientistas descobriram que o mundo material é, em essência, uma rede de padrões indissolúveis de relações; que o planeta como um todo é um sistema vivo auto-regulador. A representação do corpo humano como uma máquina e da mente como uma entidade separada está sendo substituída por uma que vê não apenas o cérebro, mas também o sistema imunológico, os tecidos corporais e até mesmo cada célula como um sistema vivo e cognitivo. A evolução não é mais encarada como uma luta competitiva pela existência, mas sim como uma dança cooperativa, na qual a criatividade e o surgimento contínuo de inovações são as forças motrizes. Com a nova ênfase na complexidade, redes e padrões de organização, uma nova ciência está surgindo lentamente.[18]

É claro, essa nova ciência está sendo formulada em uma linguagem bem diferente daquela de Leonardo, pois incorpora as últimas conquistas da bioquímica, genética, neurociência e outras disciplinas científicas avançadas. Contudo, a concepção subjacente do mundo vivo como algo fundamentalmente interligado, altamente complexo, criativo e imbuído de inteligência cognitiva é bastante parecida com a visão de mundo de Leonardo. Eis por que a ciência e a arte desse grande sábio da Renascença, com seu alcance abrangente, beleza sublime e ética de respeito à vida, é uma belíssima inspiração para a nossa época.

APÊNDICE

A Geometria das Transformações de Leonardo

Neste apêndice, discutirei alguns dos detalhes mais técnicos da geometria de transformações de Leonardo, que poderão ser interessantes para os leitores familiarizados com a matemática moderna.

Há três tipos de transformações curvilíneas que Leonardo usou em várias combinações.[1] No primeiro tipo, uma dada figura com um lado curvilíneo é transladada a uma nova posição de tal modo que as duas figuras sobrepõem-se (ver figura A-1). Dado que as duas figuras são idênticas, as duas partes restantes quando a parte que têm em comum (B) é subtraída precisam ter áreas iguais (A = C). Essa técnica permitiu a Leonardo transformar qualquer área limitada por duas curvas idênticas em uma área retangular, isto é, a fazer a sua "quadratura".

Contudo, de acordo com sua ciência de atributos, Leonardo não está interessado em calcular áreas, apenas em estabelecer proporções.[2]

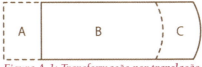

Figura A-1: *Transformação por translação*

O segundo tipo de transformação é obtido retirando-se um segmento de uma dada figura, por exemplo um triângulo, e recolocando-o no outro lado (ver figura A-2). A nova figura curvilínea, obviamente, tem a mesma área que o triângulo original. Como Leonardo explica no texto anexo: "Tirarei a porção b do triângulo ab, e a colocarei de volta em c (...). Se devolvo a uma superfície o que tirei dela, a superfície volta a seu estado anterior".[3] Ele desenhou com freqüência tais triângulos curvilíneos, que chamou de *falcate* [falciformes], derivado do termo *falce*, a palavra italiana para foice.

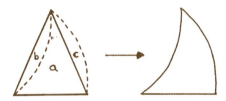

Figura A-2: Transformação de um triângulo em um falciforme

O terceiro tipo de transformação de Leonardo envolve deformações graduais em vez de movimentos de figuras rígidas; por exemplo, a deformação de um retângulo, como mostrado na figura A-3. A igualdade das duas áreas pode ser mostrada dividindo-se o retângulo em finas faixas paralelas e empurrando-se cada faixa em uma nova posição, de modo que as duas linhas retas verticais sejam transformadas em curvas.

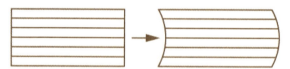

Figura A-3: Deformação de um retângulo

Essa operação pode ser facilmente demonstrada com um maço de cartas. Contudo, provar rigorosamente a igualdade das duas áreas requer fazer as faixas infinitamente finas e usar os métodos de cálculo integral. Como Macagno aponta, esse exemplo mostra novamente que o modo de Leonardo visualizar esses mapeamentos e transformações prenuncia conceitos associados ao desenvolvimento do cálculo.[4]

Além dessas três transformações básicas, Leonardo fez muitos experimentos com um teorema geométrico que consistia em um triângulo e um segmento em forma de lua, conhecido como a "lúnula de Hipócrates" devido ao matemático grego Hipócrates de Quios. Para construir essa figura, um triângulo retângulo isósceles ABC é inscrito em um círculo com raio a, e então um arco com raio b é desenhado ao redor do ponto C de A a B (ver Fig. A-4). A lúnula em questão é a área sombreada limitada pelos dois arcos circulares.

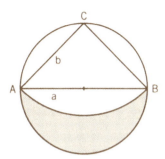

Figura A-4: A lúnula de Hipócrates

Hipócrates de Quios (não confundir com o famoso médico Hipócrates de Cós) provou no século V a.C. que a área da lúnula é igual à do triângulo ABC. Essa igualdade surpreendente pode ser verificada facilmente com geometria elementar, levando-se em conta que os raios dos dois arcos são relacionados pelo teorema pitagórico, $2a^2 = b^2$. Leonardo aparentemente tomou conhecimento da lúnula de Hipócrates por um compêndio de Giorgio Valla, publicado em Veneza, 1501, e fez uso freqüente da igualdade em várias formas.[5]

No fólio no Codex Madri II, mostrado na figura 7-6 na p. 216, Leonardo esboçou uma série de transformações que envolvem os três tipos básicos em uma única página, como se quisesse registrar um catálogo de suas transformações básicas. Nos dois esboços de cima na margem direita da página, Leonardo demonstra como uma porção de uma pirâmide pode ser retirada e recolocada no lado oposto para criar um sólido curvilíneo. Ele usa com freqüência o termo "falciforme" para tais pirâmides e cones curvilíneos, assim como o faz para triângulos curvilíneos. Esses falciformes podem também ser obtidos por um processo contínuo de deformação gradual, ou "fluxo", que Leonardo demonstra nos dois esboços seguintes com o exemplo de um cone.

O esboço abaixo do cone mostra a curvatura de um cilindro com um cone inscrito nele. Quase parece com um esboço de trabalho para uma oficina de metais, o que mostra que Leonardo sempre teve objetos e fenômenos físicos em mente quando trabalhou em suas transformações geométricas. De fato, o Codex Atlanticus contém um fólio cheio de instruções para deformar peças de metal em várias formas. Entre muitas outras, essas deformações incluem a curvatura de um cilindro, como mostrado aqui.[6]

Os últimos dois esboços na margem direita representam exemplos das assim chamadas lâminas paralelas, que são estendidas a lâminas circulares nos três esboços no centro da página. Nesses exemplos, figuras retilíneas são transformadas em espirais, e a conservação da área está bem longe de ser óbvia. Para Leonardo, as operações circulares evidentemente pareciam extensões legítimas de suas deformações lineares. De fato, como Macagno mostrou com a ajuda de cálculo elementar, a intuição de Leonardo estava absolutamente correta.[7]

Os dois esboços abaixo das lâminas circulares, finalmente, mostram exemplos da "quadratura" de superfícies restritas por duas curvas paralelas. Há uma similaridade notável entre essas superfícies e aquelas nos três esboços logo acima, o que sugere que Leonardo provavelmente pensou as duas técnicas como métodos alternativos para fazer a quadratura de superfícies limitadas por curvas paralelas.

Como discuti acima, as transformações geométricas de Leonardo das figuras planares e dos corpos sólidos podem ser vistas como formas primitivas de transformações topológicas.[8] Leonardo restringiu-as a transformações nas quais a área ou o volume são conservados, e então chamou as figuras transformadas de "iguais" às originais. Topólogos chamam as figuras relacionadas por tais transformações, nas quais propriedades geométricas muito gerais são preservadas, de topologicamente equivalentes.

A topologia moderna tem dois ramos principais, que se sobrepõem consideravelmente. No primeiro, conhecido como topologia geral, figuras geométricas são tratadas como coleções de pontos, e transformações topológicas são vistas como mapeamentos contínuos desses pontos. O segundo ramo, chamado de topologia algébrica, trata figuras geométricas como combinações de figuras mais simples, juntadas de modo ordenado.

Leonardo experimentou ambas as abordagens. As operações mostradas na figura 7-6 podem todas ser vistas como deformações contínuas ou, alternativamente, como mapeamentos contínuos. Por outro lado, sua engenhosa transformação de um dodecaedro em um cubo (Fig. 7-5 na p. 212) é um belo e elaborado exemplo de topologia algébrica.

O conceito de continuidade, que é central a todas as transformações topológicas, tem a ver, em última instância, com propriedades muito básicas de espaço e tempo. Daí a topologia ser vista hoje como uma fundação geral da matemática e uma estrutura conceitual unificadora devido a seus muitos ramos. No começo do século XVI, Leonardo da Vinci viu sua geometria de transformações contínuas de modo semelhante — como uma linguagem matemática fundamental que lhe permitiria captar a essência das formas em constante mudança da natureza.

O fólio duplo no Codex Atlanticus (ver p. 219) representa o ápice das explorações de Leonardo das transformações topológicas. Esses desenhos entrariam em um tratado abrangente, para o qual propôs diversos títulos — *Tratado sobre Quantidade Contínua, Livro das Equações* e *De Ludo Geometrico* [Sobre o Jogo da Geometria].

Os diagramas mostrados nas duas folhas mostram uma atordoante variedade de formas geométricas construídas a partir de círculos, triângulos e quadrados em intersecção, que se parecem com variações divertidas de padrões florais e outros motivos esteticamente agradáveis, mas vêm a ser "equações geométricas" rigorosas baseadas em princípios topológicos.

O fólio duplo é dividido igualmente por nove linhas horizontais nas quais Leonardo colocou uma série de semicírculos (e, na última coluna, alguns círculos), preenchidos com seus desenhos geométricos.[9] O ponto de partida para cada diagrama é sempre um círculo com um quadrado inscrito. Dependendo de como o círculo é cortado ao meio, dois diagramas básicos equivalentes são obtidos (ver figura A-5), um com um retângulo e o outro com um triângulo dentro do semicírculo.

Dado que as áreas brancas nos dois diagramas são iguais, ambos representando metade do quadrado inscrito, as áreas sombreadas também precisam ser iguais. Como Leonardo explica no texto anexo, "Se partes iguais são removidas de figuras iguais, o restante precisa ser igual".[10]

As duas figuras são então preenchidas com segmentos sombreados de círculos, *bisangoli* ["ângulos duplos" moldados como folhas de oliveira], e falciformes (triângulos curvilíneos) em uma variedade estonteante de desenhos. Em todos eles, a proporção entre as áreas sombreadas (também chamadas de "vazias") e as áreas brancas (também chamadas de "cheias") é sempre a mesma, porque as áreas brancas — não importa o quanto sejam fragmentadas — são sempre iguais ao meio quadrado (retângulo ou triângulo) inscrito original, e as áreas sombreadas são iguais às áreas sombreadas originais do lado de fora do meio quadrado.

Figura A-5: Os dois diagramas básicos, do Codex Atlanticus, fólio 455, coluna 3

Essas igualdades não são de modo algum óbvias, mas o texto sob cada diagrama especifica como partes da figura podem ser sucessivamente "preenchidas" (isto é, como partes sombreadas e brancas podem ser permutadas) até o meio quadrado retilíneo original ser recuperado e assim ter sido realizada a "quadratura" da figura. O mesmo princípio é repetido sempre: "Para fazer a quadratura [da figura], preencha as partes vazias".[11]

Figura A-6: *Diagrama de exemplo (número 7 na fila 7, Codex Atlanticus, fólio 455)*

Na figura A-6, selecionei um diagrama específico do fólio duplo para ilustrar a técnica de Leonardo. O texto sob o diagrama diz: "Para fazer a quadratura, preencha o triângulo com os quatro falciformes do lado de fora".[12] Redesenhei o diagrama nas figuras A-7 a e b de modo a tornar sua geometria explícita. Dentro do grande meio-círculo com raio R, Leonardo gerou oito segmentos sombreados B desenhando quatro meio-círculos menores com metade do raio, $r = R/2$ (ver figura A-7 a). Os falciformes que menciona são as áreas brancas marcadas com F.

Ao especificar que as quatro áreas "vazias" (sombreadas) dentro do triângulo devem ser "preenchidas" com os quatro falciformes, Leonardo indica que as áreas F e B são iguais. Aqui está como ele pode ter raciocinado. Uma vez que sabia que a área de um círculo é proporcional ao quadrado de seu raio,[13] podia mostrar que a área do meio círculo grande é quatro vezes maior que a de cada meio círculo pequeno, e que conseqüentemente a área do grande segmento A é quatro vezes maior que a do pequeno segmento B (ver figura A-7b). Isso significa que, se dois segmentos pequenos forem subtraídos do segmento grande, a área da figura curva restante (composta de dois falciformes) será igual à área subtraída, e então a área do falciforme F é igual àquela do pequeno segmento B.

Para as outras figuras, o procedimento de quadratura pode ser mais elaborado, mas os diagramas originais acabam sempre recuperados. Esse é o "jogo de geometria" de Leonardo. Cada diagrama representa uma equação geométrica — ou melhor, topológica —, e a instrução que a acompanha descreve como a equa-

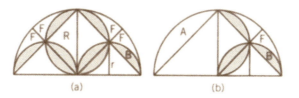

Figura A-7: Geometria do diagrama de exemplo

ção deve ser resolvida para realizar a quadratura da figura curvilínea. Aí está por que Leonardo propôs *Livro das Equações* como título alternativo para seu tratado. Os passos sucessivos para resolver as equações podem ser representados geometricamente, como mostrado (por exemplo) na figura A-8.[14]

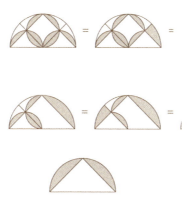

Figura A-8: Realizando a quadratura do diagrama de exemplo

Leonardo deleitava-se em desenhar variedades sem fim dessas equações topológicas, assim como os matemáticos árabes em séculos anteriores foram fascinados pela exploração de diversos tipos de equações algébricas. De vez em quando, era levado pelo prazer estético de esboçar caprichosas figuras geométricas. Mas o significado mais profundo desse jogo de geometria nunca esteve longe de sua mente. As infinitas variações das formas geométricas, nas quais área ou volume eram sempre conservados, propunham-se a espelhar as inexauríveis transmutações nas formas vivas da natureza dentro de quantidades limitadas e imutáveis de matéria.

NOTAS

✃ PREFÁCIO ✄

1. Kenneth Clark, *Leonardo da Vinci*, Penguin, 1989, p. 258.
2. *Ibid.*, p. 255.
3. Martin Kemp, "Leonardo Then and Now", in Kemp e Jane Roberts, orgs. *Leonardo da Vinci: Artist, Scientist, Inventor,* Catálogo da Exposição da Hayward Gallery, Yale University Press, 1989.

✃ INTRODUÇÃO ✄

1. Ver p. 146.
2. *Trattato*, capítulo 19; "percepção sensorial" é minha tradução do termo de Leonardo *senso comune*, discutido na p. 248.
3. Ms. Ashburnham II, fólio 19v.
4. *Trattato*, capítulos 6 e 12.
5. Codex Leicester, fólio 34r.
6. Daniel Arasse, *Leonardo da Vinci: The Rhythm of the World*, Konecky & Konecky, Nova York, 1998, p. 80.
7. Fritjof Capra, *The Web of Life*, Doubleday, Nova York, 1996, p. 100.
8. Para um relato detalhado da história e das características do pensamento sistêmico, ver Capra (1996).
9. *Ibid.*, p. 112.
10. Ver pp. 217-218.
11. Ver pp. 206-208.
12. Ver pp. 249-51.
13. Ver p. 259.
14. Ms. A, fólio 3r.
15. Arasse (1998), p. 311.

16. Ver p. 236.
17. Arasse (1998), p. 20.
18. *Trattato*, capítulo 367.
19. Irma Richter, org., *The Notebooks of Leonard da Vinci*, Oxford University Press, Nova York, 1952, p. 175.
20. Ver p. 261.
21. Estudos Anatômicos, fólio 153r.
22. Ver p. 257.
23. Ver p. 266.
24. Estudos Anatômicos, fólio 173r.

◄§ CAPÍTULO 1 §►

1. Giorgio Vasari, *Lifes of the Artistis*, publicado originalmente em 1550; trad. por George Bull, 1965; reimpresso como *Lives of the Artists*, vol. 1, Penguin, 1987.
2. Paolo Giovio, "The Life of Leonardo da Vinci", escrito por volta de 1527, publicado pela primeira vez em 1796; trad. do original latino por J. P. Richter, 1939; republicado *in* Ludwig Goldscheider, *Leonardo da Vinci*, Phaidon, Londres, 1964, p. 29.
3. Vasari (1550), pp. 13-14.
4. Serge Bramly, *Leonardo*, HarperCollins, Nova York, 1991, p. 6.
5. Anonimo Gaddiano, "Leonardo da Vinci", escrito por volta de 1542; trad. por Kate Steinitz e Ebria Feigenblatt, 1949; reimpresso *in* Goldscheider (1964), pp. 30-32. Esse manuscrito, hoje na Biblioteca Nacional, em Florença, se encontrava anteriormente na Biblioteca Gaddiana, a biblioteca particular da família florentina Gaddi.
6. *Trattato*, capítulo 36.
7. Giorgio Nicodemi, "The Portrait of Leonardo", em *Leonardo da Vinci*, Reynal, Nova York, 1956.
8. *Ibid.*
9. Clark (1989), p. 255.
10. *Trattato*, capítulo 50.
11. Ms. H, fólio 60r.
12. Bramly (1991), p.342.
13. Ms. Ashburnham II, fólios 31r e 30v.
14. Arasse (1998), p. 430.
15. Ver Martin Kemp, *Leonardo da Vinci: The Marvellous Works of Nature and Man*, Harvard University Press, Cambridge, Mass., 1981, p. 152.
16. Bramly (1991), p.115.
17. Vasari (1550); tradução dessa passagem por Daniel Arasse; ver Arasse (1998), p. 477.
18. Ver, por exemplo, Bramly (1991), p. 119.
19. Ver Michael White, *Leonardo: The First Scientist*, St. Martin's/Griffin, Nova York, 2000, pp. 132-33.
20. Ver Bramly (1991), p. 241.
21. *Ibid.* p. 133.
22. Charles Hope, "The Last 'Last Supper'", *New York Review of Books*, 9 de agosto de 2001.

23. Kenneth Keele, *Leonardo da Vinci's Elements of the Science of Man*, Academic Press, Nova York, 1983, p. 365.
24. Ver Penelope Murray, org., *Genius: The History of an Idea*, Basil Blackwell, Nova York, 1989.
25. Citado por Wilfrid Mellers, "What is Musical Genius?", Murray (1989), p. 167.
26. Ver Andrew Steptoe, org., *Genius and the Mind*, Oxford University Press, 1998.
27. Ver David Lykken, "The Genetics of Genius", em Steptoe (1998).
28. Kenneth Clark, citado por Sherwin B. Nuland, *Leonardo da Vinci*, Viking Penguin, Nova York, 2000, p. 4.
29. Citado por David Lykken *in* Steptoe (1998).
30. Citado por Bramly (1991), p. 281.
31. Citado por Richter (1952), p. 306.
32. Murray (1989), p. 1.

◄§ CAPÍTULO 2 §►

1. Ver Jacob Burckhardt, *The Civilization of the Renaissance in Italy*, edição alemã original publicada em 1860, Modern Library, Nova York, 2002.
2. Ver Bramly (1991), p. 100.
3. *Trattato*, capítulo 79.
4. Ver Robert Richards, *The Romantic Conception of Life*, University of Chicago Press (2002).
5. Ver Fritjof Capra, *Uncommon Wisdom*, Simon & Schuster, Nova York, 1988, p. 71.
6. *Trattato*, capítulo 42.
7. *Ibid*, capítulo 33.
8. *Ibid*, capítulo 13.
9. Kemp (1981), p. 161.
10. *Trattato*, capítulo 68.
11. Estudos Anatômicos, fólio 50v.
12. Ver Fritjof Capra, *The Hidden Connections*, Doubleday, Nova York, 2002, p. 119.
13. Ver Penny Sparke, *Design and Culture in the Twentieth Century*, Allen & Unwin, Londres, 1986.
14. Codex Atlanticus, fólio 323r.
15. *Trattato*, capítulo 23.
16. Clark (1989), p. 63.
17. Ver Arasse (1998), p. 274.
18. Citado por Arasse (1998), p. 275.
19. Estudos Anatômicos, fólio 139v.
20. Arasse (1998), p. 202.
21. *Ibid.*, p. 283
22. Kemp (1981), p. 56.
23. Arasse (1998), p. 284.
24. Ver Capra (2002), pp. 13-14 e p. 116.

25. Ver Claire Farago, "How Leonardo Da Vinci's Editors Organized His *Treatise on Painting* and How Leonardo Would Have Done It Differently", *in* Lyle Massey, org., *The Treatise on Perspective: Published and Unpublished*, National Gallery of Art, Washington, distribuído por Yale University Press, 2003.

26. Ver Claire Farago, *Leonardo da Vinci's Paragone: A Critical Interpretation with a New Edition of the Text in the Codex Urbinas*, E. J. Brill, Leiden, 1992.

27. *Trattato*, capítulos 14, 19

28. *Ibid.*, capítulo 29.

29. *Ibid.*, capítulos 38, 41.

30. Ver Bram Kempers, *Painting, Power and Patronage*, Allen Lane, Londres, 1992; Steptoe (1998), p. 255.

31. Ver Arasse (1998), p. 293.

32. Ver pp. 26-27.

33. Clark (1989), p. 167.

34. Kemp (1981), p. 97.

35. *Trattato*, capítulo 412.

36. Clark (1989), p. 129. Na história da arte italiana, o século XV é conhecido como *quattrocento* [quatrocentos], o século XVI é chamado de *cinquecento* [quinhentos], e assim por diante.

37. *Trattato*, capítulo 124.

38. Ver p. 31.

39. Ver p. 222.

40. Essas anotações estão nos manuscritos C e Ashburnham II.

41. Kemp (1981), p. 98.

42. Ver Bramly (1991), pp. 101-2.

43. *Ibid.*, p. 106.

44. Ver Kemp (1981), pp. 94-96.

45. Ver Ann Pizzorussso, "Leonardo's Geology: The Authenticity of the Virgin of the Rocks", *Leonardo*, vol. 29, no 3, pp. 197-200, MIT Press, 1996.

46. Ver William Emboden, *Leonardo da Vinci on Plants and Gardens*, Dioscorides Press, Portland, Ore., 1987, p. 125.

47. *Trattato*, capítulo 38.

48. Bramly (1991), p. 228.

49. Essa estátua eqüestre romana do rei gótico Odoacro não existe mais. Foi destruída no século XVIII, ver Bramly (1991), p. 232.

50. Codex Atlanticus, fólio 399r.

51. Esse tratado, mencionado por Vasari e por Lomazzo, foi perdido.

52. Kemp (1981), p. 205.

53. Codex Madri II, fólio 157v.

54. Ver Bramly (1991), pp. 234-35.

55. Codex Atlanticus, fólio 914ar.

56. Bramly (1991), p. 250.

57. Ver pp. 58-59.

58. Sou grato à *ecodesigner* Magdalena E. Corvin por discussões esclarecedoras e correspondência sobre a natureza do *design*.

59. Ver Bramly (1991), p. 232.

60. Ver Clark (1989), p. 139.

61. Ver Bramly (1991), p. 219.

62. Codex Atlanticus, fólio 21r.

63. Ver Bramly (1991), p. 272.

64. Ver Pierre Sergescu, "Léonard de Vinci et les mathématiques", citado em Arasse (1998), p. 65.

65. Ver Kemp (1981), p. 88.

66. Ver Paolo Galluzzi, *Renaissance Engineers*, Giunti, Florença, 1996, p. 187.

67. Clark (1989), p. 110.

68. Ludwig H. Heydenreich, "Leonardo and Bramante: Genius in Architecture", *in* C. D. O' Malley, orgs., *Leonardo's Legacy: An International Symposium*, University of California Press, Berkeley e Los Angeles, 1969; Carlo Pedretti, *Leonardo, Architect*, Rizzoli, Nova York, 1985.

69. Ver Pedretti (1985) para um relato completo do trabalho arquitetônico de Leonardo; ver também Jean Guillaume, "Léonard et l'architecture", *in* Paolo Galluzzi e Jean Guillaume, orgs., *Léonard de Vinci: ingénieur et architecte*, Musée des Beaux-Arts de Montreal, 1987.

70. Arasse (1998), p. 173.

71. Heydenreich (1969).

72. Arasse (1998), pp. 179-80. Maneirismo é um estilo de arte e arquitetura desenvolvido no fim do século XVI e caracterizado por uma incongruência espacial e figuras elegantes, alongadas.

73. Kemp (1981), p. 110.

74. Ver, por exemplo, White (2000), p. 124.

75. Codex Atlanticus, fólio 730r.

76. Ver Guillaume (1987); ver também Arasse (1998), pp. 165-68.

77. Estudos Anatômicos, fólio 97r.

78. Emboden (1987).

79. Ms. B, fólio 38r.

80. Codex Atlanticus, fólio 184v.

81. Ms. B, fólio 16r; ver também Guillaume (1987).

82. Nuland (2000), p. 53.

83. Ver Bramly (1991), pp. 402-3.

84. Ver International Healthy Cities Foundation, www.healthycities.org.

85. Arasse (1998), p. 152.

86. *Ibid.*, p. 233.

87. *Ibid.*, pp. 239-40.

88. Ver Kate Steinitz, "Le dessin de Léonard de Vinci pour la représentation de la Danaé de Baldassare Taccone", *in* Jean Jacquot, org., *Le Lieu théâtral à la Renaissance*, Paris, 1968.

89. Ver Arasse (1998), p. 239.

90. Ver Bramly (1991), p. 301.
91. Ver Kemp (1981), p. 182, para uma descrição detalhada da arquitetura abobadada e o *design* emparelhado de Leonardo.
92. Ver Arasse (1998), p. 138.
93. Citado *in* Fritjof Capra, *The Turning Point*, Simon & Schuster, Nova York, 1982, p. 68.

৵ৡ CAPÍTULO 3 ৡ৵

1. Ver, por exemplo, Ludwig H. Heydenreich (1954), *Leonardo da Vinci*, 2 vols., Macmillan, Nova York, 1954; Clark (1989); Bramly (1991).
2. "Ser" era o título tradicional de um tabelião.
3. Codex Atlanticus, fólio 888r.
4. Ver Arasse (1998), pp. 108-109.
5. *Ibid.*, p. 39.
6. Codex Atlanticus, fólio 327v.
7. Ver p. 133.
8. Ver Bramly (1991), p. 53.
9. Ver Arasse (1998), p. 502, nota 71.
10. Vasari provavelmente exagerou quando chamou Verrocchio de "amigo próximo" de Ser Piero, mas é bastante provável que o tabelião tenha conhecido o artista, uma vez que muitos de seus clientes eram mecenas das artes.
11. Bramly (1991), pp. 65-66.
12. *Ibid.*, pp. 67-69.
13. Domenico Laurenza, "Leonardo: La scienza trasfigurata in arte", *Le Scienze*, Rome, maggio 2004a, p. 6.
14. Ver Arasse (1998), p. 54.
15. Ver Bramly (1991), pp. 71-72; Carlo Pedretti, *Leonardo: The Machines*, Giunti, Florence, 1999, p. 16.
16. Ver Laurenza (2004a), p. 7.
17. Ms. G, fólio 84v.
18. Ver Jane Roberts, "The Life of Leonardo", *in* Martin Kemp e Jane Roberts, orgs., *Leonardo da Vinci: Artist, Scientist, Inventor*, Catálogo de Exposição na Hayward Gallery, Yale University Press, 1989.
19. Ver Keele (1983), p. 9.
20. Ver Domenico Laurenza, *Leonardo on Flight*, Giunti, Florença, 2004b, p. 16.
21. Ver Keele (1983), p. 9.
22. Ver Martin Kemp, *Leonardo*, Oxford University Press, 2004, pp. 13-14.
23. Ver Bramly (1991), p. 144.
24. Clark (1989), p. 59.
25. Ver Bramly (1991), p. 156.
26. *Ibid.*, p. 91.
27. *Ibid*, p. 157; ver também White (2000), p. 83.
28. Ver White (2000), p. 81.

29. Ver Pedretti (1999), p. 16.
30. Ver Keele (1983), pp. 9-11.
31. Ver Arasse (1998), pp. 350-61.
32. Clark (1989), pp. 74-5.
33. Ver pp. 46-7.
34. Ver Clark (1989), p. 78.
35. Roberts (1989).
36. Arasse (1998), p. 361.
37. Anonimo Gaddiano (1542).
38. O título oficial de Ludovico era duque de Milão e, como outros poderosos regentes da Renascença, ele era comumente chamado de príncipe.
39. Ver Pedretti (1999), p. 32.
40. Ver Bramly (1991), p. 158.
41. Ver p. 49.
42. Codex Atlanticus, fólio 1082r.
43. Ver Clark (1989), p. 85.
44. Keele (1983), p. 11.
45. Ver Bramly (1991), pp. 183-84.
46. Ver p. 66.
47. Ver Kemp (1981), pp. 93-94.
48. Para comparar as duas pinturas, com base na análise da geologia de Leonardo, ver Pizzorusso (1996); para a análise botânica correspondente, ver Emboden (1987), p. 125.
49. Clark (1989), p. 93.
50. Ver p. 79.
51. Laurenza (2004a), p. 23.
52. Ver Arasse (1998), p. 43.
53. Ver Keele (1983), p. 20.
54. Ver Laurenza (2004a), p. 24.
55. Codex Atlanticus, fólio 888r.
56. Ver Arasse (1998), p. 37.
57. Ver Emboden (1987), p. 21; Kemp (2004), pp. 165-66.
58. Clark (1989), p. 129.
59. Ver pp. 253-54.
60. Laurenza (2004a), p. 27.
61. Ver Guillaume (1987).
62. Ver p. 78.
63. Ver Bramly (1991), p. 192.
64. Ver Heydenreich (1969).
65. Ver Arasse (1998), p. 397.
66. Ver pp. 69-70.
67. Ver White (2000), pp. 127-28.

❦ CAPÍTULO 4 ❧

1. Ver Kemp (2004), pp. 38-40.
2. Ver Keele (1983), p. 22.
3. *Ibid.*, p. 22.
4. Ver Keele (1983), p. 22; Fazio Cardano foi o pai do famoso matemático Girolamo Cardano, autor da teoria da probabilidade.
5. Ver Laurenza (2004b), p. 40.
6. Ver Ladislao Reti, org., *The Unknown Leonardo*, McGraw-Hill, Nova York, 1974, pp. 272-73.
7. Ver Kemp (1981), p. 194.
8. Citado *in* Richter (1952), p. 322.
9. Ver p. 209.
10. Para uma discussão sobre a razão áurea e sua conexão com os sólidos platônicos, ver Mario Livio, *The Golden Ratio*, Broadway Books, Nova York, 2002.
11. Luca Pacioli, *De divina proporcione*, Paganinum de Paganinis, Veneza, 1509; edição fac-similar do manuscrito da Biblioteca Ambrosiana di Milano, publicada por Fontes Ambrosiani XXXi, G. Biggiogero e F. Riva, orgs., Milão, 1966.
12. Ver p. 53.
13. Ver Bramly (1991), pp. 294-95.
14. Clark (1989), p. 146.
15. Ver Hope (2001).
16. Clark (1989), p. 149.
17. O retrato, agora no Louvre, é também conhecido como *La Belle Ferronière*.
18. Ver p. 82.
19. Ver Codex Leicester, fólio 4r.
20. Ver pp. 43-44.
21. Ver Bramly (1991), p. 308.
22. Ver pp. 72-73.
23. Ludovico reconquistou a posse de Milão brevemente em 1500 antes de ser capturado e levado à França como prisioneiro, onde permaneceu até sua morte em 1508.
24. Ver Keele (1983), p. 25.
25. Ver Bramly (1991), p. 307.
26. Ver Arasse (1998), p. 210.
27. *Ibid.*, p. 417.
28. Kemp (1981), p. 218.
29. Ver Bramly (1991), p. 310.
30. O desenho está agora no Louvre; ver Arasse (1998), p. 398.
31. Ver Codex Atlanticus, fólio 638vd.
32. Ver Keele (1983), pp. 28-29.
33. Ver também p. 22.
34. Codex Leicester, fólio 22v.
35. Ver Keele (1983), p. 28.

36. Esses quartos, com afrescos desbotados nas paredes, podem ter sido identificados recentemente em um prédio na Florença central ; ver *International Herald Tribune*, 19 de janeiro de 2005.

37. Ver Arasse (1998) p. 448.

38. Ver White (2000), pp. 208-9.

39. Ver Keele (1983), pp. 30-32.

40. Ver Bramly (1991), pp. 330-31.

41. *Ibid.* p. 332.

42. Codex Arundel, fólio 272r.

43. Ver pp. 46-47.

44. Codex Forster I, fólio 3r.

45. Ver p. 217.

46. Ver Laurenza (2004b).

47. *Ibid.*, p. 96.

48. Ver Bramly (1991), pp. 348-49.

49. Ver Emboden (1987), pp. 62-65.

50. Ver pp. 42-43.

51. Ver Kemp (1981), p. 270.

52. Ver Bramly (1991), pp. 356-58.

53. Esse grupo de estátuas de bronze, *São João Batista pregando a um levita e um fariseu*, ainda pode ser visto acima da porta norte do Batistério. As estátuas em tamanho natural realmente parecem exibir feições leonardescas.

54. Codex Arundel, fólio 1r.

55. Estudos Anatômicos, fólio 154r.

56. *Ibid.*, fólio 113r.

57. *Ibid.*, fólio 69v.

58. Ver Keele (1983), pp. 321-22.

59. Ver Farago (2003).

60. Ver Emboden (1987), p. 24.

61. Ver Bramly (1991), pp. 370-371.

62. Ver Laurenza (2004a), p. 87.

63. Ver Emboden (1987), pp. 65-68.

64. Ver pp. 42-43.

65. Ver Bramly (1991), pp. 385-386.

66. Ver pp. 260-61.

67. Historiadores acreditaram por muito tempo que as próprias dissecções acarretaram, para Leonardo, problemas com o papa. Contudo, Domenico Laurenza documentou que, naquela época, não havia objeções éticas nem religiosas contra as dissecções na Itália. De acordo com Laurenza, era um choque entre a visão aristotélica da alma de Leonardo e a visão tomística de Leo X que estava na raiz da proibição do papa; ver Domenico Laurenza, "Leonardo nella Roma di Leone X", *XLIII Lettura Vinciana*, Biblioteca Leonardiana, Vinci, 2003.

68. Ver Bramly (1991), pp. 384-85.

69. Ver p. 46.

70. Desenhos e Papéis Diversos, Vol. I, fólio 67r.
71. A *Leda* foi perdida ou destruída no começo do século XVIII, ver Bramly (1991), p. 465, n. 49.
72. Arasse (1998), p. 462.
73. *Trattato*, capítulo 25.
74. Ver Bramly (1991), p. 397.
75. Ver Arasse (1998), p. 152.
76. Ver Bramly (1991), p. 398.
77. Ver Bramly (1991), p. 399.
78. Citado por Kemp (1981), p. 349.
79. Citado por Bramly (1991), p. 400.
80. Ver pp. 60-62.
81. Citado por Bramly (1991), p. 400.
82. Ver Keele (1983), p. 41.
83. Ver pp. 26-27.
84. Ver p. 209.
85. Estudos Anatômicos, fólio 113 r.
86. Codex Atlanticus, fólio 673 r.
87. Ver p. 79.
88. Ver Keele (1983), p. 40.
89. Ver p. 79.
90. Codex Trivulzianus, fólio 27r.
91 Ver Bramly (1991), pp. 406-7.
92. Citado por Bramly (1991), pp. 411-12.
93. Ver Carlo Pedretti e Cianchi, *Leonardo: I codici*, Giunti, Florence, 1995; ver também Bramly (1991), p. 417.
94. Ver Reti (1974).

CAPÍTULO 5

1. Thomas S. Kuhn (1962); ver. também Capra (1996), p. 5.
2. Ver, por exemplo, George Sarton, *The Appreciation of Ancient and Medieval Science during the Renaissance*, University of Pennsylvania Press, Filadélfia, 1955; Marie Boas, *The Scientific Renaissance*, Harper & Brothers, Nova York, 1962.
3. "Império Bizantino" é o termo comumente usado com referência ao Império Romano do Oriente, que falava a língua grega durante a Idade Média. Sua capital era Constantinopla, atual Istambul.
4. Ver Karen Armstrong, *Islam: A Short History*, Modern Library, Nova York, 2000, pp. 5-6.
5. Ver p. 137.
6. Ver Sarton (1955), p. 4.
7. Ver Pedretti (1999), p. 83.
8. *Ibid.*, p. 91.
9. Ver pp. 60, 62.

10. Estudos Anatômicos, fólio 139v.
11. Ver George Sarton, "The Quest for Truth: A Brief Account of Scientific Progress during the Renaissance", *in* Robert M. Palter, org., *Toward Modern Science*, vol. 2, Noonday Press, Nova York, 1961.
12. Ver p. 115.
13. Ver Kemp (1981), pp. 159-60.
14. Ver Fritjof Capra, *The Tao of Physics*, Shambala, Berkeley, 1975; 25th Anniversary Edition by Shambhala, Boston, 2000, pp. 55-6.
15. Ver Capra (1996), p. 18.
16. Ver Wilhelm Windelband, *A History of Philosophy*, publicado originalmente em 1901 pela Macmillan. Reimpresso pela Paper Tiger, Cresskill, N.J., 2001, p. 149.
17. Ver p. 256.
18. Ver p. 234.
19. Ver, por exemplo, p. 197.
20. Sarton (1955), p. 171.
21. Números irracionais, por exemplo, raízes quadradas, não podem ser expressos como proporções, ou quocientes, de números inteiros.
22. *Al jabr* refere-se ao processo de reduzir o número de quantidades matemáticas desconhecidas colocando-as junto em equações.
23. Ver Capra (1996), p. 114.
24. Ver Sarton (1955), p. 52.
25. Ver Capra (1982), p. 306.
26. *Ibid.*, p. 311.
27. Ver Sarton (1955), p. 7.
28. *Ibid.*, pp. 169-70.
29. Estudos Anatômicos, fólio 136r.
30. Ver Boas (1962), p. 131.
31. Ver pp. 104-05.
32. Ver pp. 113-14.
33. Ver Kemp (1981), p. 323.
34. Ver Emboden (1987), p. 141.
35. Ver pp. 134-35.

ເຈ CAPÍTULO 6 ຂ∾

1. Ver, por exemplo, Kuhn (1962).
2. Citado *in* Capra (1982), p. 101.
3. Para o trabalho clássico sobre paleografia leonardiana, ver Gerolamo Calvi, *I manoscritti di Leonardo da Vinci dal punto di vista cronologico storico e biografico*, Bramante, Busto Arsizio, 1982; publicado pela primeira vez em 1925, republicado em 1982 com um prefácio de Augusto Marinoni.
4. Uma lista de edições críticas das anotações de Leonardo é dada na Bibliografia nas pp. 300-02.
5. Codex Trivulzianus, fólio 20v.
6. Codex Forster III, fólio 14r.

7. *Trattato*, capítulo 33.

8. Codex Atlanticus, fólio 323r.

9. *Ibid.*, fólio 534v.

10. Ms. E, fólio 55r.

11. Ver pp. 25-26 e 59-60.

12. Clark (1989), p. 255.

13. E. H. Gombrich, prefácio a *Leonardo da Vinci: Artist, Scientist, Inventor*, Catálogo da Exposição da Hayward Gallery, Yale University Press, 1989.

14. Ms. A, fólio 47r, e Ms. M, fólio 57r; ver também Keele (1983), pp. 132-133.

15. Ver Keele (1983), pp. 136-137.

16. *Ibid.*, p. 141.

17. Codex Atlanticus, fólio 1b.

18. Ver Keele (1983), p. 135.

19. Estudos Anatômicos, fólio 104r.

20. Nuland (2000), p. 131.

21. Keele (1983), pp. 244-45.

22. *Ibid.*, p. 301.

23. Ver Enzo Macagno, "Lagrangian and Eulerian Descriptions in the Flow Studies of Leonardo da Vinci", *Raccolta Vinciana*, Fasc. XXIV, 1992a.

24. Ver pp. 104-05.

25. Ver Augusto Marinoni, Introdução a Leonardo da Vinci, *Il codice atlantico della Biblioteca ambrosiana di Milano*, vol. 1, pp. 18-25, Giunti, Florença, 1975.

26. Ver Capra (1996), p. 18.

27. *Ibid.*, p. 22.

28. Codex Atlanticus, fólio 1067.

29. Ver Capra (1982).

30. Ver Frank Zöllner e Johannes Nathan, *Leonardo da Vinci: The Complete Paintings and Drawings*, Taschen, 2003, pp. 384-99.

31. Ver Keele (1983), p. 142.

32. *Trattato*, capítulo 501.

33. Ver Bramly (1991), p. 257.

34. Estudos Anatômicos, fólio 69v.

35. Ver, por exemplo, Martin Kemp (1999a), "Analogy and Observation in the Codex Hammer", *in* Claire Farago, org., *Leonardo's Science and Technology*, Garland Publishing, Nova York, 1999; Arasse (1998), p. 74.

36. Arasse (1998), p. 19.

37. Ms. C, fólio 26v.

38. Ver Capra (1996), p. 169.

39. Codex Atlanticus, fólio 813.

40. *Ibid.*, fólio 508v.

41. Ver p. 48; ver também Stephen Jay Gould, "The Upwardly Mobile Fossils of Leonardo's Living Earth", *in* Stephen Jay Gould, *Leonardo's Mountain of Clams and the Diet of Worms*, Harmony Books, Nova York, 1998.

42. Codex Arundel, fólio 172v.

43. Ver pp. 69-70.
44. Ver Emboden (1987), p. 163.
45. Ver Keele (1983), p. 316.
46. Ver Emboden (1987), p. 171.
47. *Trattato*, capítulo 21.
48. Ver p. 34.
49. Estudos Anatômicos, fólio 153r.
50. Codex Sobre o Vôo dos Pássaros, fólio 3r.
51. Ver Marshall Clagett, "Leonardo da Vinci: Mechanics", *in* Farago (1999).
52. Codex Atlanticus, fólio 481.
53. Ver Clagett (1999).
54. Ver pp. 59-60.
55. Ver Pedretti (1999); ver também Domenico Laurenza, Mario Taddei, e Edoardo Zanon, *Le Macchine di Leonardo*, Giunti, Florença, 2005.
56. Ver, por exemplo, Kemp e Roberts (1989), pp. 218-41.
57. Ver pp. 110-11.
58. Para uma descrição detalhada do propósito e funcionamento dessa máquina, ver Bern Dibner, "Leonardo: Prophet of Automation", *in* O' Malley, 1969.
59. Ver, por exemplo, Kemp (1989), p. 227.
60. Para uma descrição detalhada desse mecanismo, ver Dibner (1969).
61. Codex Forster II, fólios 86r e 87r.
62. Codex Madri I, capa.
63. *Ibid.*, fólio 95r.
64. Codex Leicester, fólio 25r.
65. Ms. E, fólio 54r.
66. Para um relato detalhado dos estudos de vôo de Leonardo, ver Laurenza (2004b).
67. Ver pp. 109-110.
68. Codex Atlanticus, fólio 1058v.
69. Na formulação de Newton, a lei é redigida assim: "Para qualquer ação há uma reação igual e oposta".
70. Laurenza (2004b), p. 44.
71. Ver Kemp e Roberts (1989), p. 236.
72. Ver pp. 128-29.
73. Codex sobre o Vôo dos Pássaros, fólio 16r.
74. Ver Kemp (2004), pp. 127-29.
75. Kemp (1989), p. 239.
76. Kenneth Keele, *Leonardo da Vinci on Movement of the Heart and Blood*, Lippincott, Filadélfia, 1952, p. 122.
77. Estudos Anatômicos, fólio 81v.
78. *Ibid.*, fólio 198v.
79. Nuland (2000), p. 161.
80. Ms. I, fólio 18r.
81. Clark (1989), p. 250.

◄§ CAPÍTULO 7 §►

1. Ms. G, fólio 96v.
2. Estudos Anatômicos, fólio 116r.
3. Ver p. 165.
4. Ver p. 66.
5. Ver p. 245.
6. Citado *in* Capra (1982), p. 55.
7. Uma progressão aritmética é uma seqüência de números tal que a diferença entre termos sucessivos é uma constante. Por exemplo, a seqüência 1, 3, 5, 7, ... é uma progressão aritmética com a diferença comum 2. Funções são relações entre números variáveis desconhecidos, ou "variáveis", indicados por letras. Por exemplo, na equação $y = 2x + 1$, diz-se que a variável y é uma função de x. Em funções lineares, tal como no exemplo, as variáveis são elevadas somente até a primeira potência. Os gráficos correspondentes a essas funções são linhas retas; daí o termo "linear". Progressões aritméticas são casos especiais de funções lineares nas quais as variáveis são números discretos. Assim, no exemplo acima, a equação $y = 2x + 1$ resulta na seqüência 1, 3, 5, 7, ... se x for restrito a inteiros positivos.
8. Ms. A, fólio 10r; ver também p. 214. Deve-se observar que, como muitos escritores medievais e renascentistas, Leonardo usa a palavra "pirâmide" para descrever todos os sólidos com bases regulares ou irregulares e um ápice, incluindo cones; ver Keele (1983), p. 153.
9. Ms. M, fólio 59v.
10. *Ibid.*
11. *Ibid.* 45r.
12. Ver Keele (1983), pp. 113-14.
13. Ver Morris Kline, *Mathematical Though from Ancient to Modern Times*, Oxford University Press, Nova York, 1972, p. 338.
14. Ver Keele (1983) p. 157.
15. Ver E. H. Gombrich, "The Form of Movement in Water and Air", *in* O' Malley (1969).
16. Ver p. 62.
17. Arasse (1998), p. 271.
18. Ver pp. 110-111 e 113-14.
19. Clark (1989), p. 38.
20. Codex Madri II, fólio 67r.
21. A teoria das funções trata das relações entre números variáveis contínuos, ou variáveis. O cálculo diferencial é um ramo da matemática moderna usado para calcular a taxa de mudança de uma função com respeito à variável da qual depende.
22. Codex Arundel, fólios 190v e 266r.
23. De The Notebooks of Paul Klee (1961), citado *in* Francis Ching, *Architecture: Form, Space and Order*, 2ª ed., John Wiley, Nova York, 1996, p. 1.
24. Codex Arundel, fólio 190v.
25. Matilde Macagno, "Geometry in Motion in the Manuscripts of Leonardo da Vinci", *Raccolta Vinciana*, Fasc. XXIV, 1992b, e "Transformation Geometry in the Manus-

cripts of Leonardo da Vinci, *Raccolta Vinciana*, Fasc. XXVI, 1995.

26. Codex Madri II, fólio 107r.
27. Ver Kline (1972), p. 340.
28. Ms. M, fólio 66v.
29. Ver Keele (1983), p. 276.
30. Codex Atlanticus, fólio 781ar.
31. Ver pp. 126, 128.
32. Codex Forster I, fólio 3r.
33. Codex Madri II, fólio 72r.
34. *Ibid.*, fólio 112r.
35. Estudos Anatômicos, fólio 121r.
36. Codex Atlanticus, fólio 124v.
37. Ms. G, fólio 96r.
38. Ver Macagno (1995).
39. *Ibid.*
40. Ver Kline (1972), p. 349.
41. Para discussões detalhadas dos três tipos básicos de transformações curvilíneas de Leonardo, ver Apêndice, pp. 273-79.
42. Para uma discussão mais detalhada das transformações esboçadas neste fólio, ver Apêndice, pp. 275-77.
43. Kemp (1981), p. 253.
44. Kline (1972), p. 1158.
45. *Ibid.*, p. 1170.
46. Ver p. 81.
47. Ver Pedretti (1985), p. 296.
48. Ver p. 76.
49. Ver Arasse (1998), p. 212.
50. Ver p. 138.
51. Codex Atlanticus, fólio 455, ver também Arasse (1998), pp. 122-123.
52. Clark (1989), p. 39.
53. Ver Apêndice, pp. 276-79.
54. Hoje, qualificaríamos essa asserção ao dizer que as relações causais na natureza podem ser representadas por modelos matemáticos *aproximados*.
55. Codex Forster III, fólio 43v.
56. Ver Capra (1996), p. 128.

◄§ CAPÍTULO 8 §►

1. Ver pp. 174-75.
2. Ver George Lakoff e Mark Johnson, *Philosophy in the Flesh*, Basic Books, Nova York, 1999, p. 94; ver também p. 252 do presente livro.
3. Codex Trivulziano, fólio 20v.
4. Ver pp. 100 e 103-04.
5. Ver p. 110.

6. O tratado sobre perspectiva está contido no Ms. A., fólios 36-42; os diagramas de ótica geométrica estão nos Mss. A e C.
7. Ver p. 66.
8. James Ackerman, "Science and Art in the Work of Leonardo", *in* O'Malley (1969).
9. Ms. A, fólio 1v.
10. *Ibid.*, fólio 10r. Como percebido acima, Leonardo, como muitos de seus contemporâneos, usou a palavra "pirâmide" também para descrever cones e outros sólidos com um único ápice; ver p. 204, nota 8.
11. *Ibid.*, fólio 1v.
12. Ver Keele (1983), p. 46.
13. Ms. Ashburnham II, fólio 23r.
14. Ms. A, fólio 8v.
15. Ver pp. 113-14.
16. Ver pp. 253-54.
17. Ver p. 63.
18. Ver Arasse (1998), pp. 300-301.
19. Ver pp. 111-12.
20. Ms. A, fólio 3r.
21. Ver pp. 245-47.
22. Ms. Ashburnham II, fólio 18r.
23. Ms. Ashburnham II, fólio 25.
24. Ver Kemp (1981), p. 33.
25. Ver p. 165.
26. Ver Kemp (1981), p. 35.
27. Ver pp. 94-95.
28. Codex Arundel, fólio 70v.
29. Ver Keele (1983), pp. 55-56.
30. Ms. A, fólio 19r.
31. Ver Keele (1983), p. 141.
32. Ver p. 66.
33. Codex Atlanticus, fólio 676r.
34. *Ibid.*
35. *Trattato*, capítulos 681-682.
36. Clark (1989), p. 129; citado também na p. 87 do presente livro.
37. *Trattato*, Capítulo 17.
38. Ver Keele (1983), p. 132; ver também p. 226 do presente livro a respeito do uso de Leonardo da câmera obscura.
39. Ver pp. 161-62.
40. Codex Arundel, fólio 94v.
41. *Ibid.*
42. Ver Keele (1983), pp. 91-92.
43. Ms. F, fólio 41v.
44. Ver Kemp (1981), p. 323; ver também p. 155 do presente livro.
45. *Trattato*, Capítulo 25.

46. Codex Atlanticus, fólio 372v.

47. Estudos Anatômicos, fólio 118v.

48. *Ibid.*, fólio 22v.

49. Seria errado ler qualquer significado oculto no uso freqüente de Leonardo do termo "espiritual". Ele define-o claramente como significando simplesmente "invisível e imaterial" e usa-o consistentemente nesse sentido; ver pp. 251-52.

50. O conceito de energia foi definido com precisão somente no século XVII. Leonardo usa tanto *potentia* como *virtù* para significar força, ou energia.

51. Estudos Anatômicos, fólio 22v.

52. Ver Capra (1975), p. 61.

53. Ms. Ashburnham II, fólio 6v.

54. *Ibid.*

55. Ms. A, fólio 9v.

56. *Ibid.* fólio 61r.

57. Mais precisamente, as partículas de água movem-se em pequenos círculos; ver Capra (1975), p. 152.

58. Ver p. 236.

59. Ms. A, fólio 61r.

60. Ms. H, fólio 67r.

61. Há até alguma especulação de que Huygens possa ter tido conhecimento da pesquisa de Leonardo quando publicou sua famosa obra sobre ótica, *Traité de la lumière*, em 1690; ver White (2000), p. 177.

62. Ver Kenneth Keele, "Leonardo da Vinci's Physiology of the Senses", *in* O'Malley (1969).

63. Ms. F, fólio 49v.

64. Codex Atlanticus, fólio 545v.

65. Ver White (2000), p. 182.

66. *Ibid.*, p. 183.

67. Ver p. 115.

68. Codex Leicester, fólio 4r.

69. Ver Keele (1983), p. 215.

70. Ms. B, fólio 4v.

71. Ms. A, fólio 61r.

72. *Ibid.*, fólio 22v.

73. Ver pp. 239-40.

74. Ver p. 201.

75. Estudos Anatômicos, fólio 148v.

76. Codex Madri I, fólio 126v.

77. *Ibid.*

78. Ver Martin Kemp (1999b), "Leonardo and the Visual Pyramid", in Farago (1999).

79. Ms. F, fólio 34r.

80. Ms. D, fólio 4v.

81. Ver Kemp (1999b).

82. Ver Ms. E, 16v.

◄ CAPÍTULO 9 ►

1. Codex Atlanticus, fólio 949v.
2. *Trattato*, capítulo 28.
3. Ver Keele (1983), p. 61.
4. Codex Atlanticus, fólio 327v.
5. Ms. D, fólio 5v.
6. Codex Atlanticus, fólio 345r.
7. Ms. F, fólio 39v.
8. Ver Keele (1983), pp. 73-74.
9. *Ibid.*, p. 69.
10. Codex Atlanticus, fólio 545r.
11. Ver pp. 222-23.
12. Ver pp. 177-78.
13. Ms. D, fólio 1r.
14. Ver Keele (1983), pp. 74-75.
15. Óculos eram bem conhecidos na época de Leonardo. Eles eram de dois tipos, aqueles "para os jovens" (lentes côncavas) e aqueles "para os velhos" (lentes convexas); ver Keele (1983), p. 210.
16. *Ibid.*, p. 204.
17. Ver p. 235.
18. Ms. D, fólio 3v.
19. Ver Keele (1983), p. 201.
20. Estudos Anatômicos, fólio 115r. Leonardo não estava ciente de que a visão central na verdade ocorre na mácula, na periferia do disco óptico (ver figura 9-2).
21. Codex Atlanticus, fólio 546r.
22. Ver pp. 177-78.
23. Ver Keele (1969) e Keele (1983), p. 60.
24. Ver pp. 236-38.
25. Keele (1969).
26. Keele (1983), p. 63.
27. *Ibid.*, pp. 64-65.
28. O quiasma óptico é na verdade um cruzamento parcial no qual cada nervo divide-se em dois ramos e o ramo interno de cada olho cruza por cima para juntar-se ao ramo exterior do outro olho.
29. Codex Atlanticus, fólio 832v.
30. O ventrículo anterior consiste em duas asas laterais quase completamente separadas e é, portanto, também descrito como dois ventrículos laterais.
31. Seguindo Kenneth Keele, estou usando o termo italiano de Leonardo *senso comune* para essa região do cérebro, uma vez que o "senso comum" inglês tem um significado bastante diferente; ver Keele (1983), p. 62.
32. Leonardo pode ter cunhado o termo *impressiva* (ou *imprensiva*) por analogia a termos relacionados como *aprensiva*, e *comprensiva*, usados por estudiosos medievais; ver Farago (1992), pp. 301-302. "Receptor de impressões" é a tradução proposta por

Martin Kemp; ver Kemp (1981), p. 127.

33. *Trattato*, Capítulo 28.

34. Para discussões mais abrangentes dos estudos da voz humana, fonética e música de Leonardo, ver Panconcelli-Calzia (1956); Magni-Dulocq (1956); e especialmente Keele (1983), p. 215.

35. Keele (1983), p. 219.

36. Ver pp. 101-02.

37. Ver p. 81.

38. Ver Arasse (1998), p. 222.

39. Estudos Anatômicos, fólio 39r.

40. Ver Windelband (2001), p. 62; ver também p. 145 do presente livro.

41. Ver Keele (1983), p. 267.

42. Codex Arundel, 151r,v.

43. Ver Capra (2002), p. 33.

44. Ver pp. 128-29.

45. Ver Laurenza (2004b), pp. 86-88.

46. Codex Atlanticus, 434r.

47. Estudos Anatômicos, fólio 114v.

48. Ver pp. 155-56.

49. Codex Atlanticus, fólio 166r.

50. Ver Capra (2002). p. 61.

51. Ms. B, fólio 4v.

52. Estudos Anatômicos, fólios 198r e 114v.

53. Codex Atlanticus, fólio 680r.

54. Ver Capra (2002), pp. 40-41.

EPÍLOGO

1. Ver pp. 26-27.

2. Keele (1983); ver também Nuland (2000).

3. Emboden (1987).

4. Galluzzi (1996); ver também Pedretti (1999); Laurenza, Taddei, e Zanon (2005).

5. Laurenza (2004b).

6. A engenharia e a arquitetura de Leonardo são cobertas extensivamente no belo catálogo de uma exibição no Musée des Beaux-Arts de Montréal; ver Galluzzi (1987).

7. Codex Madri I, fólio 6r.

8. Ver, por exemplo, Ms. E, fólios 38ss.

9. Estudos Anatômicos, fólio 114v.

10. Ver Capra (2002), pp. 229ss.

11. Ver p. 78.

12. Ver p. 79.

13. Codex Leicester, fólio 13r; ver também fólio 32r.

14. Ver Capra (1996), pp. 6-7.

15. *Trattato*, capítulo 34.

16. Ver Fritof Capra e David Steindl-Rast, *Belonging to the Universe*, HarperSan Francisco, 1991.
17. Ver Capra (1982).
18. Ver Capra (1996) e Capra (2002).

APÊNDICE

1. Ver Macagno (1992b).
2. Ver p. 183.
3. Codex Madri II, fólios 107r e 111v.
4. Macagno (1992b).
5. Ver Kemp (1981), p. 250.
6. Codex Atlanticus, fólio 82r.
7. Macagno (1992b).
8. Ver pp. 217-9.
9. Ver análise por Pedretti e Marinoni, Codex Atlanticus, fólio 455.
10. Codex Atlanticus, fólio 455.
11. *Ibid.*
12. *Ibid.*
13. Ver Keele (1983), p. 154.
14. Leonardo, aparentemente, não sentiu a necessidade de registrar graficamente as soluções de suas equações topológicas. Se assim tivesse feito, é provável que tivesse usado uma notação diferente, dado que o sinal de igualdade (=) entrou em uso comum apenas no século XVII; ver Kline (1972), p. 260.

OS CADERNOS DE NOTAS DE LEONARDO:

Fac-símiles e Transcrições

As citações dos manuscritos de Leonardo referem-se às edições críticas lista-
das na Bibliografia. Retraduzi algumas das passagens para que ficassem mais
próximas do texto original, de modo a preservar seu sabor leonardesco.

ESTUDOS ANATÔMICOS (COLEÇÃO WINDSOR)

Kenneth Keele and Carlo Pedretti, *Leonardo da Vinci, Corpus of the Anatomi-
cal Studies in the Collection of Her Majesty the Queen at Windsor Castle*, 3
vols., Harcourt Brace Jovanovich, Nova York, 1978-1980.

DESENHOS E PAPÉIS DIVERSOS (COLEÇÃO WINDSOR)

Carlo Pedretti, *The Drawings and Miscellaneous Papers of Leonardo da Vinci in
the Collection of Her Majesty the Queen at Windsor Castle;* 2 vols., Harcourt
Brace Jovanovich, Nova York, 1982;
Volume I: Landscapes, Plants and Water Studies;
Volume II: Horses and Other Animals.
[A edição completa compreenderá quatro volumes; volumes III e IV ainda não
publicados]

Os cadernos de notas de Leonardo / 301

❧ CODEX ARUNDEL ☙

Leonardo da Vinci, *Il Codice Arundel 263 nella British Library: edizione in facsimile nel riordinamento cronologico dei suoi fascicoli; a cura di Carlo Pedretti; trascrizioni e note critiche a cura di Carlo Vecce*, Giunti, Florença, 1998.

❧ CODEX ATLANTICUS ☙

Leonardo da Vinci, *Il codice atlantico della Biblioteca ambrosiana di Milano, trascrizione diplomatica e critica di Augusto Marinoni*, Giunti, Florença, 1975-1980.

❧ CODEX SOBRE O VÔO DOS PÁSSAROS ☙

Leonardo da Vinci, *The codex on the flight of birds in the Royal Library at Turin*, org. por Augusto Marinoni, Johnson Reprint, Nova York, 1982.

❧ CODEXS FORSTER I, II, III ☙

Leonardo da Vinci, *I Codici Forster del Victoria and Albert Museum di Londra; trascrizione diplomatica e critica di Augusto Marinoni, edizione in facsimile*, 3v., Giunti, Florença, 1992.

❧ CODEX LEICESTER (ANTERIORMENTE "CODEX HAMMER") ☙

Leonardo da Vinci, *The Codex Hammer*, traduzido para o inglês e anotado por Carlo Pedretti, Giunti, Florença, 1987.

❧ CÓDICES MADRI I, II ☙

Leonardo da Vinci, *The Madrid Codices*, transcrito e traduzido por Ladislao Reti, McGraw-Hill, Nova York, 1974.

MANUSCRITOS DO INSTITUT DE FRANCE

Leonardo da Vinci, *I manoscritti dell'Institut de France, edizione in facsimile sotto gli auspici della Commissione nazionale vinciana e dell'Institut de France, trascrizione diplomatica e critica di Augusto Marinoni*, Giunti, Florença, 1986-1990.

(Mss. A, B, C, D, E, F, G, H, I, K, L, M; ms. A inclui como suplemento o *Ashburnham II*, também listado como B.N. 2038; ms. B inclui como suplemento o *Ashburnham I*, também listado como B.N. 2037.)

CODEX TRIVULZIANUS

Leonardo da Vinci, *Il codice di Leonardo da Vinci nella Biblioteca trivulziana di Milano, trascrizione diplomatica e critica di Anna Maria Brizio*, Giunti, Florença, 1980.

TRATTATO DELLA PITTURA (CODEX URBINAS)

Leonardo da Vinci, *Libro di pittura, Codice urbinate lat. 1270 nella Biblioteca apostolica vaticana, a cura di Carlo Pedretti, trascrizione critica di Carlo Vecce*, Giunti, Florença, 1995.

BIBLIOGRAFIA

Ackerman, James, "Science and Art in the Work of Leonardo", *in* C. D. O'Malley (org.), *Leonard's Legacy, An International Symposium,* University of California Press, Berkeley & Los Angeles, 1969.

Anonimo Gaddiano, "Leonardo da Vinci", escrito em cerca de 1542; tradução de Kate Steinitz e Ebria Feigenblatt, 1949; reimpresso *in* Ludwig Goldscheider, *Leonardo da Vinci.* Phaidon, Londres, 1964.

Arasse, Daniel, *Leonardo da Vinci: The Rhythm of the World*, Konecky & Konecky, Nova York, 1998.

Armstrong, Karen, *Islam: A Short History*, Modern Library, Nova York, 2000.

Boas, Marie *The Scientific Renaissance*, Harper & Brothers, Nova York, 1962.

Bramly, Serge, *Leonardo: Discovering the Life of Leonardo da Vinci.* Harper Collins, Nova York, 1991.

Burckhardt, Jacob, *The Civilization of the Renaissance in Italy*, edição alemã original publicada em 1860, The Modern Library, Nova York 2002.

Calvi, Gerolamo, *I manoscritti di Leonardo da Vinci dal punto di vista cronologico storico e biografico*, Bramante, Busto Arsizio, 1982; publicado pela primeira vez em 1925, republicado em 1982 com um prefácio de Augusto Marinoni.

Capra, Fritjof, *The Tao of Physics*, Shambhala, Berkeley, 1975; 25th Anniversary Edition by Shambhala, Boston, 2000.[*O Tao da Física*, Editora Cultrix , São Paulo, 1985.]

_____, *The Turning Point*, Simon & Schuster, Nova York, 1982. [*O Ponto de Mutação*, Editora Cultrix, São Paulo 1986.]

_____, *Uncommon Wisdom*, Simon and Schuster, Nova York, 1988. [*Sabedoria Incomum: Conversas com Pessoas Notáveis*, Editora Cultrix, São Paulo, 1990.]

_____, *The Web of Life*, Doubleday, New York, 1996. [*A Teia da Vida*, Editora Cultrix, São Paulo, 1997.]

_____, *The Hidden Connections*, Doubleday, New York, 2002. [*As Conexões Ocultas*, Editora Cultrix, São Paulo, 2002]

_____, e David Steindl-Rast, *Belonging to the Universe*, HarperSanFrancisco, 1991. [*Pertencendo ao Universo*, Cultrix, São Paulo, 1993]

Ching, Francis, *Architecture: Form, Space, and Order*, 2ª ed., John Wiley, Nova York, 1996.

Clagett, Marshall, "Leonardo da Vinci: Mechanics", *in* Claire Farago (org.), *Leonardo's Science and Technology*, Garland, Nova York, 1999.

Clark, Kenneth, *Leonardo da Vinci*, Penguin, 1989.

Dibner, Bern, "Leonardo: Prophet of Automation", *in* C. D. O'Malley (org.), *Leonardo's Legacy, An International Symposium*, University of California Press, Berkeley & Los Angeles, 1969.

Emboden, William, *Leonardo da Vinci on Plants and Gardens*, Dioscorides Press, Portland, Oregon, 1987.

Farago, Claire, *Leonardo da Vinci's Paragone: A Critical Interpretation with a New Edition of the Text in the Codex Urbinas*, E. J. Brill, Leiden, 1992.

_____, (org.) *Leonardo's Science and Technology*. Garland, Nova York, 1999.

_____, "How Leonardo da Vinci's Editors Organized his *Treatise on Painting* and How Leonardo Would Have Done It Differently", *in* Lyle Massey (org.), *The Treatise on Perspective: Published and Unpublished*, National Gallery of Art, Washington, distribuído por Yale University Press, 2003.

Galluzzi, Paolo, *Renaissance Engineers*, Giunti, Florence, 1996.

Galluzzi, Paolo e Jean Guillaume (orgs.), *Léonard de Vinci: ingénieur et architecte*, Musés des Beaux-Arts de Montréal, 1987.

Giovio, Paolo, "The Life of Leonardo da Vinci", escrito em cerca de 1527, publicado pela primeira vez em 1796; tradução do original em latim por J. P. Richter, 1939; reimpresso *in* Goldscheider (1964), p. 29.

Goldscheider, Ludwig, *Leonardo da Vinci*, Phaidon, Londres, 1964.

Gombrich, E. H., "The Form of Movement in Water and Air", *in* C. D. O'Malley (org.), *Leonardo's Legacy: An International Symposium*, University of California Press, Berkeley & Los Angeles, 1969.

_____, Prefácio a *Leonardo da Vinci: artist, scientist, inventor.* Catálogo da Exposição na Hayward Gallery, Yale University Press, 1989.

Gould, Stephen Jay, "The Upwardly Mobile Fossils of Leonardo's Living Earth", *in* Stephen Jay Gould, *Leonardo's Mountain of Clams and the Diet of Worms*, Harmony Books, Nova York, 1998.

Guillaume, Jean, "Léonard et l'architecture". *In* Paolo Galluzzi e Jean Guillaume (orgs.), *Léonard de Vinci ingénieur et architecte*, Musée des Beaux-Arts de Montréal, 1987.

Heydenreich, Ludwig H., *Leonardo da Vinci*, 2 vols., Macmillan, Nova York, 1954.

_____, "Leonardo and Bramante: Genius in Architecture", *in* C. D. O'Malley (org.), *Leonardo's Legacy, An International Symposium*, University of California Press, Berkeley & Los Angeles, 1969.

Hope, Charles "The Last 'Last Supper'", *New York Review of Books*, 9 de agosto de 2001.

Jacquot, Jean (org.), *Le Lieu théatral à la Renaissance*, Paris, 1968.

Keele, Kenneth, *Leonardo da Vinci on Movement of the Heart and Blood.* Lippincott, Filadélfia, 1952.

_____, "Leonardo da Vinci's Physiology of the Senses", *in* C. D. O'Malley (org.), *Leonardo's Legacy, An International Symposium*, University of California Press, Berkeley & Los Angeles, 1969.

_____, *Leonardo da Vinci's Elements of the Science of Man*, Academic Press, Nova York, 1983.

Kemp, Martin, *Leonardo da Vinci: The Marvellous Works of Nature and Man*, Harvard University Press, Cambridge, Mass., 1981.

_____, "Leonardo Then and Now", *in* Kemp e Roberts (orgs.), *Leonardo da Vinci: Artist, Scientist, Inventor.* Catálogo da Exposição na Hayward Gallery, Yale University Press, 1989.

_____, "Analogy and Observation in the Codex Hammer", *in* Claire Farago (org.), *Leonardo's Science and Technology*, Garland Publishing, Nova York, 1999a.

_____, "Leonardo and the Visual Pyramid", *in* Claire Farago (org.), *Leonardo's Science and Technology*, Garland Publishing, Nova York, 1999b.

_____, *Leonardo*, Oxford University Press, 2004.

_____ e Jane Roberts (org.), *Leonardo da Vinci: Artist, Scientist, Inventor,* Catálogo da Exposição na Hayward Gallery, Yale University Press, 1989.

Kempers, Bram, *Painting, Power and Patronage*, Allen Lane, Londres, 1992.

Kline, Morris, *Mathematical Thought from Ancient to Modern Times*, Oxford University Press, Nova York, 1972.

Kuhn, Thomas S., *The Structure of Scientific Revolutions*, University of Chicago Press, Chicago, 1962.

Lakoff, George e Mark Johnson, *Philosophy in the Flesh*, Basic Books, Nova York, 1999.

Laurenza, Domenico, "Leonardo nella Roma di Leone X", *XLIII Lettura Vinciana*, Biblioteca Leonardiana, Vinci, 2003.

_____, "Leonardo: La scienza trasfigurata in arte", *Le Scienze*, Roma, maggio 2004a.

_____, *Leonardo On Flight*, Giunti, Florença, 2004b.

_____, Mario Taddei e Edoardo Zanon, *Le Macchine di Leonardo*, Giunti, Florença, 2005.

Leonardo da Vinci, Reynal, Nova York, 1956.

Livio, Mario, *The Golden Ratio*, Broadway Books, Nova York, 2002.

Macagno, Enzo, "Lagrangian and Eulerian Descriptions in the Flow Studies of Leonardo da Vinci", *Raccolta Vinciana*, Fasc. XXIV, 1992a.

Macagno, Matilde, "Geometry in Motion in the Manuscripts of Leonardo da Vinci", *Raccolta Vinciana*, Fasc. XXIV, 1992b.

_____, "Transformation Geometry in the Manuscripts of Leonardo da Vinci", *Raccolta Vinciana*, Fasc. XXVI, 1995.

Magni-Dufflocq, Enrico, "Da Vinci's Music", em *Leonardo da Vinci*, Reynal, Nova York, 1956.

Marinoni, Augusto, Introduction to Leonardo da Vinci, *Il codice atlantico della Biblioteca ambrosiana di Milano*, vol. 1, pp. 18 -25, Giunti, Florença, 1975.

Massey, Lyle (org.), *The Treatise on Perspective: Published and Unpublished.* National Gallery of Art, Washington. Distribuído pela Yale University Press, 2003.

Murray, Penelope (org.), *Genius: The History of an Idea*, Basil Blackwell, Nova York, 1989.

Nicodemi, Giorgio, "The Portrait of Leonardo", em *Leonardo da Vinci*, Reynal, Nova York, 1956.

Nuland, Sherwin B., *Leonardo da Vinci*, Viking Penguin, Nova York, 2000.

O' Malley, C. D., (org.) *Leonardo's Legacy: An International Symposium*. University of California Press, Berkeley e Los Angeles, 1969.

Pacioli, Luca, *De divina proportione*, Paganinum de Paganinis, Veneza, 1509; edição facsimilar do manuscrito na Biblioteca Ambrosiana di Milano publicada por Fontes Ambrosiani XXXi, G. Biggiogero e F. Riva (org..), Milão 1966.

Palter, Robert M (org.), *Toward Modern Science*, vol. 2, Noonday Press, Nova York, 1961.

Panconcelli-Calzia, Giulio, "Leonardo's Work in Phonetics and Linguistics", em *Leonardo da Vinci*, Reynal, Nova York, 1956.

Pedretti, Carlo, *Leonardo, Architect*, Rizzoli, Nova York, 1985.

_____, *Leonardo: the Machines*, Giunti, Florence, 1999.

_____, e Marco Cianchi, *Leonardo: I codici*, Giunti, Florença, 1995.

Pizzorusso, Ann, "Leonardo's Geology: The Authenticity of the Virgin of the Rocks", *Leonardo*, vol. 29, n° 3, MIT Press, 1996.

Reti, Ladislao (org.), *The Unknown Leonardo*, McGraw-Hill, Nova York, 1974.

Richards, Robert, *The Romantic Conception of Life*, University of Chicago Press, 2002.

Richter, Irma (org.), *The Notebooks of Leonardo da Vinci*, Oxford University Press, Nova York, 1952.

Roberts, Jane, "The Life of Leonardo", *in* Kemp e Roberts, *Leonardo da Vinci: Artist, Scientist, Inventor,* Catalogue of Exhibition at Hayward Gallery, Yale University Press, 1989.

Sarton, George, *The Appreciation of Ancient and Medieval Science During the Renaissance*, University of Pennsylvania Press, Filadélfia, 1955

_____, "The Quest for Truth: A Brief Account of Scientific Progress During the Renaissance", *in* Robert M. Palter (org.), *Toward Modern Science*, vol. II, The Noonday Press, Nova York (1961)

Sparke, Penny, *Design and Culture in the Twentieth Century*, Allen & Unwin, Londres, 1986.

Steinitz, Kate, "Le dessin de Léonard de Vinci pour la représentation de la Danaé de Baldassare Taccone", *in* Jean Jacquot (org.), *Le Lieu théâtral à la Renaissance*, Paris 1968.

Steptoe, Andrew (org.), *Genius and the Mind*, Oxford University Press, 1998.

Vasari, Giorgio, *Lives of the Artists*, publicado originalmente em 1550; traduzido por George Bull, 1965; reimpresso como *Lives of the Artists: Volume I*, Penguin, 1987.

White, Michael, *Leonardo, The First Scientist*, St. Martin's Griffin, Nova York, 2000.

Windelband, Wilhelm, *A History of Philosophy*, publicado originalmente em 1901 por Macmillan; reimpresso por The Paper Tiger, Cresskill, NJ, 2001.

Zöllner, Frank e Johannes Nathan, *Leonardo da Vinci: The Complete Paintings and Drawings*, Taschen, 2003.

CITAÇÕES EM ITALIANO

EPÍGRAFE

Prima farò alcuna esperienza, avanti ch'io più oltre proceda, perché mia intenzione è allegare prima la sperenzia e po' colla ragione dimostrare perché tale esperienza è constretta in tal modo ad operare; e questa è la vera regola come li speculatori delli effetti naturali hanno a procedere.
(Ms. E, folio 55r)

Devo primeiramente fazer alguns experimentos antes de prosseguir, pois é minha intenção mencionar a experiência primeiro, e então demonstrar pelo raciocínio por que tal experiência é obrigada a operar de tal maneira. E essa é a regra verdadeira que aqueles que especulam sobre os efeitos da natureza devem seguir.

INTRODUÇÃO

página 25 (sem nota)
interprete tra la natura e gli omini —
intérprete entre a natureza e os seres humanos

2
L'occhio, che si dice finestra dell'anima, è la principale via donde il comune senso può più coppiosa et magnificamente cosiderare le infinite opere di natura.
(*Trattato*, capítulo 19)

O olho, do qual se diz ser a janela da alma, é o principal meio pelo qual o senso comum pode mais abundante e magnificentemente contemplar as infinitas obras da natureza.

3

La pittura abbraccia in sé tutte le forme della natura.
(Ms. Ashburnham II, folio 19v)

A pintura contém em si mesma todas as formas da natureza.

4

La scientia della pittura s'astende in tutti li colori delle superfitie, e figure da corpi da quelle vestiti... [La pittura] con filosofica e sottile speculazione considera tutte le qualità delle forme... E veramente questa è scientia et legitima figlia de natura, perché la pittura è partorita da essa natura. (*Trattato*, capítulos 6 and 12)

A ciência da pintura estende-se a todas as cores das superfícies dos corpos, e às formas dos corpos encerrados nessas superfícies (...). [A pintura] por meio de especulações sutis e filosóficas considera todos os atributos das formas (...). E é de fato ciência, filha legítima da natureza, porque a pintura foi gerada por ela.

5

Potremo dire la terra avere anima vegetativa e che la sua carne sia la terra, li sua ossi siano li ordini delle collegatione di sassi di che si compongano le montagne, il suo tenerume sono i tufi, il suo sangue sono le vene delle acque. Il lago del sangue che sta dintorno al core è il mare oceano, il suo alitare è il crescere e discrescere del sangue pe' li polsi, e così nella terra è il flusso e reflusso del mare.
(Codex Leicester, fólio 34r)

> tenerume: cartilagine
> tufo: roccia sedimentaria di origine mista

Poderíamos dizer que a Terra possui uma força vital de crescimento, que sua carne é o solo, seus ossos são os sucessivos estratos de rocha que formam as montanhas; sua cartilagem são as rochas porosas, seu sangue os cursos de água. O lago de sangue que se estende em volta do coração é o oceano. Sua respiração é o aumento e a diminuição do sangue na pulsação, assim como na Terra há o fluxo e refluxo dos mares.

14

La pittura è fondata su la prospettiva; [e] prospettiva non è altro che sapere bene figurare lo uffizio dell'occhio.
(Ms. A, fólio 3r)

A pintura é baseada na perspectiva e a perspectiva nada mais é que o sólido conhecimento da função do olho.

18

isprimere con l'atto la passione dell'anima sua —
(*Trattato*, capítulo 367)

expressar com gestos as paixões da alma.

21

Natura non può dare moto alli animali sanza strumenti machinali.
(Estudos Anatômicos, fólio 153r)

A natureza não pode dar movimento aos animais sem instrumentos mecânicos.

24

Li abbreviatori delle opere fanno ingiuria alla cognitione e allo amore... Che vale acquel che, per abbreviare le parti di quelle cose che lui fa professione di darne integral notitia, che lui lasci in dirieto la maggior parte delle cose di che il tutto è composto?... O stoltitia umana!... Non t'avedi che tu cadi nel medesimo errore che fa quello che denuda la pianta dell'ornamento de' sua rami, pieni di fronde, miste colli odoriferi fiori o frutti, sopra dimonstra che in quella pianta esser da fare delle nude tavole.
(Estudos Anatômicos, fólio 173r)

       sopra = a causa di, in merito a

Os compendiadores de obras ofendem o conhecimento e o amor (...). Que valor tem aquele que, compendiando as partes das coisas que professa para dar um conhecimento completo, deixa de fora a parte mais importante das coisas que compõem o todo? (...) Oh, estupidez humana! ? (...) Não vêem que incorrem no mesmo erro daquele que despoja uma árvore de seus galhos repletos de folhas, intercaladas por flores e frutos aromáticos, só para demonstrar que a árvore é boa para se fazer tábuas.

Capítulo 1

6

Il pittore con grand' agio siede dinanzi alla sua opera ben vestito e move il levissimo penello con li vaghi colori, et ornato di vestimenti come a lui piace, e l'habitazione sua piena di vaghe pitture, e pulita, ed accompagnata spesse volte di musiche o lettori di varie belle opere.

(*Trattato*, capítulo 36)

vago: bello, piacevole, raffinato, elegante; luminoso,

O pintor senta-se diante de sua obra à vontade, bem-vestido e movimentando o levíssimo pincel em meio a belas cores. Adorna-se com as roupas que lhe apraz, sua casa é limpa e repleta de imagens agradáveis, e não raro se faz acompanhar de música e leitores de inúmeras obras belas.

10

Il pittore, overo dissegnatore, debbe essere solitario, e massimo quando è intento alle speculazioni e considerazioni che, continuamente apparirendo dinanzi agli occhi, danno materia alla memoria d'essere bene riservate.

(*Trattato*, capítulo 50)

O pintor e o desenhista devem ser solitários, e acima de tudo quando estão absorvidos naquelas especulações e considerações que, passando-lhes continuamente pelos olhos, fornecem os materiais para que sejam bem guardadas na memória.

11

La natura ha ordinato la doglia nell'anime vegetative col moto per conservazione delli strumenti, i quali pe 'l moto si potrebbono diminuire e guastare. L'anime vegetative sanza moto non hanno a percotere ne' contra sé posti obietti, onde la doglia non è necessaria nelle piante, onde rompendole non sentano dolore come quelle delli animali.

(Manuscrito H, fólio 60r)

A natureza ordenou que os organismos vivos com capacidade de se movimentar devem sentir dor a fim de preservar aquelas partes que se enfraqueceriam ou seriam destruídas pelo movimento. Organismos vivos incapazes de se movimentar não têm de se chocar contra objetos à sua frente; portanto, a dor é desnecessária às plantas, e por isso, quando se partem, elas não sentem dor como os animais.

13

Farai in prima il fumo dell'artiglieria mischiato infra l'aria insieme colla polvere mossa dal movimento de' cavagli e de' combattitori... L'aria sia piena di saettume di diverse ragione: chi monti, chi discenda, qual sia per linia piana, e le ballotte delli scoppietti sieno accompagnate da alquanto fumo dirieto al lor corso... E se farai alcuno caduto, faralli il segno dello isdrucciolare su per la polvere condotta in sanguinoso fango... Farai alcuno cavallo strascinare morto il suo signore e dirieto a quello lasciare per la polvere e fango il segno dello stracinato corpo. Farai li vinti e battuti, pallidi colle ciglia alte nella lor congiunzione, e la carne che resta sopra loro sia abbondante di dolente crespe;... altri farai gridanti colla bocca isbarrata e fuggente... altri morendo strignere i denti, stravolgere gli occhi, stringere le pugna e la persona e le gambe storte.

(*Ashburnham* II, fólios 31r and 30v)

> il saettume: una quantità di frecce scagliate insieme
> diverse ragione = diversi tipi
> ballotta (*ant.*): proiettile
> scoppietto (*disus.*) = schiopetto
> condurre (*disus.*): generare, produrre
> dirieto: (*ant.*) = retro

Primeiro você pintará a fumaça da artilharia, mesclada no ar com a poeira levantada pela agitação dos cavalos e dos combatentes (...). Deixe o ar repleto de setas de todos os tipos, algumas atiradas para cima, algumas caindo, outras voando em linha reta. As balas da artilharia deixarão para trás uma trilha de fumaça (...). Se mostrar um homem caído no chão, reproduza as marcas deixadas por ele na poeira, que se transformaram numa poça de sangue coagulado (...). Pinte um cavalo arrastando o cadáver de seu cavaleiro, deixando atrás de si no solo e no barro a trilha por onde o corpo foi arrastado. Faça os subjugados e derrotados pálidos, com as sobrancelhas levantadas e enrugadas, e a pele acima das sobrancelhas sulcada pela dor (...) represente alguns chorando com suas bocas escancaradas e em fuga (...); outros agonizando, rilhando os dentes, revirando os olhos, com seus punhos cerrados contra o corpo e as pernas contorcidas.

Capítulo 2

3

Facile cosa è, al omo che sà, farsi universale, imperoché tutti gli animali terrestri hanno similitudine di membra, cioè muscoli, nervi, e ossa, e nulla si variano se no in lunghezza o in grossezza.

(Trattato, capítulo 79)

> imperoché (*ant.*) = perché

Para o homem que sabe como, é fácil tornar-se universal, uma vez que todos os animais terrestres se parecem uns com os outros quanto às partes de seus corpos, ou seja, músculos, nervos, e ossos, e diferem apenas em comprimento e tamanho.

7

Della...pittura li suoi scientifici e veri principii... solo con la mente si comprendono senza opera manuale, e questa sia la scientia della pittura, che resta nella mente de suoi contemplanti.

(*Trattato*, capítulo 33)

Os verdadeiros princípios científicos da pintura são entendidos pela mente apenas, sem operações manuais. Essa é a teoria da pintura, que reside na mente que a concebe.

8

Se il pittore vol vedere bellezze che lo inamorino, lui è signore di generarle, e se vol vedere cose mostruose che spaventino o che sieno buffonesche, e risibili o veramente compassionevole, lui n'è signore e dio... In effetto, ciò ch'è nell'universo per essenzia, presenzia, o immaginazione, esso l'ha prima nella mente e poi nelle mani.

(Trattato, capítulo 13)

> essenzia (*ant.*) = essenza

Se o pintor deseja ver belezas que o façam se apaixonar, ele é o senhor que lhes pode dar origem, e se deseja ver coisas monstruosas que apavoram, coisas engraçadas que o façam rir, ou coisas que verdadeiramente inspirem compaixão, ele é o senhor dessas coisas e seu Deus (...). De fato, o que quer que haja no universo, em essência, presença ou imaginação, ele a tem primeiro em sua mente e depois em suas mãos.

10

La deità che ha la scientia del pittore fa che la mente del pittore si trasmuta in una similitudine di mente divina.

(*Trattato*, capítulo 68)

A natureza divina da ciência da pintura transforma a mente do pintor assemelhando-a à mente divina.

11

La natura sol s'astende alla produzione de' semplici, ma l'omo con tali semplici produce infiniti composti.

(Estudos Anatômicos, fólio 50v.)

> s'astende (*ant.*) = s'estende

A natureza abrange apenas a criação das coisas simples, mas o homem, a partir dessas coisas simples, produz uma infinidade de compostos.

14

inventore e interprete tra la natura e gli omini
(Codex Atlanticus, fólio 323r)

O inventor e intérprete entre o homem e a natureza.

15

Il disegno, [principio della pittura], insegna all'architettore fare che il suo edifício si renda grato all'occhio, questa alli componitori de diversi vasi, questa alli oreffici, tessitori, recamatori. Questa ha trovato li caratteri con li quali s'esprime li diversi linguaggi, questa ha dato le caratte alli aritmetici, questa há insegnato la figurazione alla geometria, questa insegna alli prospettivi e astrologhi, e alli machinatori e ingegnieri.
(Trattato, capítulo 23)

> architettore (*ant.*) = architetto
>
> componitore (*disus.*): compositore, creatore, formatore
>
> oreffice (*ant.*) = orefice: artisano che lavora l'oro
>
> caratte (*ant. e dial.*) = carattere
>
> figurazione: representazione di figure
>
> prospettivo (*ant.*) = prospettivista: pittore specializzato nel dipingere prospettive
>
> machinatore (*ant.*) = macchinatore: costruttore di macchine

O desenho [o fundamento da pintura], ensina o arquiteto a executar seu edifício de forma agradável à vista; a pintura também ensina os oleiros, ourives, tecelões, bordadores; encontrou os caracteres por meio dos quais as línguas são expressadas, deu aos aritméticos suas cifras e ensinou os geômetras a representar suas figuras; instruiu os especialistas em perspectiva, astrônomos, construtores de máquinas e engenheiros.

19

Così darai la vera notizia [di varie] figure, la quale è impossibile che li antiche e moderni scrittori ne potessino mai dare...sanza una immensa e tediosa e confusa lunghezza di scrittura a di tempo.
(Estudos Anatômicos, fólio 139v)

> notizia (*ant.*): conoscenza

Verdadeiro conhecimento das [várias] formas, o que não foi possível nem para os escritores antigos nem para os modernos (...) sem uma imensa, tediosa e confusa quantidade de texto e tempo.

27

La pittura serve a più degno senso che la poesia, e fa con più verità le figure de l'opere de natura ch'il poeta.... Tolgassi un poeta che descriva le bellezze d'una donna al suo inamorato, e tolgassi un pittore che la figuri, vedrassi dove la natura volgerà più il giudicatore inamorato. (*Trattato*, capítulos 14, 19)

A pintura serve a um sentido mais nobre que a poesia, e representa as figuras das obras da natureza com mais verdade do que os poetas (...). Tome um poeta que descreve os encantos de uma dama para seu amante e tome um pintor que a figure, e você verá para onde a natureza apontará o julgamento do enamorado.

28

La musica si de' chiamare sorella e minore della pittura...con ciò sia ch'essa...compone armonia con le congiunzioni delle sue parti proportionali.... Ma la pittura eccelle e signoreggia la musica, perch'essa non more immediate dopo la sua creatione, come fa la sventurata musica.
(*Trattato*, capítulo 29)

A música deve ser chamada de "irmã mais nova da pintura" (...) já que (...) compõe a harmonia das conjunções de suas partes proporcionais (...). Embora a pintura sobrepuje e governe a música, pois não morre imediatamente após sua criação da maneira como a desafortunada música o faz.

29

[La scultura] è la più resistente al tempo.... [La scultura] non farà i corpi lucidi e trasparenti, come le figure velate che mostrano la nuda carne sotto i veli a quella anteposti. Non farà la minuta giara di vari colori sotto la superfitie delle trasparenti acque.... [Li scultori] non possono figurare...specchi e simili cose lustranti, non nebbie, non tempi oscuri e infinite cose che non si dicono per non tediare.
(*Trattato*, capítulos 38, 41)

giara (*ant.*) = pietrisco

[A escultura] tem a maior resistência ao tempo. [A escultura] não produzirá corpos lumino-sos e transparentes como as figuras veladas que exibem a pele nua sob véus. Não produzirá os diminutos seixos de cores variegadas sob a superfície das águas cristalinas (...). [Os es-cultores] não podem representar (...) espelhos e semelhantes coisas lustrosas, nem névoas, nem o mau tempo, nem uma infinidade de outras coisas que é desnecessário mencionar, pois seria por demais tedioso.

35

La prima intenzione del pittore è fare ch'una superficie piana si dimostri corpo rilevato e spic-cato da esso piano, e quello che in tal arte più eccede gli altri, quello merita maggior laude, e questa tale investigazione, anzi corona di tale scientia, nasce dalle ombre e lumi, o vuoi di-re, chiaro e scuro.
(*Trattato*, capítulo 412)

> rilevato: elevato su una superficie
> rilevo (*ant.*) = rilievo
> spiccato: sopraelevato, rialzato rispetto a un piano, rilevato
> eccedere: superare, oltrepassare, essere superiore

A primeira tarefa de um pintor é fazer uma superfície plana parecer um corpo em relevo, pro-jetando-se dessa superfície, e aquele que supera os outros nessa habilidade merece todo lou-vor, e esta tal investigação, cumprimento daquela ciência, nasce de sombras e luzes, ou en-tão claros e escuros.

37

[Rilevo è] l'anima della pittura — "O relevo é a alma da pintura"
(*Trattato*, capítulo 124)

47

Adoperandomi io non meno in scultura che in pittura, e esercitando l'una e l'altra in un me-desimo grado, mi pare con piccola imputazione poterne dare sentenzia quale sia di maggio-re ingegno e difficoltà e perfezione, l'una che l'altra. (*Trattato*, capítulo 38)

> adoperarsi: impiegarsi
> ingegno: facoltà mentale, intelligenzia, intelletto, capacità creativa,
> valore, virtù
> sententia = sentenza: opinione, giudizio

Como me dedico à escultura não menos do que à pintura, e pratico ambas no mesmo grau, a mim me parece que sem entrar em suspeita de injustiça posso julgar qual das duas é de maior engenhosidade e de maior dificuldade e perfeição.

50

Si lauda più il movimento che nessun'altra cosa... Il trotto è quasi di qualità di cavallo libero.
(Codex Atlanticus, fólio 399r)

O movimento é mais louvável do que qualquer outra coisa (...). O trote assemelha-se ao de um cavalo bravio.

53

Qui si farà ricordo di tutte quelle cose le quali sieno al proposito del cavallo de bronzo del quale al presente sono in opera.
(Codex Madri II, fólio 157v.)

Aqui será mantido um registro de tudo relacionado ao cavalo de bronze em construção.

55

Del cavallo non dirò niente, perché cognosco i tempi.
(Codex Atlanticus, fólio 914ar)

Sobre o cavalo nada direi, pois estou a par da situação.

62

Secondo che 'l fuoco è temperato o forte, l'arrosto si volge adagio or presto.
(Codex Atlanticus, fólio 21r)

O assado girará devagar ou rápido, segundo a intensidade do fogo.

75

Ai medici, tutori, curatori de li ammalati bisogna intendere che cosa è omo, che cosa è vita, che cosa è sanità, e in che modo una parità, una concordanza d'elementi la mantiene e così una discordanza di quelli la ruina e disfà.... Questo medesimo bisogna al malato domo, cioè un medico architetto, che intenda bene che cosa è edificio e da che regole il retto edificare diriva.
(Codex Atlanticus, fólio 730r)

Médicos, professores e os que cuidam dos doentes deveriam entender o que é o homem, o que é a vida, o que é saúde, e de que modo a paridade e concordância dos elementos os mantêm, enquanto uma discordância desses elementos os arruína e a destrói (...). Para a catedral enferma, é preciso a mesma coisa, isto é, um médico-arquiteto que entenda bem o que é um edifício e de que regras deriva a maneira certa de construção.

79

Volsi torrente fiume che corra, a ciò che non corrompessi l'aria alla città, e ancora sarà comodità di lavare spesso la città, quando si leverà il sostegno sotto la detta città.
(Ms. B, fólio 38r)

É necessário um rio de fluxo rápido para evitar o ar pútrido produzido pela estagnação e isso será útil também para limpar a cidade regularmente quando se lhe abrirem as comportas.

80

Disgregherai tanta congregazione di popolo, che a similitudine di capre l'un addosso all'altro stanno, e empiendo ogni parte di fetore, si fanno semenza di pestilente morte.
(Codex Atlanticus, fólio 184v)

Você dispersará tão grande aglomeração de pessoas, amontoadas como um rebanho de bodes, um nas costas do outro, que enchem cada canto com seu fedor e lançam as sementes da pestilenta morte.

81

cose fetide — " substâncias fétidas"
(Ms. B, fólio 16r)

Capítulo 3

3

Molti fiori ritratti di naturale — muitas flores retratadas da natureza
(Codex Atlanticus, fólio 888r)

6

So bene che per non essere io litterato, che alcuno prosuntuoso gli parrà ragionevolmente potermi biasimare.... Gente stolta!... Non sanno questi che le mie cose son più da esser tratte dalla sperienza che d'altrui parola, la quale fa maestra di chi bene scrisse.
(Codex Atlanticus, fólio 327v)

prosuntuoso (*ant.*) = presuntuoso

Estou plenamente consciente de que, não sendo um homem de letras, certas pessoas presunçosas pensarão que podem desmerecer-me com razão (...) Tolas!... Não sabem que meus estudos são mais valiosos por terem origem na experiência, e não no que outros disseram, e ela [a experiência] é a senhora daqueles que escreveram bem.

17
Ricordati delle saldature con che si saldò la palla di Santa Maria del Fiore.
(Ms. G, fólio 84v)

Lembre-se de como soldamos juntos a bola de Santa Maria del Fiore.

42
Havendo, Signor mio Illustrissimo, visto e considerato horamai ad sufficientia le prove di tutti quelli che si reputono maestri et compositori de instrumenti bellici..., mi exforzerò, non derogando a nessun altro, farmi intender da Vostra Excellentia, aprendo a quella li secreti mei, et appresso offerendoli ad omni suo piacimento in tempi opportuni operare cum effecto circa tutte quelle cose che sub brevità in parte saranno qui di sotto notate.

Ho modi de ponti legerissimi et forti et acti ad portare facilissimamente... infiniti ponti, gatti et scale... modi di ruinare omni rocca o altra fortezza, se già non fosse fondata in su el saxo... bombarde commodissime et facile ad portare et cum quelle buttare minuti [sassi a di similitudine quasi] di tempesta, et cum el fumo di quella dando grande spavento a l'inimico... cave et vie secrete et distorte, facte senza alcuno strepito...carri coperti securi et inoffensibili, e quali intrando intra li inimica cum sue artiglierie... bombarde, mortari, et passavolanti di bellissime et utile forme... briccole, mangani, trabocchi et altri instrumenti di mirabile efficacia e fora de l'usato.

Insomma, secondo la varietà de' casi componerò varie et infinite cose da offender e difender.

In tempo di pace credo satisfare benissimo ad paragone de omni altro in architectura, in compositione di aedificii et publici et privati, et in conducer aqua da uno loco ad uno altro. Item coducerò in sculptura di marmore, di bronzo et di terra; similiter in pictura ciò che si possa fare ad paragone de omni altro e sia chi vole.

Anchora si poterà dare opera al cavallo di bronzo che sarà gloria immortale e aeterno honore de la felice memoria del Signor Vostro padre et de la inclita casa Sforzesca.

(Codex Atlanticus, fólio 1082r)

> gatto: ariete
> saxo (*ant.*) = sasso (in su el saxo = sopra il sasso)
> inclyta = inclita

Ilustríssimo Senhor, tendo agora visto e considerado suficientemente bem os trabalhos daqueles que afirmam ser mestres e artífices de instrumentos de guerra (...) devo esforçar-me, sem abrir mão de meus direitos para mais ninguém, em revelar meus segredos à Vossa Excelência, e oferecer-me para executá-los, segundo a vossa vontade e na ocasião apropriada, todos os itens sucintamente anotados abaixo.

Tenho modelos de pontes fortes mas muito leves, extremamente fáceis de carregar (...) uma variedade sem fim de aríetes e escadas para escalar (...) métodos para destruir qualquer cidadela ou fortaleza que não seja construída de rocha (...) morteiros muito práticos e fáceis de transportar, com os quais posso lançar chuvas de pequenas pedras, e sua fumaça causará grande terror aos inimigos (...) sinuosas passagens subterrâneas secretas, escavadas silenciosamente (...) carroções cobertos, seguros e inatacáveis, que penetrarão nas fileiras inimigas com sua artilharia (...) bombardas, morteiros e artilharia leve de formas belas e práticas (...) máquinas para arremessar grandes rochas, catapultas que atiram pedras incandescentes, e outros instrumentos incomuns de incrível eficiência.

Em resumo, qualquer que seja a situação, posso inventar uma variedade de máquinas para atacar e defender.

Em tempo de paz, creio poder satisfazê-lo plenamente e rivalizar com qualquer um na arquitetura, no projeto de edifícios públicos e privados, e na canalização de água de um lugar a outro. Além disso, posso fazer escultura em mármore, bronze ou argila; e, de modo similar, na pintura posso fazer qualquer tipo de trabalho tão bem quanto qualquer outro (...).

Ademais, o cavalo de bronze poderia ser feito para a glória imortal e honra eterna do Príncipe, vosso pai, de abençoada memória, e da ilustre casa dos Sforza.

51 (Laurenza 2004a, p. 23)

A circa trenta-cinque anni, praticamente ignaro di latino, inizia da autodidatta un intenso e per certi versi ossessivo lavoro di acculturazione. Gli anni tra il 1483 e il 1489 sono in buona parte dedicati a questo ostinato tentativo di emancipazione culturale.

Aos 30 anos, e praticamente sem nenhum conhecimento de latim, dá início a um intenso e, em alguns aspectos, obsessivo programa autodidático. Os anos entre 1483 e 1489 foram dedicados em grande parte a essa tentativa obstinada de emancipação cultural.

Capítulo 4

34

Io non isscrivo il mio modo di star sotto l'acqua quanto posso star sanza mangiare.... Questo non publico o divulgo per le male nature delli omini, li quali userebono li assassinamenti nel fondo de' mari col rompere i navili in fondo e sommergerli insieme colli omini che vi sono dentro.
(Codex Leicester, fólio 22v)

Não descrevo meu método para permanecer embaixo d'água por tanto tempo quanto puder agüentar sem comer. Isso não publico ou divulgo por causa da natureza maligna dos homens, que poderiam praticar assassinatos no fundo dos mares quebrando os navios em suas partes mais baixas e afundando-os junto com as tripulações que estão neles.

44

Libro titolato 'De Trasformazione', cioè d'un corpo in un altro sanza diminuizione o accrescimento di materia.
(Codex Forster I, fólio 3r)

Um livro intitulado "Da transformação", isto é, de um corpo em outro sem diminuição ou aumento de matéria.

54

Cominciato in Firenze, in casa Piero di Braccio Martelli addì 22 di marzo 1508. E questo sia un raccolto sanza ordine, tratto di molte carte le quale io ho qui copiate, sperando poi di metterle per ordine alli lochi loro, secondo le materie di che esse tratteranno.
(Codex Arundel, fólio 1r)

Iniciado em Florença, na casa de Piero di Braccio Martelli, em 22 de março de 1508 (...). Esta será uma coleção sem qualquer ordem, feita de diversas folhas que copiei aqui na esperança de mais tarde ordená-las em seus devidos lugares, de acordo com os assuntos de que tratam.

55

Questa mia figuratione del corpo umano ti farà demostra non altrementi che se tu avessi l'omo naturale innanzi...

Ma tu ai a intendere che tal notizia non ti lascia soddisfatto con ciò sia che la grandissima confusione che resulta della mistione di paniculi misti con vene, arterie, nervi, corde, muscoli, ossi, sangue,...

Adunque è necessario fare più anatomie delle quali 3 te ne bisogna per avere piena notizia delle vene e arterie, destruggendo con somma diligentia tutto il rimanente, e altre 3 per avere la notitia delli panniculi, e 3 per le corde e muscoli e legamenti, e 3 per li ossi e cartilagini, e 3 per l'anatomia delle ossa, le quali sono a segare e dimostrare quale è buco e quale no... Per il mio disegno... ti sia posto innanzi [alli occhi] in 3 o 4 dimostrazioni di ciascun membro per diversi aspetti in modo che tu resterai con vera e piena notizia di quello che tu voi sapere della figura dell'omo.

(Estudos Anatômicos, fólio 154r)

con ciò sia che (*ant. e lett.*) = poiché

Minha configuração do corpo ser-lhe-á demonstrada exatamente como se você tivesse o homem diante de si (…)

Você deve entender que tal conhecimento não o deixará satisfeito devido à grande confusão que resulta da mistura de membranas com veias, artérias, nervos, tendões, músculos, ossos e sangue (...)

Portanto, é necessário realizar mais dissecções, das quais você precisa de três para obter total conhecimento das veias e artérias, destruindo com a máxima diligência todo o resto; e outras três para obter conhecimento das membranas; e três para os tendões, músculos e ligamentos; três para os ossos e cartilagens; e três para a anatomia dos ossos que têm de ser serrados para demonstrar qual é oco e qual não é (...)

Pelo meu desenho (...) ser-lhe-ão apresentadas três ou quatro demonstrações de cada membro sob diferentes aspectos, de tal maneira que você reterá um conhecimento verdadeiro e completo do que quer saber sobre o corpo humano.

56

Tu sarai forse impedito dallo stomaco, e se questo non ti impedisce tu sarai forse impedito dalla paura coll'abitare nelli tempi notturni in compagnia di tali morti squartati e scorticati e spaventevoli a vederli.

...consumando con minutissime particole tutta la carne...

Un sol corpo non bastava a tanto tempo che bisognava procedere di mano in mano in tanti corpi che si finissi la intera cognitione, la qual ripricai 2 volte per vedere le differentie.

(Estudos Anatômicos, fólio 113r)

ripricare (*ant.*) = replicare

Talvez o estômago lhe impeça, e se isso não lhe impedir, talvez seja impedido pelo medo de passar essas horas noturnas em companhia desses corpos, esquartejados e escalpelados, assustadores de se contemplar.

retirando em suas partículas mais ínfimas toda a carne (...)

Um único corpo não era suficiente por muito tempo; assim, era necessário avançar pouco a pouco com quantos corpos fossem necessários para um conhecimento completo. Isso eu repeti duas vezes para observar as diferenças.

57

E questo vecchio di poche ore inanzi la sua morte mi disse lui passare cento anni e che non si sentiva alcun mancamento nella persona altro che debolezza, e così standosi a sedere sopra un letto nello spedale di Santa Maria Nova di Firenze, senza altro movimento o segno d'alcuno accidente, passò di questa vita. — E io mi feci un'anatomia per vedere la causa di sì dolce morte.
(Estudos Anatômicos, fólio 69v)

E esse velho homem, poucas horas antes de sua morte, disse-me que tinha mais de 100 anos e que não sentia nada de errado com seu corpo além de fraqueza. E assim, sentado em uma cama no hospital de Santa Maria Nuova, em Florença, sem qualquer movimento ou outro sinal de algum incidente, deixou esta vida. — Realizei nele uma anatomia para descobrir a causa de uma morte tão doce.

70

Vedesi la oscura e nubolosa aria essere combattuta dal corso di diversi e avviluppati venti misti colla gravezza della continua pioggia, li quali or qua or là portavano infinita ramificatione delle stracciate piante, miste con infinite foglie dell'altonno. Vedesi le antiche piante diradicate e straccinate dal furor de' venti... O quanti avesti veduti colle propie mani chiudersi li orechi per ischifare l'imensi romori fatti per la tenebrosa aria dal furore de'venti... Altri con movimenti disperati si toglievon la vita, disperandosi di non potere sopportare tal dolore. De' quali alcuni si gettavano delli alti scogli, altri si stringevano la gola con le propie mani...
(Desenhos e Papéis Diversos, Vol. I, fólio 67r)

ischifare = schifare: evitare

Via-se o ar lúgubre e escuro revolvido pelo fluxo de ventos diferentes e convolutos, que se misturavam com o peso da chuva contínua, levando confusamente um número infinito de galhos arrancados das árvores, emaranhados com incontáveis folhas de outono. Via-se as árvores antigas serem desenraizadas e feitas em pedaços pela fúria dos ventos (....) Ó quantos foram vistos tapando os ouvidos com as mãos para atenuar os terríveis barulhos feitos no ar escurecido pelo enraivecer dos ventos (...) Outros, com gestos de desesperança, tiravam suas próprias vidas, incapazes de suportar tal sofrimento; uns se jogavam de altas rochas, outros se estrangulavam com as próprias mãos (...)

73

Il pitttore...supera l'ingenii delli omini ad amare et inamorarsi di pittura che non rappresenta alcuna donna viva. E già intervenne a me far una pittura che rappresentava una cosa divina, la quale comperata dall'amante di quella volse levarne la rappresentazione di tal deità per poter baciare sanza sospetto, ma infine la conscienzia vinse li sospiri e la libidine, e fu forza che lui se la levassi di casa.
(*Trattato*, capítulo 25)

      sospetto: timore, paura, apprensione

O pintor (...) seduz os espíritos dos homens para se apaixonar por e amar uma pintura que não representa uma mulher viva. Aconteceu comigo de ter pintado um quadro com um tema religioso, comprado por um amante que queria remover os atributos de divindade dele para que pudesse beijá-lo sem culpa; mas no final, sua consciência superou seus suspiros e desejos, e ele teve de remover a pintura de casa.

85

Non sono stato inpedito ne d'avaritia o negligentia, ma sol dal tempo.
(Estudos Anatômicos, fólio 113r)

Não fui impedido nem pela avareza nem pela negligência, mas apenas pelo tempo.

86

Io continuerò. — Devo prosseguir.
(Codex Atlanticus, fólio 673r)

90

Siccome una giornata bene spesa dà lieto dormire, così una vita bene usata dà lieto morire.
(Codex Trivulzianus, fólio 27r)

Assim como um dia bem aproveitado traz um sono feliz, também uma vida bem empregada traz uma morte feliz.

Capítulo 5

10

Prego voi o successori che l'avaritia non vi costringa a fare le stampe in [legno].
(Estudos Anatômicos, fólio 139v)

Peço àqueles que vierem depois de mim que não deixem a avareza compeli-los a fazer impressões em [madeira].

29

Impegnati di conservare la sanità, la qual cosa tanto più ti riuscirà quanto più da fisici ti guarderai.
(Estudos Anatômicos, fólio 136r)

> fisici (*ant.*): medici

Esforce-se para preservar sua saúde, para o que você terá mais sucesso quanto mais precavido estiver contra os médicos.

Capítulo 6

5

Ogni nostra cognizione prencipia da' sentimenti.
(Codex Trivulzianus, fólio 20v)

> sentimenti: sensi

Todo nosso conhecimento tem origem nos sentidos.

6

La sapienza è figliola della sperienza.
(Codex Forster III, fólio 14r)

A sabedoria é a filha da experiência.

7

A me pare che quelle scienze sieno vane e piene d'errori le quali non sono nate dall'esperienza, madre d'ogni certezza..., cioè che alla loro origine, o mezzo, o fine, non passano per nessun de' cinque sensi.

(*Trattato*, capítulo 33)

A mim me parece que aquelas ciências que não nasceram da experiência, mãe de toda exatidão, são vãs e cheias de erros (...), isto é, aquelas que no começo, meio ou fim não passam por algum dos cinco sentidos.

8

Costoro vanno sconfiati e pomposi, vestiti e ornati non delle loro, ma delle altrui fatiche.

(Codex Atlanticus, fólio 323r)

> sconfiare = sgonfiare = gonfiare

Eles andam empertigados, enfatuados e pomposos, bem vestidos e adornados não com seus próprios trabalhos mas com os dos outros.

9

È più sicuro andare alle cose naturale, con gran peggioramento imitate, e fare tristo abito, perché chi po andare alla fonte non va al vaso.

(Codex Atlanticus, folio 534v)

O caminho mais seguro é dirigir-se aos objetos da natureza, e não àquelas falsas imitações, e por isso adquirem maus hábitos; pois aquele que pode ir ao poço não vai ao jarro d'água.

10

Ma prima farò alcuna esperienza, avanti ch'io più oltre proceda, perché mia intenzione è allegare prima la sperenzia e po' colla ragione dimostrare perché tale esperienza è constretta in tal modo ad operare; e questa è la vera regola come li speculatori delli effetti naturali hanno a procedere.

(Ms. E, fólio 55r)

> allegare: addurre, produrre, citare,

Devo primeiramente fazer alguns experimentos antes de prosseguir, pois é minha intenção mencionar a experiência primeiro, e então demonstrar pelo raciocínio por que tal experiência está obrigada a operar de tal maneira. E essa é a regra verdadeira que aqueles que especulam sobre os efeitos da natureza devem seguir.

14

Inanzi che tu facci di questo caso regola generale, pruovalo due o tre volte e guarda se le pruove fanno simili effetti.
(Ms. A, fólio 47r)

inanzi (*ant.*) = innanzi

Questa sperienza si faccia più volte, acciò che qualche accidente non impedissi o falsassi tale prova.
(Ms. M, fólio 57r)

acciò che = affinché

Antes de fazer deste caso uma regra geral, teste-o duas ou três vezes e observe se os testes produzem os mesmos efeitos.

Este experimento deve ser feito diversas vezes, de modo que nenhum acidente possa ocorrer para obstruir ou falsificar o teste.

19

Fa due sfiatoi nei corni dei ventriculi maggiori e metti la cera fonduta collo schizzatoio... e poi, quando la cera è rassodata, disfa il cervello e vedrai la figura delli tre ventriculi di punto.
(Estudos Anatômicos, fólio 104r)

Faça dois orifícios nas pontas dos grandes ventrículos e insira cera derretida com a seringa (...) então, quando a cera tiver assentado, retire o cérebro e verá exatamente a forma dos três ventrículos.

28

Ogni cosa vien da ogni cosa, e d'ogni cosa si fa ogni cosa, e ogni cosa torna in ogni cosa, perché ciò ch'è nelli elementi, è fatto da essi elementi.
(Codex Atlanticus, fólio 1067)

Tudo origina-se a partir de tudo, tudo é feito de tudo, e tudo transforma-se em tudo, porque aquilo que existe nos elementos é feito desses mesmos elementos.

32

È tanto dilettevole la natura e copiosa nel variare, che infra li alberi della medesima natura non si trovarebbe una pianta ch'appresso somigliassi all'altra, e non che le piante, ma li rami, o foglie, o frutti di quelle, non si troverà uno che precisamente somigli a un altro.
(Trattato, capítulo 501)

A natureza é tão maravilhosa e abundante em suas variações que entre as árvores da mesma espécie não encontraremos uma só planta que se assemelhe a outra nas proximidades, e isso não apenas da planta como um todo, mas entre os galhos, folhas e frutas, não se encontrará nem um que se pareça exatamente com outro.

34

... alle quali tanto più ingrossa la scorza e diminuisce la midolla quanto più si fanno vecchi.
(Estudos Anatômicos, fólio 69v)

... nas quais, conforme a casca se espessa, a polpa diminui à medida que envelhecem.

37

Questa è l'aumento e omore di tutti I vitali corpi. Nessuna cosa sanza lei ritiene di sé la prima forma.
(Ms. C, fólio 26v)

É a expansão e o humor de todos os corpos vivos. Sem isso nada retém sua forma original.

39

Il moto elico, ovver revertiginoso, d'ogni liquido è tanto più veloce quanto egli è più vicino al centro della sua revolutione. Questo che noi proponiamo è caso degno d'ammirazione, con ciò sia che il circolare moto della rota è tanto più tardo quanto egli è più vicino al centro del circunvolubile.
(Codex Atlanticus, folio 813)

> con ciò sia che (*ant. e lett.*) = poiché
> tardo = lento
> circunvolubile = circonvolubile (*adj., ant.*): che si ravvolge su se stesso

A espiral ou movimento de rotação de todo líquido é mais veloz quanto mais próximo do centro de revolução. O que estamos propondo aqui é um fato digno de admiração, uma vez que o movimento circular do disco é mais lento quanto mais próximo do centro do objeto em rotação.

40

L'acqua disfa li monti e riempie le valle e vorrebbe ridurre la terra in perfetta spericità, s'ella potessi.
(Codex Atlanticus, fólio 508v)

A água desgasta as montanhas e preenche os vales e, se pudesse, reduziria a Terra a uma esfera perfeita.

42

Descrivi un paese con vento e con acqua e con tramontare e levare del sole.
(Codex Arundel, fólio 172v)

Represente uma paisagem com vento e água, ao nascer e ao pôr-do-sol.

47

Ma molto più farà le proportionali bellezze d'un angelico viso posto in pittura, della quale proportionalità ne risulta un armonico concento, il quale serve à l'occhio in un medesimo tempo che si faccia della musica à l'orecchio.
(*Trattato*, capítulo 21)

> concento: *lett.* armonia risultante da un suono concorde

As belas proporções de uma face angelical na pintura produzem uma concordância harmônica, que alcança o olho assim como [um acorde em] música produz efeito sobre o ouvido.

49

Perché natura non può dare moto alli animali sanza strumenti macchinali, come per me si dimostra in questo libro.
(Estudos Anatômicos, fólio 153r)

A natureza não pode dar movimento aos animais sem instrumentos mecânicos, como para mim é demonstrado neste livro.

50

La scientia strumentale o macchinale è nobilissima e sopra tutte l'altre utilissima, con ciò sia che mediante quella tutti li corpi animati che hanno moto fanno tutte loro operazioni. (Codex *Sul Volo*, fólio 3r)

> con ciò sia che (*ant. e lett.*) = poiché

A ciência instrumental ou mecânica é muito nobre e mais útil do que todas as outras, pois por meio dela todos os corpos animados que têm movimento realizam todas suas operações.

52

La proporzione de' pesi che tengan le braccia della bilancia equale all'orizzonte è una medesima che quella delle braccia, ma è conversa. (Codex Atlanticus, fólio 481)

> converso = inverso

A proporção dos pesos que sustentam os braços de uma balança paralela ao horizonte é a mesma dos braços, porém inversa.

61

A volere la vera notizia della quantità del peso che debbe movere le 100 libbre sopra la strada obliqua, bisogna sapere la natura del contatto che esso peso ha col piano dove si confrega per lo suo moto, perché vari corpi hanno varie confregazioni... (Codex Forster II, fólio 87r)

> notizia (*ant.*): conoscenza
> confregare (*lett.*) = confricare
> confregazione (*ant.*) = confricazione

Para saber com precisão a quantidade de peso requerida para mover cem libras em uma rua em declive, é preciso conhecer a natureza do contato que esse peso terá na superfície de atrito em seu movimento, porque diferentes corpos têm diferentes atritos (...)

Diverse obliquità fanno diverse fatiche al contatto [del peso], e la ragione si è che, se il peso che si debbe movere sarà posato in terra piana e per quella debbe essere straccinato, certo esso peso sarà nella prima potenzia di difficultà, perché tutto si sostiene sopra la terra eniente sopra la corda che lo debbe movere... [Ma] tu sai che a tirarlo per lo ritto rasentando e toccando alquanto un muro, che esso peso è quasi tutto sulla corda che lo tira, e piccola cosa

ne resta al muro, dove si confrega.
(Codex Forster II, fólio 86r)

> straccinare = straccciare
> difficultà (*ant.*) = difficoltà
> per ritto = procedendo in linea retta
> rasentare = sfiorare nel moto
> confregare (*lett.*) = confricare

Diferentes declives compõem diferentes graus de resistência ao contato; porque, se o peso que precisa ser movido está ao nível do chão e tem de ser arrastado, sem dúvida estará na primeira força de resistência, porque tudo repousa sobre a terra e nada na corda que precisa movê-la... Mas você sabe que, se alguém puxá-la direto para cima, raspando e tocando levemente uma parede perpendicular, o peso estaria quase todo na corda que o puxa, e muito pouco na parede na qual ela resvala.

62

Io ho trovato infra l'altre superchie e impossibile credulità degli omini la cerca del moto continuo, la quale per alcuno è detta rota perpetua.
(Codex Madri I, capa)

> superchio (*ant. e dial.*) = soverchio

Descobri em meio às inúmeras e vãs ilusões dos homens a busca pelo movimento contínuo, que é chamado por alguns de moto-pérpetuo.

64

L'acqua a sempre in sè colleganza, la quale è tanto più potente qunato l'acqua è più viscosa.
(Codex Leicester, fólio 25r)

> colleganza = collegamento

A água tem sempre uma coesão em si mesma e ela será mais potente quanto mais viscosa se tornar.

65

Per dare vera scienza del moto delli uccelli infra l'aria è necessario dare prima la scienza de' venti, la qual proverem mediante li moti dell'acqua in sé medesima, e questa tale scienza sensibile farà di sé scala a pervenire alla cognizione de' volatili infra l'aria e il vento.

(Ms. E, fólio 54r)

Para apresentar a verdadeira ciência do movimento dos pássaros no ar é necessário primeiro apresentar a ciência dos ventos, que se ocupa dos movimentos da água em si mesma, e esta notável ciência tornar-se-á uma escala para alcançar o conhecimento dos animais voadores entre o ar e o vento.

68

Tanta forza si fa colla cosa in contro all'aria, quanto l'aria contro alla cosa. Vedi l'alie percosse contro all'aria far sostenere la pesante aquila sulla suprema sottile aria vicina all'elemento delo fuoco.
(Codex Atlanticus, fólio 1058v)

A quantidade de força exercida pelo objeto contra o ar é a mesma da força exercida pelo ar contra o objeto. Vide as asas da pesada águia quando batem contra o ar, fazendo-a se sustentar sobre o supremo ar rarefeito, próximo ao elemento do fogo.

77

Questa opera si debe principiare alla concezione dell'omo e descrivere il modo della matrice, e come il putto l'abita, e in che grado lui risede in quella, il modo dello vivificarsi e cibarsi, il suo crescimento e che intervallo sia da un grado d'acrescimento a [un] altro, e che cosa lo spiga fori del corpo della madre.
(Estudos Anatômicos, fólio 81v)

     modo: genere, specie, tipo, natura
     risedere: stare collocato nell'organismo materno

Este trabalho deve começar com a concepção do homem, e descrever a natureza do ventre, como a criança vive nele, e até que estágio aí reside, de que modo adquire vida e alimento, seu crescimento, e que intervalo há entre um estágio de crescimento e outro, e o que o expulsa para fora do corpo materno.

78

La semenza della madre a potentia nell'embrione equale alla semenza del padre.
(Estudos Anatômicos, fólio 198v)

A semente da mãe tem poder igual à semente do pai no embrião.

80

La natura è piena d'infinite ragioni che non furon mai in isperienza.
(Ms. I, fólio 18r)

   ragione: norme, regola, legge teorica

A natureza é repleta de causas infinitas que nunca ocorreram em experiências.

Capítulo 7

1

Nessuna certezza delle scienze è dove non si po applicare una delle scienze matematiche, ov-
vero che non sono unite con esse matematiche.
(Ms. G, fólio 96v)

Não existe certeza alguma daquelas ciências nas quais não se possa aplicar qualquer uma das
ciências matemáticas, ou mesmo àquelas que não estão relacionadas às ciências matemáticas
em muitos casos.

2

Non mi legga chi non è matematico nelli mia principi.
(Estudos Anatômicos, fólio 116r)

   nelli mia principi = nei miei princìpi

Não deixe homem algum que não seja matemático ler meus princípios.

8

Tutte le cose mandare all'occhio per linee piramidali la loro similitudine. Linie piramidali intendo esser quelle, le quali si partano dai superfiziali stremi de' corpi, e per distante concorso si conducano a un solo punto...collocato nell'occhio.
(Ms. A, fólio 10r)

   concorso: convergenza

Todas as coisas transmitem ao olho sua imagem por meio de uma pirâmide de linhas. Por "pirâmide de linhas" me refiro àquelas linhas que, a partir dos contornos da superfície de cada
objeto, convergem à distância e encontram-se em um único ponto (...) localizado no olho.

9

La piramide...in ogni grado della sua lunghezza acquista un grado di larghezza, e così tale proporzione d'acquisto si trova in proporzione aritmetica, perché li eccessi sempre sono equali.
(Ms. M, fólio 59v;)

A pirâmide (...) adquire em cada grau de seu comprimento um grau de largura, e tal aquisição proporcional é encontrada na proporção aritmética, porque as partes que excedem são sempre iguais.

10

Il moto naturale delle cose gravi in ogni grado di discenso acquista un grado di velocità. E per questo, tal moto si figura nell'acquistare di potenzia, di figura piramidale...
(Ms. M, fólio 59v)

discenso (*ant.*) = discesa

O movimento natural dos corpos pesados adquire um grau de velocidade a cada grau de sua descida. Por essa razão, tal movimento, conforme adquire força, é representado pela figura de uma pirâmide (...)

11

La gravità che libera discende, in ogni grado di tempo acquista...un grado di velocità.
(Ms. M, fólio 45r)

A gravidade que desce livremente em cada grau de tempo adquire (...) um grau de velocidade.

20

Le scienze matematiche...son solamente due, delle quali la prima è l'aritmetica, la seconda geometria. Che l'una s'astende nella quantità discontinua, e l'altra nella continua.
(Codex Madri II, fólio 67r)

As ciências matemáticas (...) são apenas duas, das quais a primeira é a aritmética, a segunda, a geometria. Uma engloba as quantidades descontínuas [isto é, variáveis], a outra, as contínuas.

22

La linia si fa col moto del punto... Superfizie è fatta dal moto della linia, mossa in traverso della sua rettitudine; ... il corpo è fatto dal moto che ha lo spazio della superfizie.
(Codex Arundel, fólios 190v and 266r)

> linia (*ant.*) = linea
> superfizie (*disus.*) = superficie
> rettitudine (*ant. e letter.*): traiettoria rettilinea

A linha é feita com o movimento do ponto (...). A superfície é feita pelo movimento transverso da linha; (...) o corpo é feito pelo movimento da extensão da superfície.

24

La linia ha similitudine colla lunghezza d'un tempo, e siccome i punti son principio e fine della linia, così l'istanti son termini di qualunque dato spazio di tempo.
(Codex Arundel, fólio 190v)

A linha reta é similar a uma distância de tempo, e do mesmo modo como os pontos são o começo e fim da linha, assim também os instantes são os pontos extremos de qualquer extensão de tempo dada.

28

D'ogni cosa che si move, tant'è lo spazio ch'ella acquista, quanto quello ch'ella lascia.
(Ms. M, fólio 66v)

De tudo o que se move, o espaço que adquire é tão grande quanto o que deixa para trás.

30

Se l'acqua non si accresce o diminuisce al fiume, il quale sia di varie tortuosità, larghezze e profondità, ella passerà con equali tempi, con equal quantità per tutti li gradi della lunghezza del predetto fiume.
(Codex Atlanticus, fólio 781 ar)

Se a água não aumenta, nem diminui, em um rio, que pode ter sinuosidades, larguras e profundidades variáveis, a água passará em quantidades iguais em tempos iguais por cada grau do comprimento desse rio.

Citações em italiano / 335

32

Libro titolato "De Trasformazione," cioè d'un corpo in un altro sanza diminuzione o accrescimento di materia.
(Codex Forster I, fólio 3r)

Um livro intitulado "Da Transformação", isto é, de um corpo em outro sem diminuição ou aumento de matéria.

34

La notte di Sancto Andrea trovai il fine della quadratura del cerchio; e in fine del lume e della notte e della carta dove scrivevo, fu concluso; al fine dell'ora.
(Codex Madri II, 112r)

Na noite de Sto. André, encontrei por fim a quadratura do círculo; quando a luz da vela acendida à noite se extinguiu, e também o papel no qual escrevia, ela estava completa; ao cabo de uma hora.

35

Io quadro il cerchio meno una porzione tanto minima quanto l'intelletto possa immaginare, cioè quanto il punto visibile.
(Estudos Anatômicos, fólio 121r)

Quadro o círculo menos a menor porção dele que o intelecto possa imaginar, isto é, o menor ponto perceptível.

36

[Ho] finito lì contro vari modi di quadrare li circoli... e dato le regole da procedere in infinito.
(Codex Atlanticus, fólio 124v)

> lì contro = lì davanti

Completei aqui vários modos de quadrar os círculos (...) e dei as regras para prosseguir ao infinito.

55

La necessità è tema e inventrice della natura, e freno e regola.
(Codex Forster III, fólio 43v)

A necessidade é a invenção e o inventor da natureza, o freio e a regra.

Capítulo 8

3

Ogni nostra cognizione prencipia da' sentimenti.
(Codex Trivulzianus, fólio 20v)

> sentimenti: sensi

Todo nosso conhecimento tem sua origem nos sentidos.

9

Prospettiva non è altro che vedere uno sito dietro a uno vetro piano e ben trasparente, sulla superfizie del quale sia segnato tutte le cose che sono da esso vetro in dietro.
(Ms. A 1v)

> superfizie (*disus.*) = superficie
> segnare: delineare il contorno di una figura, dissegnare

Perspectiva não é nada mais do que ver um lugar atrás de uma vidraça, bastante transparente, em cuja superfície os objetos atrás desse vidro serão desenhados.

10

Prospettiva è ragione dimostrativa, per la quale la sperienza conferma tutte le cose mandare all'occhio per linie piramidali la loro similitudine. Linie piramidali intendo esser quelle, le quali si partano dai superfiziali stremi de' corpi, e per distante concorso si conducano a un solo punto...collocato nell'occhio.
(Ms. A, fólio 10r)

Perspectiva é uma demonstração racional, confirmando pela experiência como todas as coisas transmitem sua imagem ao olho por meio de uma pirâmide de linhas. Por "pirâmide de linhas" me refiro àquelas linhas que, partindo das extremidades da superfície de cada objeto, convergem a uma distância e se encontram em um único ponto (...) localizado no olho.

11

Le quali [cose] si possano condurre per piramidi al punto dell'occhio, e esse piramidi si tagliano su detto vetro.
(Ms. A fólio 1v)

Citações em italiano / 337

Esses [objetos] podem ser traçados por meio de pirâmides até o olho, e as pirâmides se interceptam na vidraça.

13

Truovo per isperienza che la cosa seconda, se sarà tanto distante dalla prima quanto la prima è distante dall'occhio tuo, che benché in fra loro sieno di pari grandezza, che la seconda sia altrettanto minore che la prima.
(Ms. Ashburnham II, fólio 23r)

Percebo por experiência que se o segundo objeto está tão distante do primeiro quanto o primeiro está do olho, apesar de serem do mesmo tamanho, o segundo aparentará metade do tamanho do primeiro.

14

Raddoppiando il passato spazio, readdoppierà la diminuzione.
(Ms. A, fólio 8v)

À medida que o espaço percorrido dobra, a diminuição dobra.

20

Prospettiva non è altro che sapere bene figurare lo uffizio dell'occhio.
(Ms. A, fólio 3r)

Perspectiva não é nada mais do que um conhecimento completo da função do olho.

22

Sono di tre nature [le] prospettive. La prima s'astende de intorno alla ragione del diminuire...le cose che si allontanano dall'occhio. La seconda contiene in sé il modo di variare i colori che si allontanano dall'occhio. La terza e ultima s'astende alla dichiarazione come le cose devono essere meno finite, quanto più s'allontanano....prospettiva liniale, di colore, di spedizione...
(Ms. Ashburnham II, fólio 18r)

    s'astende = s'estende

    spedizione: sbarazzamento, esaurimento

Há três tipos de perspectiva. O primeiro ocupa-se da razão para a diminuição [das] coisas à medida que se distanciam do olho. O segundo contém o modo pelo qual as cores variam à medida que se distanciam do olho. O terceiro e último compreende a exposição de como os objetos devem parecer menos definidos quanto mais distantes estiverem (...) perspectiva linear, perspectiva da cor, perspectiva do desaparecimento (...)

23
prospettiva aerea — perspectiva aérea
(Ms. Ashburnham II, fólio 25)

30
La linea della percussione e quella del balzo...faranno un angolo sopra la pariete...in mezzo da due angoli equali.... [La voce] a similitudine d'una cosa veduta nello specchio.
(Ms. A, fólio 19r)

> pariete (*ant.*) = parete

A linha de choque e a de seu ricochete fará um ângulo na parede (...) entre dois ângulos iguais. A voz é similar a um objeto visto em um espelho.

33
Ogni corpo opaco [è] circundato e superfizialmente vestito d'ombre e di lumi... Oltre a di questo, esse ombre sono in sè di varie qualità d'oscurità, perché da varie quantità di razzi luminosi abbandonate sono... Vestono i corpi, dove applicate sono.
(Codex Atlanticus, fólio 676r)

> circundare (*ant.*) = circondare
> superfizialmente (*disus.*) = superficialmente
> razzi = raggi

A superfície de todo corpo opaco é cercada e envolvida por luzes e sombras (...). Além disso, sombras têm em si próprias vários graus de escuridão, porque são provocadas pela ausência de uma quantidade variável de raios luminosos (...). Elas revestem os corpos aos quais são aplicadas.

34
ombre originali... ombre dirivative — sombras originais... sombras derivadas
(Codex Atlanticus, fólio 676r)

Citações em italiano / 339

35

il lume universale... del cielo — a luz universal do céu
(*Trattato*, capítulos 681-2)

37

Nissuna parte è nella astrologia che non sia uffizio delle linee visuali e della prospettiva.
(*Trattato*, capítulo 17)

> astrologia: astronomia
> uffizio (*disus.*) = ufficio: scopo, funzione

Não há parte da astronomia que não seja uma função de linhas visuais e perspectiva.

40

La luna non ha lume da sé se non, quanto ne vede il sole, tanto l'alumina. Dalla qual luminosità tanto ne vediamo, quanto è quella che vede noi.
(Codex Arundel, fólio 94v)

> se non (*disus.*) = se no

A Lua não tem luz própria, mas tanta quanto a que o Sol lhe provê, ela ilumina. Dessa luminosidade, vemos tanto quanto nos é refletida.

41

le palle dorate poste nelle sommità delli alti edifizi
(Codex Arundel, fólio 94v)

as bolas de ouro colocadas nos topos dos altos edifícios

La pelle, ovver superfizie, dell'acqua di che si compone il mare della luna...è sempre rugoso, o poco o assai, o più o meno; e tale rugosità è causa di dilatare l'innumerabili simulacri del sole, che in e' colli e concavità, e lati e fronte, delle innumerabili rughe si specchiano.

> ovver = ovvero
> superfizie (*disus.*) = superficie

A película, ou superfície de água que constitui o mar da Lua está sempre agitada, pouco ou muito, mais ou menos; e essa desigualdade é a causa da proliferação das inúmeras imagens do Sol, que são refletidas nas cristas e concavidades, nos lados e faces de inúmeras dobras.

43

Chi stessi nella luna,...questa nostra terra coll'elemento dell'acqua parebbe e farebbe offizio tal qual fa la luna a noi.

(Ms. F, fólio 41v)

Para qualquer pessoa que se encontrasse na Lua (...) esta nossa Terra com seu elemento de água pareceria e funcionaria exatamente como a Lua para nós.

45

...la fallace giudiciale, perdonemi, chi per mezzo de li sciocchi ne vive.

(*Trattato*, capítulo 25)

giudiciale (*ant. e letter.*) = giudiziale (agg. di giudizio): opinione, parere

...aquele juízo falacioso por meio do qual (peço perdão) ganha-se a vida enganando os tolos

46

Se una faccia d'uno edifizio o altra piazza o campagna, che sia illuminata dal sole, avrà al suo opposito un'abitazione, e in quella faccia che non vede il sole, sia fatto uno piccolo spiracolo retondo, che tutte le alluminate cose manderanno la loro similitudine per detto spiraculo e appariranno dentro all'abitazione nella contraria faccia, la quale vuol essere bianca, e saranno lì a punto e sotto sopra;... Se detti corpi sieno di vari colori e varie stampe, di vari colori e stampe saranno i razzi delle spezie, e di vari colori e stampe sieno le rappresentazione in nel muro.

(Codex Atlanticus, fólio 372v)

spiracolo (*ant. e letter.*): stretta apertura
retondo (*ant.*) = rotondo
a punto = appunto
stampa: forma dell'ombra proiettata sul terreno

Se a frente de um edifício, ou qualquer praça ou campo, iluminado pelo Sol, tiver uma habitação oposta a ele, e se na frente que não está voltada para o Sol você fizer um pequeno buraco redondo, todos os objetos iluminados mandarão suas imagens através daquele pequeno buraco e aparecerão dentro da habitação na parede oposta, que deve ser branca. Lá estarão exatamente e de cabeça para baixo (...). Se os corpos são de várias cores e formas, os raios que constituem as imagens serão de várias cores e formas, e de várias cores e formas serão as representações na parede.

48

Le linie... solari e altre linie luminose scorrendo per l'aria conviene a loro osservare retta dirittura.
(Estudos Anatômicos, fólio 22v)

> dirittura (*toscano*): direzione, direzione in linea retta

As linhas do... Sol, e outros raios luminosos que passam pelo ar, são obrigados a manter-se em linha reta.

51

Chiaro aparirà ali sperimentatori che ogni corpo luminoso ha per sè recondita eccentro dal quale e al quale capitano tutte le linie generate della luminosa superficie.
(Estudos Anatômicos, fólio 22v)

> eccentro = un centro

Ficará claro aos experimentadores que todo corpo luminoso tem em si um centro oculto, do qual e para o qual (...) chegam todas as linhas geradas pela superfície luminosa.

53

Il corpo dell'aria è pieno d'infinite piramide composte da radiose e rette linie, le quali si causano dai superfiziali stremi de' corpi ombrosi posti in essa. E quanto più s'allontanano dalla loro cagione, più si fanno acute, e benché il loro concorso sia intersegato e intessuto, non di meno non si confondano l'una per l'altra; e con disgregante concorso si vanno amplificando e infondendo per tutta la circunstante aria.
(Ashburnham II, fólio 6v = Ms. A, fólio 86v)

> ombroso: proiettando ombra
> concorso: convergenza
> intersegare (*ant.*) = intersecare
> disgregare: separare, scindere
> circunstante (*ant.*) = circostante

O corpo do ar está cheio de infinitas pirâmides compostas de linhas retas radiantes que emanam da borda das superfícies dos corpos sólidos colocados no ar; e quanto mais longe estão de sua origem, mais agudas são as pirâmides, e apesar de seus caminhos convergentes cruzarem-se e entrelaçarem-se, não se misturam nunca, mas proliferam de modo independente, impregnando todo o ar ao redor.

54

Lo equidistante circuito di piramidal concorso darà alli sua obietti equale qualità d'angoli.
(Ashburnham II, folio 6v)

> circuito = perimetro

O perímetro eqüidistante dos raios convergentes da pirâmide dará a seus objetos ângulos de igual tamanho.

55

Siccome la pietra gettata nell'acqua si fa centro e causa di vari circuli, e il sono fatto nell'aria circulamente si sparge, così ogni corpo posto infra l'aria luminosa circularmente sparge e empie le circunstanti parti d'infinite sue similitudine.
(Ms. A, fólio 9v)

Assim como a pedra jogada na água torna-se o centro e a origem de vários círculos, e o som feito no ar espalha círculos, da mesma maneira todo objeto posicionado no ar luminoso difunde-se em círculos e preenche os arredores com um número infinito de sua própria imagens.

56 (Ms. A, fólio 61r)

Se tu getterai in un medesimo tempo due piccole pietre alquanto distanti l'una dall'altra sopra un pelago d'acqua sanza moto, tu vedrai causare intorno alle due dette percussioni due separate quantità di circuli, le quali quantità accrescendo vengano a scontrarsi insieme e poi a incorporarsi intersegandosi l'un circulo coll'altro, sempre mantenendosi per centro in lochi percossi dalle pietre.

> pelago: un tratto di mare, mare aperto
> incorporarsi: compenetrarsi
> intersegare (*ant.*) = intersecare
> loco (*ant.*) = luogo

Se você jogar duas pedras pequenas ao mesmo tempo em um espelho de água parada, a certa distância uma da outra, verá que em volta dessas duas percussões originam-se dois conjuntos separados de círculos, que se encontrarão conforme aumentam de tamanho e então se interpenetram e interceptam um no outro, sempre mantendo como seus centros os lugares atingidos pelas pedras.

Benché lì apparisca qualche dimostrazion di movimento, l'ácqua non si parte del suo sito, perché l' apritura fatta dalle pietri subito si richiude, e quel moto fatto dal subito aprire e serrare dell' acqua fa in lei un certo riscotimento, che si po più tosto domandare tremore che movimento.

> partirsi = partire
> apritura (*ant.*) = apertura
> riscotimento (*ant.*): rimeschio d'acqua
> domandare: chiamare, denominare

Embora pareça haver alguma demonstração de movimento, a água não sai do seu lugar, porque as aberturas feitas pelas pedras são fechadas de novo imediatamente. E esse movimento, causado pela abertura e fechamento súbito da água, produz nela uma certa agitação, que poderia ser chamada de tremor em vez de movimento.

E che quel ch'io dico, ti si facci più manifesto, poni mente a quelle festuche che per lor leggerezza stanno sopra l'acqua, che per l'onda fatta sotto loro dall'avvenimento de' circuli non si partan però del loro primo sito.

> avvenimento (*ant. e letter.*) = avvento

E para que possa ficar mais evidente para você o que digo, preste atenção a esses pedaços de palha que, por causa de sua leveza, flutuam na água e não são deslocados de sua posição original pela onda que revolve embaixo deles conforme os círculos chegam.

Stando l'acqua nel suo sito facilmente po pigliare esso tremore dalle parti vicine e porgerle all'altre vicine, sempre diminuendo sua potenzia insino al fine.

A água, embora permaneça em sua posição, pode tomar facilmente esse tremor das partes vizinhas e passá-lo para outras partes adjacentes, sempre diminuindo sua força até cessar.

Essendo adunque questo tal risentimento d'acqua più tosto tremore che movimento, non possan per riscontrarsi rompere l'un l'altro, perché avendo l'acqua tutte le sue parti d'una medesima qualità, è necessario che le parti appicchino esso tremore l'una all'altra sanza mutarsi di lor loco.

> adunque (*disus. e letter.*) = dunque
> risentimento: moto prodotto per reazione

Portanto, sendo a perturbação da água um tremor, e não um movimento, os círculos não podem romper uns aos outros ao se encontrar, porque sendo a água da mesma natureza em todas as suas partes, segue-se que essas partes transmitem o tremor de uma a outra sem mudar de lugar.

59

Benché le voci che penetrano quest'aria si partino con circulari movimenti dalle lor cagioni, niente di meno i circuli mossi da diversi principi si scontrano insieme sanza alcuno impedimento, e penetrano e passano l'un nell'altro mantenendosi sempre per centro le lor cagioni. Perché in tutti i casi del moto l'acqua ha gran conformità coll'aria.
(Ms. A, fólio 61r)

Embora as vozes que atravessam o ar se espalhem em movimento circular a partir de suas origens, os círculos que se movem a partir de diferentes origens encontram-se sem qualquer impedimento, penetrando e passando um pelo outro, sempre mantendo suas origens em seus centros, porque em todos os casos de movimento, há grande semelhança entre água e ar.

60

Il moto della terra contro la terra, ricalcando quella, poco si move le parte percosse. L'acqua percossa dall'acqua fa circuli dintorno al loco percosso. Per lunga distanzia la voce infra l'aria. Più lunga infra il fuoco.
(Ms. H, fólio 67r)

   ricalcare: gravare, schiacciare

O movimento da terra contra a terra, esmagando-a, move as partes afetadas apenas levemente. A água atingida pela água cria círculos ao redor do lugar onde é atingida; a voz no ar vai além, [e o tremor] no fogo mais longe ainda.

63

Guarda il lume e considera la sua bellezza. Batti l'occhio e riguardalo. Ciò che di lui tu vedi, prima non era, e ciò che di lui era, più non è.
(Ms. F, fólio 49v)

Olhe para a luz da vela e considere sua beleza. Pisque e olhe para ela novamente. O que você vê não estava lá antes, e o que estava antes não está mais.

64

La mente salta in un' attimo dall'oriente all'occidente, e tutte l'altre cose spirituali sono di gran lunga dissimile per velocità a queste.
(Codex Atlanticus, fólio 545v)

A mente salta em um instante de leste para oeste e todas as outras coisas imateriais têm velocidades que são muitíssimo inferiores.

68

L'azzurro in che si mostra l'aria non [è] suo proprio colore, ma è causato da umidità che è vaporata in minutissimi e insensibili atomi, la quale piglia dopo sé la percussione de' razzi solari e farsi luminosa sotto la oscurità delle immense tenebre della regione del fuoco che di sopra le fa coperchio. E questo vedra, come vidi io, chi andrà sopra Monte Rosa.
(Codex Leicester, fólio 4r)

> vaporare (*ant. e letter.*) = evaporare

O azul mostrado pela atmosfera não é sua própria cor, mas é causado por umidade que evaporou em átomos minúsculos e imperceptíveis sobre os quais os raios solares incidem, tornando-os luminosos contra a imensa escuridão da região de fogo que forma a cobertura acima deles. E isso pode ser visto, como eu mesmo vi, por qualquer um que escale o Monte Rosa.

70

Non po essere voce dove non è movimento e percussione d'aria; non po essere percussione d'essa aria dove non è strumento.
(Ms. B, fólio 4v)

Não pode haver som algum onde não há movimento e percussão do ar; não pode haver percussão daquele ar onde não há instrumento.

71

...perché in tutti i casi del moto l'acqua ha gran conformità coll'aria.
(Ms. A, fólio 61r)

(...) uma vez que em todos os casos de movimento a água tem grande semelhança com o ar.

72

Il colpo dato nella campana risponderà e moverà alquanto un'altra campana simile a sé; e la corda sonata d'un liuto risponderà e moverà una altra simile corda di simila voce in un altro liuto. E questo vedrai col porre una paglia sopra la corda simile alla sonata.
(Ms. A, fólio 22v)

O golpe dado no sino faz um outro sino similar a ele responder e mover-se um pouco. E a corda de um alaúde, ao soar, produz resposta e movimento em outra corda similar de tom similar em outro alaúde. E isso você perceberá ao colocar uma palha na corda que é similar àquela soada.

75

Che le mosche abbin la voce nell'alie tu lo vedrai...collo imbrattargliele un poco col mele in modo che non le sia integralmente inpeditole il volare, e vedrai il sonito fatto dal moto dell'alie...tanto più muterà la voce d'acuta in grave quanto esse sieno più inpedite le sue alie.
(Estudos Anatômicos, fólio 148v)

Que as moscas têm sua voz nas asas você verá ao (...) besuntá-las com um pouco de mel de tal modo que não sejam inteiramente impossibilitadas de voar. E observará que o som feito pelo movimento de suas asas (...) mudará de tom alto para baixo quanto mais suas asas estiverem impedidas, em uma proporção direta.

76

Se batterai l'asse impolverata, essa polvere si reducerà in diversi monticelli.
(Codex Madri I, fólio 126v)

Se você bater de leve em uma tábua coberta de pó, esse pó se juntará em diversos montículos.

77

I quali monticelli sempre verseranno tal polvere per la punta della lor piramide e discenderà alla sua base. Onde di poi, rientrate sotto, passerà per lo suo mezzo, e ricaderà di novo per la sommità di tale monte. E così andrà rigirando... tante volte quanto seguirà tal percussione.
(Codex Madri I, fólio 126v)

Os montes sempre jogarão esse pó para baixo do topo de sua pirâmide, para sua base. Daí, reentrará por debaixo, ascenderá pelo centro, cairá novamente do topo daquele montículo. E assim o pó circulará de novo e de novo (...) enquanto a percussão continuar.

79

Se tutti li simulacri che vengano all'occhio concorressino nel punto matematico, il quale è provato essere indivisibile, adunque tutte le cose vedute nell'universo parebbono una, e quella sarebbe indivisibile.
(Ms. F, fólio 34r)

adunque (*disus. e letter.*) = dunque

Se todas as imagens que vêm ao olho convergem em um ponto matemático, que é provado como sendo indivisível, então todas as coisas que se vê no universo manifestariam-se como uma, e esta seria indivisível.

80

Ogni parte della popilla [ha] virtù visiva e...tal virtù non [è] ridotta in punto, come vogliano li prospettivi.
(Ms. D, fólio 4v)

prospettivo (*ant.*) = prospettivista

Todas as partes da pupila possuem a faculdade da visão (*virtù visiva*), e (...) essa faculdade não é reduzida a um ponto, como querem os perspectivistas.

82

prospettiva fatta dall'arte ... perspectiva feita por arte
(Ms. E, fólio 16v)

perspective made by art ... perspectiva feita pela natureza

Capítulo 9

1

Qual lingua sia quella che esplicare possa tal maraviglia?... Certo nessuna. Questo dirizza l'umano discorso alla contemplazione divina.
(Codex Atlanticus, fólio 949v)

dirizzare = drizzare: dirigere a un dato luogo, volgere direttamente

Que linguagem pode expressar essa maravilha? (...) Certamente nenhuma. É aí que o discurso humano volta-se diretamente para a contemplação do divino.

2

Or non vedi tu che l'occhio abbraccia la bellezza de tutt'il mondo? Lui è capo della astrologia, lui fa la cosmografia, lui tutte le humane arti consiglia e corregge; lui move l'omo a diverse parti del mondo. Questo è prencipe delle matematiche, le sue scientie sono certissime. Questo ha misurato l'altezze et grandezze delle stelle, questo ha trovato gli elementi e loro siti... Questo l'architettura e prospettiva, questo la divina pittura ha generata... Questo è finestra de l'uman corpo, per la quale la sua via specula e fruisse la bellezza del mondo.
(*Trattato*, capítulo 28)

> prencipe = principe

Não vê que o olho abarca a beleza de todo o mundo? Ele é o mestre da astronomia, pratica a cosmografia, aconselha e corrige todas as artes humanas; transporta o homem a diferentes partes do mundo. [O olho] é o príncipe das matemáticas; suas ciências são muito exatas. Mediu as alturas e dimensões das estrelas, descobriu os elementos e suas localizações (...). Criou a arquitetura, a perspectiva e a pintura divina (...). [O olho] é a janela do corpo humano, pela qual [a alma] contempla e desfruta a beleza do mundo.

4

L'occhio...è insino ai mia tempi per infiniti autori stato definito in un modo; trovo per isperienza essere in un altro.
(Codex Atlanticus, fólio 327v)

> insino = fino

O olho (...) até agora foi definido por incontáveis escritores de um certo modo, mas percebo por experiência que ele funciona de maneira diferente.

5

La popilla dell'occhio si muta in tante varie grandezze, quanto son le varietà delle chiarezze e scurità delli obietti che dinanzi se li rappresentano.... La natura ha riparato alla virtù visiva, quando ella è offesa dalla superchia luce, di ristringere la popilla dell'occhio.... E fa qui la natura come quel che ha troppo lume alla sua abitazione, che serra una mezza finestra, e più e meno, secondo la necessità.

Vedrai la sperienza nelli animali notturni, come gatte, gufi, allocchi e simili, li quali di mezzogiorno hanno la popilla piccola e di notte è grandissima.
(Ms. D, fólio 5v)

scurità (*ant. e letter.*) = oscurità
riparare: fornire mezzi di difesa
superchio (*ant. e dial.*) = soverchio

A pupila do olho muda para tantos tamanhos diferentes quanto há diferenças nos graus de brilho e escuridão dos objetos que se apresentam à sua frente (...). A natureza equipou a faculdade visual, quando irritada por luz excessiva, com a contração da pupila (...), e aqui a natureza funciona como alguém que, tendo luz demais em sua casa, fecha metade da janela, mais ou menos de acordo com a necessidade.

Pode-se observar isso em animais noctívagos tais como gatos, corujas e outros, que têm a pupila pequena ao meio-dia e muito grande à noite.

6

Io trovo per isperienza che il nero o quasi nero colore crespo, ovver rasposo, che apparisce intorno alla popilla, non servire a altro ofizio che accrescere o discrescere la grandezza d'essa popilla.

(Codex Atlanticus, fólio 345r)

rasposo: ruvido al tatto

Percebo por experiência que a cor preta, ou quase preta, ondulada e rugosa que aparece em volta da pupila, não serve a outra função além de aumentar ou diminuir o tamanho da pupila.

10

Guardando il sole o altra cosa luminosa e serrando poi l'occhi, la rivedrai similemente dentro all'occhio per lungo spazio di tempo. Questo è segno che le spezie entrano dentro.

(Codex Atlanticus, fólio 545r)

spezie (*ant.*) = specie: immagine

Se você olhar para o Sol ou outro corpo luminoso e então fechar os olhos o verá similarmente dentro de seu olho por um longo espaço de tempo. Isso é uma prova de que as imagens entram no olho.

13

Fece la natura la superfizie della luce [cornea] posta nell'occhio di figura convessa, a ciò le cose circunstanti possino impremare con più grossi angoli le lor similitudini.
(Ms. D, fólio 1r)

> similitudine (*ant. e letter.*): immagine

A natureza fez convexa a superfície da córnea no olho para permitir que objetos ao redor imprimam suas imagens a ângulos maiores.

18

Tale strumento manderà le spezie...all'occhio come l'occhio le manda alla virtù visiva.
(Ms. D, fólio 3v)

Tal instrumento enviará as imagens (...) para o olho assim como o olho as envia à faculdade visual.

20

L'occhio ha una sola linia centrale, e tutte le cose che vengono all'occhio per essa linia sono bene vedute. Dintorno a essa sono infinite altre linie aderenti a essa centrale, le quali son di tanta minore valitudine quanto esse son di maggiore remozione dalla centrale.
(Estudos Anatômicos, fólio 115r)

> remozione (*ant.*): distanza, lontananza

O olho tem uma única linha central e todas as coisas que chegam ao olho ao longo dessa linha são bem vistas. Ao redor dessa linha central, há um número infinito de outras linhas aderentes a esta central, que são de menor valor quanto mais distantes estiverem da linha central.

21

Chiaro si comprende come una medesima cosa veduta da due occhi concordanti, essi occhi la referiscono dentro al capo in uno medesimo punto... Ma se tu con lo dito storcerai uno d'essi occhi, vedrai una cosa vista si convertirà in due.
(Codex Atlanticus, fólio 546r)

Um e o mesmo objeto é claramente compreendido quando visto com dois olhos concordantes. Esses olhos referem-no a um mesmo e único ponto dentro da cabeça (...). Mas se você deslocar um desses olhos com o dedo, verá um objeto convertido em dois.

Citações em italiano / 351

29

il pari moto delli occhi — o movimento igual dos olhos
(Codex Atlanticus, fólio 832v)

32

Le...circunstanti cose mandano le loro similitudine ai sensi, e li sensi le trasferiscano alla impressiva, la impressiva la manda al senso commune e da quello sono stabilite nella memoria, e lì sono più o meno retenute secondo la importanzia o potenzia della cosa data.
(Codex Atlanticus, fólio 245r)

As coisas ao redor enviam suas imagens aos sentidos, e os sentidos as transferem às impressões, estas por sua vez, mandam-nas para o senso comum, depois de passar por ele, estabelecem-se na memória, e ali, são mais ou menos retidas segundo a importância ou potência das imagens dadas.

33

il miglior senso e il più nobile — o melhor e mais nobre dos sentidos.
(*Trattato*, capítulo 28)

39

L'anima pare risedere nella parte giudiziale, e la parte giudiziale pare essere nel logo dove concorrano tutti i sensi, il quale e detto senso commune... Il senso commune è sedia dell'anima, e la memoria è sua ammunizione, e la impressiva è sua referendaria.
(Estudos Anatômicos, fólio 39r)

> risedere = risiedere
> logo (*ant.*) = luogo
> ammunizione (*ant.*) = munizione: raccolta
> referendario: istruttore o relatore al giudice nella corte romana ed
>   ecclesiastica

A alma parece residir na parte do juízo, e a parte do juízo parece estar no lugar onde todos os sentidos se juntam, que é chamado *senso comune* (...). O *senso comune* é a sede da alma, a memória é seu reservatório e o receptor de impressões é seu informante.

42

Moto spirituale..., scorrendo per le membra degli animali sensibili ingrossa i muscoli di quelli, onde ingrossati essi muscoli si vengano a raccortare e tirasi dirieto i nervi che con essi son

congiunti, e di qui si causa la forza per le membra umane... Adunque il moto materiale nasce dallo spirituale.
(Codex Arundel, 151r,v)

> raccortare (*ant.*) = contrarre
> dirieto (*ant.*) = retro
> nervo (*uso improp.*) = tendine [Leonardo usa "corda" per dire "nervo".]

O movimento espiritual fluindo pelos membros de animais sencientes, amplia seus músculos. Assim ampliados, esses músculos são contraídos e puxam de volta os tendões que são conectados a eles. Essa é a origem da força nos membros humanos (...). Movimento material surge do imaterial.

46

Adunque direm che tale strumento composto per l'omo non li manca se non l'anima dell'uccello, la quale anima bisogna che sia contraffatta dall'anima dell'omo... [Però], l'anima alle membra delli uccelli senza dubbio obbidirà meglio ai bisogni diquelle che a quelle non farebbe l'anima dell'omo da esse separato, e massimamente ne' moti di quasi insensibile bilicazioni.
(Codex Atlanticus, fólio 434r)

> direm = diremmo
> massimamente: soprattutto

Poderia ser dito que a um instrumento assim projetado pelo homem faltaria apenas a alma do pássaro, que precisa ser imitada pela alma do homem (...). [Contudo], a alma do pássaro certamente responderá melhor às necessidades de seus membros do que a alma do homem, separada deles e especialmente de seus quase imperceptíveis movimentos de equilíbrio.

47

desso corpo compositore — compositor do corpo
(Estudos Anatômicos, fólio 114v)

49

L'anima desidera stare col suo corpo, perché sanza li strumenti organici di tal corpo nulla può operare né sentire.
(Codex Atlanticus, fólio 166r)

A alma deseja ficar com seu corpo porque sem os instrumentos orgânicos daquele corpo ela não pode nem realizar nem sentir nada.

51

Uno spirito non po avere né voce, né forma, né forza.... E se alcuno dicessi, per aria congregata e ristretta insieme, lo spirito piglia i corpi di varie forme e per quello strumento parla e move con forza, a questa parte dico io che, dove non è nervi e ossa, non po essere forza operata in nessuno movimento fatto dagl'immaginati spiriti.
(Ms. B, fólio 4v)

Um espírito não pode ter voz nem forma nem força. (…) E se alguém disser que, pelo ar coletado e comprimido, um espírito assume corpos de várias formas, e por tal instrumento fala e move-se com força, a isso respondo que, onde não há nervos nem ossos, não pode haver força exercida em qualquer movimento feito por tais espíritos imaginários.

52

Una medesima anima governa questi due corpi e li desideri e le paure e i dolori son comuni sai ad essa creatura come a tutti li altri membri animati…L'anima della madre… al tempo debito desta l'anima che di quel debe essere abitatore, la qual prima resta adormentata e in tutela dell'anima della madre, la qual [le] nutrisce e vivifica per la vena umbilica.
(Estudos Anatômicos, fólios 198r and 114v)

Uma única e mesma alma governa esses dois corpos; e os desejos, medos e dores são comuns a essa criatura como a todas as outras partes animadas (...). A alma da mãe (...) no tempo devido desperta a alma que deve ser seu habitante. Esta, a princípio, continua dormente sob a guarda da alma da mãe que nutre e vivifica-a pelo cordão umbilical.

53

Quando io crederò imparare a vivere, e io imparerò a morire.
(Codex Atlanticus, fólio 680r)

Enquanto pensava estar aprendendo a viver, estava aprendendo a morrer.

Epílogo

7

Leggimi lettore se ti diletti di me, perché son rarissime volte rinato al mondo.
(Madri I, fólio 6r)

Leia-me, Ó leitor, se em minhas palavras encontra deleite, pois raramente no mundo alguém como eu nascerá novamente.

9

Ancora che lo ingenio umano in inventioni varie rispondendo con vari strumenti a um medesimo fine, mai esso troverà inventione più bella né più facile né più breve della natura, perché nelle sue inventioni nulla manca e nulla è superfluo.
(Estudos Anatômicos, fólio114v)

Apesar de a engenhosidade humana em várias invenções usar diferentes instrumentos para o mesmo fim, ela nunca encontrará uma invenção mais bonita, mais fácil ou mais econômica do que a da natureza, pois em suas invenções nada falta, nada é supérfluo.

13

Il fiume che sa a piegare d'uno in altro loco debbe essere lusingato e non con violenza aspreggiato.
(Codex Leicester, fólio 13r)

> loco (*ant.*) = luogo
> aspreggiare (*ant. e letter.*): trattare con durezza

Um rio, para ser desviado de um lugar para outro, deve ser persuadido, e não coagido com violência.

15

Le virtù dell'erbe, pietre et piante son sieno in essere perché li omini non l'abbino conosciute.... Ma diremo esse erbe restarsi in sé nobili senza lo aiuto delle lingue o lettere umane.
(*Trattato*, capítulo 34)

> l'essere = l'esistenza

As virtudes da grama, das pedras e das árvores não se encontram em seu ser porque os seres humanos as conhecem (...). A grama é nobre em si própria sem a ajuda de linguagens ou letras humanas.

Apêndice

3

Io leverò la porzione b del triangolo ab e liele renderò in c...
Se io rendo a una superfizie quello ch'io le tolsi, ella ritorna nel primo suo essere.
(Codex Madri II, fólios 107r and 111v)

> superfizie (*disus.*) = superficie

Tirarei a porção b do triângulo ab, e colocarei-a de volta em c (...). Se devolvo a uma superfície o que tirei dela, a superfície volta a seu estado anterior.

10

Se da cose equali si leva parti equali, il rimanente sia equale.
(Codex Atlanticus, fólio 455)

> equale (*ant.*) = uguale

Se partes iguais são removidas de figuras iguais, o restante precisa ser igual.

11

Quadrasi riempiendo le porzioni vacue.
(Codex Atlanticus, fólio 455)

Para fazer a quadratura [da figura], preencha as partes vazias.

12

Quadrasi riempiendo il triangolo colle quattro falcate di fuori.
(Codex Atlanticus, fólio 455)

Para fazer a quadratura, preencha o triângulo com os quatro falciformes do lado de fora

ÍNDICE REMISSIVO

Os números de página em itálico remetem às ilustrações.

abordagem sistêmica, 15-18, 28-29, 34-35, 57-58, 73, 76, 130, 131-32, 178-79, 182-87, 191-92, 235, 262-72

abordagem visual, 26, 27, 29-32, 88-90, 103, 176-77, 187-89, 191, 204, 206-08, 222, 236-254, 264-66, 274

Academia de Platão, 161, 164

Ackerman, James, 223

acústica, 242–43

Adda, rio, 135

Adoração dos Reis Magos, A (Leonardo), 100, 223

aerodinâmica, 125-26, 196-200

afinação, (tom), 242

afrescos, 40, 46-8, 66, 111-4, 126, 129, 136, 226

Agostinho, santo, 100, 155

Água caindo sobre água, c. 1508–09 (Leonardo), *207*

alaúdes, 98, 107, 242-3

Alberti, Leon Battista, 56, 66, 76, 107, 168, 223-24, 226-28, 243-44

Albumazar (Abu-Mashar), 170, 234

Alexandre, o Grande, 143, 166

Alexandre VI, papa, 123, 168

álgebra, 164-65, 204-06, 221, 276, 279

Alhazen (Ibn al-Haitham), 165-66, 229-30, 236, 244, 248

Allegri, Gregorio, 53

alma, 26, 31, 34, 43, 67, 112, 130, 132, 137, 143, 160, 162-3, 167, 222, 244, 245, 256-61, 262, 264

alma, animal, 162

Almagesto (Ptolomeu), 166

alma, vegetativa, 162

Alpes, 53, 115-16, 141-42, 159

Amboise, Charles d', 129-30

Amboise, França, 86, 142–43, 145-46

Ambrosiana, biblioteca, 14, 147-48

amoreiras, 82

análise de tensor, 220

Ana, santa 64, 69, *121*, 122-23, 130, 136, 139, 144

Anatomia (Mondino), 165, 210

Anaxágoras, 182, 256

andaime, 52, 53, 74

anima mundi ("alma do mundo"), 160

animais noctívagos, 247

Anunciação (Leonardo), 97

Aragão, cardeal de, 60, 143

Arasse, Daniel, 32, 63-4, 67, 76, 80, 100, 140, 186, 208

área de conservação, 212

Ares, Águas e Lugares, (Corpus Hipocrático), 168

Aristóteles, 25, 55, 143, 155, 161-67, 170, 182, 233, 251, 254, 256, 260, 264

aritmética, 57, 88, 209, 226

Arno, rio, 46, 91, 117, *118*, 125-26

arquétipos, 56

Arquimedes, 40, 165, 170, 209, 214

arquitetura, 16, 28, 55, 59, 76, 78, 80, 91, 101-02, 105, 107, 112-13, 117, 143, 164, 191, 223, 245, 265, 269

arquitetura gótica, 76, 107

arte (habilidade), 57

artérias, 132, 168, 179

arteriosclerose, 134

Arundel, lorde, 147

asa-deltas, 199

Ashburnham, lorde, 148

astrologia, 163, 234

astronomia, 57, 105, 159, 162, 164-66, 170, 172, 224, 233-34, 245

astronomia babilônica, 164

átomos, 160, 161, 163, 241

atratores estranhos, 221

atrito, 188, 194-96, 201, 329

audição, 254-6

auto-retrato de Turin (Leonardo), *24*, 42-3, 130, 137

Averróis (Ibn Rushd), 155, 260

Avicena (Ibn Sina), 155, 169, 170

A Virgem e o Menino com Santa Ana (Leonardo), 64, 69, *121*, 122, 130, 136, 139, 144

axônios, 253

Bacon, Francis, 16, 25, 34, 262, 268

Bacon, Roger, 229

Bandello, Matteo, 52

Barcilon, Pinin Brambilla, 114

Basílica de São Pedro, 108

Batalha de Anghiari, A (Leonardo), 47-48, 74, 100, 126, 129, 158, 185

Batalha de Cascina, A (Michelangelo), 47
Batalha pelo Estandarte, A (Rubens), 47, 48
Bateson, Gregory, 29, 57
Batismo de Cristo, O (Verrocchio), 95
Batistério de são João (Florença), 131
Beatis, Antonio de, 60, 143-44
Bellini, Giovanni, 119
Bíblia, 155, 156
Biblioteca Nacional (Madri), 148
Biblioteca Reale, 12, 14, *24*, 42, *127*
bibliotecas, *24*, 26, 29, 42, 89, 105, 110, 117, *127*, 142, 147, 148, 149, 154, 155, 169, 209, 257
Bibliothèque Nationale, 148
biologia, 29, 56, 159, 161, 166, 172, 259
bisangoli (ângulos duplos), 277
Blake, William, 158
bloco xilográfico, 158
Boccaccio, Giovanni, 105
Bologna, 141, 163, 169
Borgia, César, 123-6
botânica, 32, 130, 131, 134, 167, 170, *181*, 187, 190, 265
botânica para pintores, 134
bottega (oficina), 92-4, 96-7, 103, 105, 109
Botticelli, Sandro, 93, 99
braccio, unidade de medida, 183, 177
braço de momento, 193
Bramante, Donato, 107-08, 89
Bramly, Serge, 46, 48, 50, 68, 70, 73, 92, 98
British Library, 14
broquel (pintado por Leonardo), 89-90
Brunelleschi, Filippo, 75, 76, 91, 94, 99, 223, 265

Cadernos de notas (Leonardo), 15, 16, 17, 26, 29, 31, 34, 44, 45, 51, 65, 75, 76, 85, 88, 110, 124, 125, 128, 131, 136, 137, 142, 144, 145, 146-49, 174, 175, 176, 177, 178, 180-2, 183, 184, 188, 190, 192, 196, 203, 205, 210, 255, 257, 266, 270
cálculo, 106, 210, 232, 274, 276
cálculo, diferencial, 209
cálculo, integral, 203, 215, 274
câmara escura, 235, 250
campo visual, 248, 250
canais, 79, 80, 120, 123, 124, 129, 145
Cânone de Medicina (Avicena), 169, 170
Capela Sistina, 47, 99, 136
Cardano, Fazio, 110, 111, 223, 287n
Cardano, Girolamo, 287n
caricaturas grotescas, 48

Carlos VIII, rei da França, 72, 116
cartões (desenhos preparatórios), 47, 74, 122, 123
cartografia, 117, *118*, 123-25, 166, 170, 187-88, 215, 218, *219*
Castelo Sforzesco, 14, 71, 82
Caterina (mãe de Leonardo), 86
cavalos, 44, 46, 48, 53, 70-3, 86, 98, 100, 111, 142, 183, *185*
Cellini, Benvenuto, 143
cenografia, 73
cérebro, humano, 31, 177, 226, 244, *246*, 249, 251-57, 252, 259-62, 271
céu azul, 241
chapas de cobre, 158
Château d'Amboise, 142
Chiana, vale, *219*
chiaroscuro, 66, 67, 68, 139
Chladni, Ernst, 243
ciência
    abordagem cartesiana da, 84, 173, 183, 257-59, 270-71
    abordagem visual da, 26-27, 29-32, 62, 86-88, 104, 176-77, 187-89, 191-92, 204, 206-07, 222, 236-254, 264-66, 273; ver também disciplinas científicas específicas
    arte comparada a, 18, 29-30, 34-5, 73-4
    base empírica da, 16, 161-64, 170, 172-202
    contribuições de Leonardo a, 29-30, 34-5, 44, 46, 49-50, 69, 73, 75, 84-6, 106, 110-11, 115-17, 122, 126, 130, 132-39, 140-41, 144, 153-279
    especialização na, 15, 16, 34, 35
    greco-romana, 55, 153-154, 158-166, 167, 168, 175, 203-04, 256, 274-75
    hipóteses na, 178-79
    invenção e, 34-5, 59-64, 73-4, 96-7, 106, 114-15, 120, 141, 176-77, 192-200
    macrocosmo vs. microcosmo da, 26-27, 32, 78, 130, 159-61, 187, 191-92
    medieval, 25-6, 28, 153-56, 160-64, 166-67, 169, 172, 186, 192, 195, 229, 236, 245, *246*, 248, 270
    moderna, 153, 155, 176, 179, 221, 262-63, 270
    mundo natural examinado pela, 25-35, 58-9, 78-9, 84, 86-7, 88-90, 104, 182-87, 209-11, 220-21, 222, 262-63, 264-71
    na Renascença, 27, 35, 153-71, 172, 186, 192, 194-95, 229, 234, 236, 248, 262, 270

religião e, 137-138, 156-57, 161, 288n

ciência cognitiva, 12, 34, 222, 259, 261, 262

ciências sociais, 172

cilindros, 31, 106, 195, 214, 215, 217, 231, 275

cinemática, 110

cinquecento, 283n

circulação sangüínea, 201

círculo, quadratura do, 214

círculos, 161, 163, 204, 205, 213-15, 220, 236-40, 277, 278

Civitavecchia, Itália, 140

Clark, Kenneth, xix, 17, 43, 52, 60, 66, 67, 75, 98, 100, 104, 106, 114, 115, 176, 202, 209, 220, 232

Cloux, solar de, 142-146

Codex Arundel, 132, 147, 193, *230*

Codex Ashburnham II, 148, *232*, 237

Codex Ashburnham I, 77, 148

Codex Atlanticus, *63*, 97, 99, 103, 147, 158, 192, 198, 214, 220, *224*, 227, 231, 275, 277, 278

Codex Forster I, 128, 148, *212*

Codex Forster II, 148

Codex Forster III, 148

Codex Hammer, 148

Codex Leicester, 27, 120, 148

Codex Madri II, 72, 215, *216*, 275

Codex Madri I, *194*

Codex sobre o vôo dos pássaros (*Códice sul volo degli uccelli*), *127*, 128, 148, 198, 223, *268*

Codex Trivulzianus, 105, 175, 223

Codex Urbinas, 147

cognição, 31, 259-60

colarete, 247

Coleção Matemática, A (Ptolomeu), 166

Colleoni (Verrocchio), 71

coluna vertebral, A, c. 1510 (Leonardo), *157*

coluna vertebral, *157*, 158, 251

comissões, arte, 46-7, 66, 94, 122

Compagnia di San Luca, 96, 126

compaixão, 34, 43, 44, 45, 58, 124, 155, 266

comporta biselada, 120

condições atmosféricas, 222, 228

Confraria da Imaculada Conceição, 103

consciência, 254, 256, 257, 260, 262

coordenadas cartesianas, 165

cor, 119, 143

coração, 75, 179, 191, 200-01, 260

cordão umbilical, 191, 202

Córdova, Espanha, 155

córnea, 248-49, 270

Corpus Hipocrático, 168

Corte Vecchia, 53, 109, 111, 128

Cosmografia (Ptolomeu), 166, 234

crânio, humano, 31, 78, *225*, 226, 253, 255

cristalino esférico, 250

cristianismo, 25-6, 123, 135-36, 154-55

Crivelli, Lucrezia, 115

cubos, 128, *212*, 213, 217, 276

curiosidade, 26, 52, 75, 85, 88, 159, 266

Dama com arminho (Leonardo), 108

Danaë (Taccone), 81

Dante Alighieri, 105

Darwin, Charles, 29, 43, 56, 190

Da transformação (Leonardo), 128, 212

David (Verrocchio), *41*, 42

De anima (Aristóteles), 167

De divina proportione (Leonardo e Pacioli), 113

De historia plantarum (Aristóteles), 167

De ludo geometrico (Leonardo), 144, 220, 277

Demócrito, 160, 163, 182, 260

De pictura (Alberti), 66, 223

Descartes, René, 15, 34, 84, 165, 182, 210, 222, 241, 257, 262, 264, 270

desenho de cebola, 246, 251

desenhos de nós, 81, 218

desenhos do dilúvio (Leonardo), 137, *139*, 220

desenhos preparatórios, 64, 100

Deus, 40, 51, 54, 58, 100, 103, 155, 270

diábase (diabásio), 69

dialeto toscano, 86, 102, 104, 105, 182, 341

dilatação da pupila, 247, 250

dinâmica, 29, 58, 64, 75, 100, 110, 139, 186, 187, 188, 196, 211, 220, 221

dinâmica de fluidos, 196, 220

dinâmica não-linear, 29

Dioscórides, 167, 170

discorso mentale, processo, 57, 59, 64, 68-9

dissecções, 31, 60, 90, 96, 132-33, 135, 137, 168-9, 170, 207, 246, 247, 248, 249, 251, 255, 256

distância, 43, 166, 177, 183, 193, 204, 205, 206, 210, 214, 222, 223, 224, 225, 226, 231, 238, 250

dodecaedro, *212*, 212-13, 276

Donatello, 71

Duomo (Florença), 91, 94, 99

dura-máter, 246

dutos lacrimais, 253

ecologia e meio ambiente, 168, 190, 269-70

ecologia profunda, 269, 270

educação, 52, 89, 92, 104
efeito de dispersão (da luz na atmosfera), 241
Einstein, Albert, 52, 235
Elementos das Máquinas (Leonardo), 111
Elementos de Geometria (Euclides), 111, 113, 165, 170, 209
eletromagnetismo, 253
elipses, 213, 215
Emboden, William, 79, 265
embriões, 137, 202, 261, 267
Empédocles, 160, 163
engenharia, 28, 34, 45, 50, 55, 59, 70-71, 73-75, 92, 94, 97, 99, 106-07, 110-11, 117, 120, 128, 140, 145, 149, 164, 187, *194*, 196, 227, 265-66, 269, 298n
engenharia civil, 59, 73, 110, 120, *194*, 227
engenharia, hidráulica, 147, 187, 269
engenharia, militar, 45-46, 59, 73, 99, 110, 117, 120
enteléquia, 162
epifania, 100
epistemologia, 222, 259, 262
equação de continuidade, 220
equações cúbicas, 165
equilíbrio, 72, 123, 128, 168, 193, 198, 259, 260
equipamento de mergulho, 97, 120
erudição, moderna, 16-8, 70, 79, 85-6, 107, 146, 173-74, 180-82, 264-66
esboços, 47, 64, 73, 74, 78, 81, 92, 93, 97, 111, 117, 132, 178, 189, 202, 217, 243, 248, 266, 275-76
Escola de Atenas, A (Rafael), 40
escolástica, 155
escultura, 65, 70, 71, 72, 96, 103, 143, 191, 217
esferas, 31, 106, 128, 160, 161, 162, 163, 189, 195, 214, 215, 217, 231, 233
Espanha, 147
espelhada, escrita, 50, 76, 126
espelhos, 65, 74, 94, 97, 137, 229, *230*
espelhos, côncavos, 94, 97, 229, *230*
espelhos, esféricos, 229, *230*
espelhos, parabólicos, 94, 137, 229, 230
espeto, auto-regulável, 74, 97
espírito, espiritualidade, 34, 40, 44, 51, 55, 91, 103, 140, 143, 167, 201, 221, 256, 257, 261, 269, 270
estática, 110, 193
estátuas eqüestres, 70, 71, 73, 109, 134
Este, Beatrice d', 82, 101, 118
Este, Isabella d', 118-20

Estruturas internas do ombro, c. 1509 (Leonardo), *208*
estudiosos árabes, 154-55, 163-65, 168-69, 204, 279
Estudo do Dilúvio, c. 1515 (Leonardo), *139*
Estudo dos músculos anteriores da perna, c. 1510 (Leonardo), *119, 258*
estudos anatômicos, 33, 62, *119*, *157*, 177, 203, *208*, 225, 243, *246*, 249, 252-53, *252*, *258*, 265, 267, 281-82n, 284n, 288-94n, 296-98n, 300, 309, 312-14, 321-24, 326-28, 331-32, 335, 341, 346, 350-54
Euclides, 111, 113, 134, 164, 165, 170, 209, 248
evolução, 20, 29, 57, 58, 79, 120, 174, 180, 186, 224, 271
Eyck, Jan van, 68

falciformes, 217, *274*, *275*, *278*
fantasia (imaginação), 57-8, 90
fantasie dei vinci, motivo, 81
Ferrante, rei de Nápoles, 99
festa del paradiso, La ("mascarada" de Leonardo), 108
Feto no ventre c. 1510–12 (Leonardo), *267*
figuras planas, 215, 218
filosofia e ciência gregas, 154-5, 159-61, 163, 164, 156
filosofia helenística, 256
filosofia natural, 84, 136, 153, 155, 163, 164
filotaxia, 190
física, 16, 29, 56, 84, 161, 162, 165, 166, 170, 172, 224, 235, 243
Física (Aristóteles), 170
flautas, 255
flautas glissando, 255
Florença, 25, 46, 47, 53, 55, 66, 68, 75, 86, 88, 89, 90-2, *95*, 98, 99, 101, 103, 105, 116-7, 120, 122, 123-6, 128, 131-3, 136, 140-2, 154, 158, 163, 183, 196, 198, 199, 259
Florença, Universidade de, 120, 154
fluxo da água, 79-80, 96, *118*, 120, 124-25, 128, 130, 135, *137*, 139, 149, 177-79, *181*, *184*, 184-85, 187-90, *189*, 196, 200-01, 207-08, *207*, 210-12, *210*, 215, 217, 219-21, 229-30, 236-38, *238*, 252, 265, 266, 269
Fluxo da água e fluxo do cabelo humano, c. 1513 (Leonardo), *184*
Folhagem espiralada de uma estrela-de-Belém, c. 1508 (Leonardo), *181*
forames, 253

formas curvilíneas, 212
formas ideais, 64
formas orgânicas, 29, 30, 76, 184, 186, 187, 190, 191, 221, 264, 266
formas retilineares, 211, 276, 278
Forster, John, 147
fortificações, 117, 123-4
fotografia serial, 26
fractais, 76, 221
França, 54, 60, 72, 73, 80, 85, 86, 98, 101, 116, 124, 141, 142, 143, 146
Francesco di Giorgio, 107, 110
Francesco (tio de Leonardo), 88, 90, 92, 131
Francisco I, rei da França, 141, 142-6
freqüência, 240, 241-2
Friuli, região, Itália, 120, 125
funções, lineares, 204
funções, teoria das, 203, 209
fundição de bronze, 70-72, 103, 111, 116, 131, 134, 288n, 316, 319
funículo, 191
Fúria nas faces de um homem, de um cavalo e de um leão, c. 1503–4 (Leonardo), *185*

Gaddiano, Anônimo, 40, 42, 101, 102
Galeazzo, Gian, 108
Galeno, 134, 164, 168, 169, 170, 248, 252
Galileu Galilei, 15, 16, 156, 176, 182, 204, 206, 220, 262, 264, 270
Gallerani, Cecilia, 108
Galluzzi, Paolo, 265
Gates, Bill, 148
Gattamelata (Donatello), 71
gênio, 15, 16, 29, 40, 44, 51-54, 70, 75, 85, 90, 100, 117, 122, 143, 186, 193, 199, 204, 262, 264-71
Genius: The History of an Idea (Murray), 54
Gênova, Itália, 86, 115
Geografia (Ptolomeu), 166
geologia, 32, 69, 104, 105, 117, 126, 187, 189, 190, 208, 265
geometria, 29, 57, 66, 76, 77, 82, 94, 110, 111, 112, 113, *126*, 128, 130, 134, 137, 144, 164, 165, 170, 203-21, *205, 207, 210, 216*, 221, 222, 223, 224, 226, 228, *229, 230, 232*, 237, *238*, 273-79, *273, 274, 275, 277, 278, 279*
geometria analítica, 165, 210
geometria situ (geometria de lugar), 218
Ghirlandaio, Domenico, 93, 99
Ginevra de' Benci (Leonardo), 97
Giovio, Paolo, 39, 42, 44, 71

Giraldi, Giovanni Battista, 112
globo de cobre (construído por Verrocchio), 94
Goethe, Johann Wolfgang von, 29, 52, 53, 182
Gombrich, Erich, 176
gran cavallo, estátua (Leonardo), 70-3, 109, 116
gravação (gravuras), 156-8
gravidade, 188, 190, 206, 220
Guernica (Picasso), 48
guerra, 19, 45, 46, 48, 86, 99, 100, 102, 125, 126, 135
guildas, 93, 96, 126
Guindaste de duas roldanas (Leonardo), *63*
guindastes, *63*, 194
Gutenberg, Johannes, 156

Hammer, Armand, 148
Harvey, William, 201
Hayward Gallery, 17
Helmholtz, Hermann von, 188
heresia, 123, 133, 156
Heydenreich, Ludwig, 76
higrômetro, 177
Hildegard von Bingen, 51
Hipócrates de Chios, 274, 275
Hipócrates de Cos, 164, 168, 169, 275
Historia animalium (Aristóteles), 167
história natural, 55, 105, 159, 164, 166-7, 170
História Natural (Plínio), 167, 170
homologias, 186
homossexualidade, 49
hormônios, 251
humanismo, 55
Huygens, Christian, 32, 240-1

Idade Média
astrologia na, 163
educação na, 25-6, 57, 155-56
Leonardo influenciado pela, 25-6, 51, 153, 245, *246*
método científico na, 25-6, 28, 153-56, 160-64, 166-67, 169, 172, 186, 192, 195, 229, 236, 245, *246*, 248, 270
religião na, 25-6, 55, 161
Renascença comparada a, 51, 153-56, 159, 160-64, 169, 172, 186, 192, 195, 229, 236, 248, 270
Igreja Católica, 25, 122, 137, 264
ilustração do coito, 178
imagens persistentes, 248
Imola, Itália, 124
Império Bizantino, 154

impressão, 156-8, 215
impressões sensoriais, 222, 228, 244, 254, 255, 257, 262
industrialização, 30, 59, 74, 82, 116, 125, 270
infinitude, 214
íons, 253
íris, 247
Isabela de Aragão, 108
Islã, 154-5, 165
Isonzo, rio, 120
Jesus Cristo, 68, 95-6, 111, 112, 122
João Batista, são, 123, 139-40, 144
João, são, 112
Judas, 112, 114
Júlio II, papa, 135, 136

Kant, Immanuel, 29, 182
Keele, Kenneth, 51, 103, 178, 206, 249, 251, 253, 255, 265
Kemp, Martin, 17, 18, 58, 64, 66, 67, 71, 78, 118, 199, 217
Khayyam, Omar, 165
Khwarzimi, Muhammad al-, 165
Kitab al jabr (Khwarzimi), 165
Kitab al-Manazir (Alhazen), 229
Klee, Paul, 209
Kline, Morris, 217
Kuhn, Thomas, 153

lâminas, circulares, 275
lâminas, paralelas, 275
laringe, 254
Laurenza, Domenico, 11, 93, 105, 106, 198, 265
leão, mecânico, 141
Leão X, papa, 136, 137, 141
Leda e o cisne (Leonardo), 118, 130, 134, 136, 139
Leibniz, Gottfried Wilhelm, 211, 218
Leicester, conde de, 148
lei da alavanca, 192-3
lei piramidal (manuscrito de Leonardo), 205, 206
lentes, 31, 97, 229, 244, 248
lentes, côncavas, 229, 297n
lentes, convexas, 97
Leonardo da Vinci
    abordagem empírica de, 25, 171, 173, 174-80, 264
    abordagem sistêmica de, 17, 25, 28-29, 35, 57, 76, 84, 130, 178, 183, 187, 236, 262
    abordagem visual, 26, 63, 73, 114, 139,

170, 176-77, 191, 204-05, 217, 222-24, 226, 228, 247, 253, 274
acusação de heresia contra, 133
afrescos de, 46-48, 111-12, 114, 126, 129
agitação política e a situação de, 115-16, 134
amizades de, 107, 110, 111-15
aparência física de, 40-42, 54, 130
aposentos de, 53, 89, 90, 122, 136, 142
aprendizado de, 89, 91-96, 196
assistentes de, 109, 118, 126, 130
auto-retrato de, 24, 42-43, 130, 137
biblioteca de, 89, 105, 149, 169
biografias de, 70, 92, 146
broquel pintado por, 89-90
Cadernos de notas de, 15, 16, 17, 26, 29, 31, 34, 44, 45, 51, 65, 75, 76, 85, 88, 110, 124, 125, 128, 131, 136, 137, 142, 144, 145, 146-9, 174, 175, 176, 177, 178, 180-2, 183, 184, 188, 190, 192, 196, 203, 205, 210, 255, 257, 266, 270; ver também os códices e manuscritos específicos
caricaturas grotescas de, 48-9
cartões (desenhos preparatórios de), 47, 74, 122-23
comissões de, 46-47, 122
como arquiteto, 45, 59, 75-6, 102, 107, 110
como cenógrafo, 80
como engenheiro civil, 25, 30, 34, 70, 74-75, 81, 85, 102, 108, 117, 129, 143, 187, 199, 227
como engenheiro mecânico, 177, 193
como engenheiro militar, 45-46, 75, 102, 116, 120, 123, 136
como escultor, 70, 71, 73, 75
como estrategista militar, 59, 99, 103, 105, 117, 125
como filho ilegítimo, 86, 89
como florentino, 70, 85-86, 103
como gênio, 15, 16, 29, 40, 44, 51-54, 70, 75, 85, 90, 100, 117, 122, 140, 143, 186, 193, 199, 204, 262, 266
como "homem universal" (uomo universale), 55, 59, 266
como inventor, 35, 59, 63, 75, 96-101, 106, 165, 177, 194, 197, 199, 200, 227, 268, 269
como músico, 101-02
como pintor, 32, 34, 59, 66, 81, 95, 108, 111, 112, 130, 177, 262

como projetista, 73, 75, 80, 269

como vegetariano, 45, 266

compaixão de Leonardo por, 34, 44, 45, 266

conceitos medievais de, 25-26, 51, 153, 245, *246*

contexto renascentista; ver Renascença.

cópias de pinturas de, *47*, 48, 69, 119

correspondência de, 173, 191, 218

curiosidade de, 26, 52, 75, 85, 88, 266

"desenho da cebola" por, 245-46, 251

"desenhos do dilúvio" de, *137*, 139, 220

desenhos e diagramas de, 15-17, 26-27, 30-32, *33*, 42-44, 48-49, 53-59, 60-64, *61, 62, 63,* 67, 71-72, 76, *77,* 78, 81, 85, 88, 91-92, 94, 97, 99-100, 103, 106-07, 114, 117-19, *118, 119,* 123-25, *127,* 128, 132-35, *137,* 139, 144-45, 149, *157,* 158, 169, 174-76, 178, 180, 182-85, *184, 185,* 187-94, *189, 197,* 198, *199,* 201-03, *205, 207, 208, 210, 212, 216,* 217-20, *219,* 223-24, *224, 225,* 226, *227,* 229, *230,* 231, 232, 236-38, *237, 238,* 245-46, *246, 249,* 249-51, 252, 253-55, 257, *258,* 261, 265-66, *267, 268,* 274, 277-79, 287-88n, 295, 300, 321-22

desenhos preparatórios de, 48, 63-64, 71, 100

desenvolvimento intelectual 49, 55-7, 63-4, 73-4, 85-90, 91, 93, 104-6, 110-11, 115-16, 117, 120, 142-3, 159, 163-4, 174-6, 178

dialeto toscano de, 86, 104-105, 182

dissecações realizadas por, 31, 60, 90, 96, 132-3, 135, 137, 168-9, 170, 207, 246, 247, 248, 249, 251, 255, 256

educação de, 89, 92, 104

em Bolonha, 141

em Gênova, 86, 115

em Ímola, Itália, 124

em Mântua, 116, 118-20

em Milão, 44, 50, 53, 70, 79, 85-86, 101-05, 108, 110-11, 114-15, 118, 128-31, 134-36, 140-42, 145, 158, 169-70, 196, 198, 218, 255

em Pavia, 86, 110-11, 113, 134, 209, 223

em Roma, 43, 49, 54, 85-86, 94, 100, 135-36, 139-40, 142, 175, 196, 220, 230, 289n

em Vaprio, Itália, 135

em Veneza, 86, 116, 120

enterro de, 146

equipamentos de mergulhos projetados por, 97, 120

erudição de, 16-17, 70, 79, 85-86, 108, 146, 174-75, 181-83, 265-66

escrita espelhada de, 50, 76, 126

espiritualidade vista por, 32-34, 256, 261, 270, 296n

estátuas eqüestres projetadas por, 70, 71, 108-9, 134, 283n

estilo dramático de, 112, 115, 137, 139, 141

estúdios de, 50, 53, 126, 131, 136, 142

estudos anatômicos de, *33, 62, 119, 157,* 177, 203, *208, 225,* 243, *246, 249,* 252-53, *258,* 265, *267,* 281-82n, 284n, 288-94n, 296-98n, 300, 309, 312-14, 321-24, 326-28, 331-32, 335, 341, 346, 350-54

estudos botânicos de, 69, 104, 130-31, 134-35, 137, *181,* 190, 203, 208, 265, 286

estudos de latim, 111

estudos geológicos de, 69, 88, 104, 117, 126, 130, 189-90

estudos geométricos de, 29, 57, 66, 76, 82, 94, 110-13, 126, 128, 130, 134, 137, 144, 170, 203-07, *205,* 209-12, *210, 212,* 215, *216,* 217-18, 219-24, *224, 226,* 228-29, *230, 232, 237, 238, 273, 274, 275, 276, 277, 278, 279*

estudos matemáticos de, 25, 29-30, 62, 66, 105, 109, 110, 113, 120, 144, 149, 164-66, 203, 204, *205,* 206, 209, *210, 212,* 210-13, 215, *216,* 217, 218, 220, 221, 223, *224,* 226, *230, 232, 237, 238,* 242, 264, *273, 274, 275,* 277, *278, 279,* 332, 333, 348

fluxo da água por, 79-80, 96, *118,* 120, 124-25, 128, 130, 135, *137,* 139, 149, 177-79, *181,* 184-85, 187-90, *189,* 196, 200-01, 207-08, *207,* 210-12, *210,* 215, 217, 219-21, 229-30, 236-38, *238,* 252, 265, 266, 269

força física de, 42, 43, 48, 56, 145

formação de, 126, 143, 162, 189, 190, 254-5, 256, 260

forma orgânica analisada por, 182-87

fortalezas projetadas por, 123

fundição de bronze por, 50–51, 73–74, 93, 98, 117

gran cavallo estátua projetada por, 70-3, 109, 116

"ilustração do coito" por, 178

ilustrações publicadas, 113
infância de, 86-90
influência histórica de, 15-16, 28-9, 34-5,
  50-1, 112, 117-18, 176, 179-80, 182-3,
  201-2, 209, 217-18, 257, 262-3
influências de, 25-26, 51, 56, 76, 88, 90-4,
  96, 110-11, 153, 169-71, 178, 182-3,
  226-28, 243-44, 246, 262
investigações científicas de, 15-18, 29-30,
  34-5, 44-5, 49-51, 68, 73, 75, 84, 85-6,
  106, 110-11, 115, 116-17, 120, 126, 130,
  132-38, 140, 144-5, 148-9, 153-279
irmãos de, 126, 131, 146, 134-35
jardins e projetos paisagísticos de, 73, 78-9,
  129-30, 268-69
leão mecânico de, 141
leituras de, 104-5, 110-11, 117, 148, 169-
  71, 178
lira tocada por, 44, 101, 102
manuscritos perdidos de, 134, 146, 148, 254
mapas desenhados por, 117, *118*, 124, 125,
  126, 187, *219*
máquinas voadoras projetadas por, 30, 109-
  10, 115, 128, 196, *197*, 198, *199*, *200*,
  259, 265, *268*
mecenato da realeza, 54, 60, 79-80, 85,
  101-3, 107-9, 140-2
mecenato do papa, 43, 48, 54, 86, 94, 99-
  100, 135-41, 175, 196, 220, 230
memória de, 25-6
Monte Rosa escalado por, 241
morte de, 134, 145-6
mundo natural interpretado por, 25-35, 58-
  9, 78-9, 84-9, 104, 182-7, 209-11, 220-
  21, 222, 262-63, 264-71
na corte de Amboise, 86, 142, 145
na França, 54, 85, 86, 146
nascimento de, 54-5, 86, 156
obras-primas de, 100, 101, 103, 111, 114,
  115, *121*, 202; ver também trabalhos
  específicos
óculos usados por, 130, 248
oposição à guerra, 45-8, 99, 120, 123-5,
  126, 266
ortografia de, 180-2
paisagens de, 86-8, *87*, 123
paralisia de, 143
personalidade de, 17, 44-48, 49, 86, 98
perspectiva analisada por, 31, 66, 100, 110-
  11, 112, 144, 149, 165, 204, 205, 222,
  223-29, 224, 232, 234, 243-44, 262-63

planejamento urbano de, 73, 79-80, 104-
  05, 145
região de Friuli visitada por, 120, 125
representações tridimensionais de, 67, 76-
  8, 209
reputação de, 70, 76, 92, 108, 123, 136
retratos pintados por, 97, 108, 115, 118-
  20, 247
Romorantin, França, visitada por, 145
saúde de, 144
sexualidade de, 49, 140
simbolismo usado por, 68, 81, 82, 141
síntese de arte e ciência por, 18, 29-30, 35,
  57-9, 89, 93, 130, 193, 266
situação financeira de, 50, 96, 116, 117, 125,
  129-30, 131, 136, 137, 142-43, 146
técnicas artísticas de, 85, 86-8, 111-12
temas religiosos pintados por, 106, 111,
  122-3, 140
testamento de, 146
trabalhos de engenharia de, 25, 34, 45-6,
  70, 73, 74-5, 79-80, 93-4, 96-7, 99,
  102-3, 104, 106, 108, 109, 110, 116-
  17, 120-1, 123-5, 126, 136, 141, 143,
  145, 149, 176-7, 187, 193-6, *194*, 227,
  265, 266, 268-69
transcrições de manuscritos de, 180-82
tratados escritos por, 26, 31, 44, 56, 60, 65,
  71, 76, 84, 111, 130, 131-3, 134, 140,
  144-5, 147, 158, 175, 180, 202, 220,
  223, 231, 245, 262-3, 277, 283n, 295n
últimos anos de, 56, 128, 134-5, 143, 175,
  201, 206, 211, 219, 220
valores morais de, 44-8, 99, 120, 123-5,
  126, 131, 133-4, 137, 266
Vinci, Itália, lugar de nascimento de, 53,
  86-8, 90, 91, 97
vista de, 130, 144
vocabulário estudado por, 104-05
*Leonardo da Vinci's Elements of the Science of
  Man* (Keele), 265
*Leonardo: Discovering the Life of Leonardo da
  Vinci* (Bramly), 70
Leonardo on Flight (Laurenza), 265
Leoni, Pompeo, 147-8
levantamento topográfico, 177
Libri, Guglielmo, 148
libro di bottega (livro de trabalho), 93-4
Liga Sagrada, 135
língua e literatura gregas, 55, 98, 154, 155, 164,
  165, 175

língua e literatura latinas, 50, 51, 56, 71, 89, 98, 102, 104-5, 111, 113, 134, 155, 160, 168, 170, 172, 175, 229

língua italiana, 105, 142, 182

linhas nodais, 243

liras, 44, 101, 102

Livro A (anotações sobre pintura perdidas de Leonardo), 134

Livro das equações (Leonardo), 277, 279

Locke, John, 270

Loire, vale do, 54

Lomazzo, Giovanni Paolo, 53, 147

Louvre, Museu do, 47, 48, 69, 103, *121*, 123, 146

Lua, 162, 166, 233-4

Luís XII, rei da França, 116, 129, 135, 141

Luís XIV, rei da França, 73

luminosidade, 141, 233

lúnula de Hipócrates, 274-5

Lytton, lorde, 147

Macagno, Matilde, 210, 217, 274, 276

Madona e criança e outros estudos, c. 1478–80 (Leonardo), *61*

Madona e Menino com o fuso (Leonardo), 117

mancal de bola, rotatório, *194*, 195

maneirismo, 76, 284n

Mântua, Itália, 86, 116, 118-20

Manuscrito A, 177, 226, 230, 237, *238*

Manuscrito B, 148, *197*, 198

Manuscrito C, *210*, 231

Manuscrito D, 223, 244, *249*

Manuscrito E, 193

Manuscrito G, 214

Manuscrito H, 111

Manuscrito L, 124

Manuscrito M, 177, *205*

Mapa do vale de Chiana, 1504 (Leonardo), *219*

mapas, 117, *118*, 124, 125, 126, 166, 187, 215, *219*

Maquiavel, Nicolau, 124-5

máquinas de fresar, 194, *227*

máquinas voadoras, 30, 109, 115, 128, 196-98, *197*, *199*, *200*, 265, 268

Marco Aurélio, imperador de Roma, 71

Marsenne, Marin, 240

Martelli, Piero di Braccio, 131-32

Mascarada dos planetas (Leonardo), 108, 145

mascaradas, 81, 108, 129, 145

massa, conservação de, 212, 221

matemática, 25, 29, 30, 53, 56, 62, 66, 78, 105, 107, 109, 110-111, 113, 120, 144, 148,

149, 161, 164-6, 172, 188, 203, 204, *205*, 206, 209-11, *210*, *212*, 213, 215, *216*, 217, 218, 220, 221, 223, *224*, 226, 229, *230*, *232*, 233, 237, 238, 240, 242, 245, 264, 273, *274*, *275*, 276, 277, *278*, 279

Materia Medica (Dioscórides), 167, 170

Maximiliano, imperador, 71, 116

mecânica e mecanismos, 32, *33*, 34, 50, 65, 73, 99, 109, 110, 111, 128, 149, 162, 175, 177, 192, 193, 194, 195, 196, 198, 199, 201, 226, 231, 234, 242, 247, 264, 265, 266, 268

mecânico, leão, 141

mecanismos de relógios, 177

mecanismos do braço, Os, c. 1510 (Leonardo), *33*

mecenato, 98

mecenato real, 54, 62, 80-81, 85-86, 98, 101-04, 107-09, 140-46

medição, 177, 214

medição, instrumentos de, 177

Médici, família, 74, 91, 92, 98, 99, 100, 101, 136, 140, 163

Médici, Giovanni de', 136

Médici, Giuliano de', 136, 140, 141, 142

Médici, Lorenzo de', 98, 100

medicina, 105, 134, 164, 167-9, 178, 200, 247

medula espinhal, 168, 251

Melzi, Francesco, 39, 65, 130-1, 134-6, 142, 146-7

Melzi, Orazio, 147, 148

mercenários suíços, 141

metabolismo, 79, 162, 186, 187, 190, 201, 265

metafísica, 84, 161, 257

Michelangelo Buonarroti, 43, 47, 51, 118, 136

Migliorotti, Atalante, 101

Milão, 44, 46, 49, 50, 53, 70, 72, 79, 80, 82, 83, 85, 86, 101-4, 105, 107, 108, 109, 110, 111, 113, 114, 115, 116, 118, 128, 129, 130, 131, 134-5, 136, 139, 140, 141, 142, 145, 146, 147, 148, 158, 169, 170, 183, 196, 198, 218, 234, 255

Milão, Catedral de, 107

militar, estratégia, 45-46, 99, 101-03, 110, 125

Miserere (Allegri), 53

Mona Lisa (Leonardo), 69, 123, 130, 134, 136, 139, 144

Mondino de' Luzzi, 169, 170

Montalbano, 86, 88

Monte Rosa, 241

mortalidade, 249, 256, 261

moscas, 242

moto-perpétuo, 195-6

movimento, 257, 274, 203-21

Mozart, Wolfgang Amadeus, 52, 53, 54

mundo natural, 25, 269

Murray, Penelope, 54

músculos, 28, 32, 56, 60, 62, 96, 128, 132-3, 144, 176, 178, 179, 186, 191, 192, 193, 199, 207, 211, 245, 247, 253, 257, 258

Músculos do braço e ombro em visão rotacional, c. 1510 (Leonardo), 62

música, 28, 42, 54, 57, 65, 93, 98, 141, 191, 255

Napoleão I, imperador da França, 148

Nápoles, 68, 86, 99

National Gallery (London), 104, 123

nave voadora (Leonardo), 197, 198

nervo óptico, 31, 106, 244, 250, 251-4, 262

nervos auditivos, 254

nervos, cranianos, 252, 254, 255

neurociência, 52, 247, 253, 271

neurônios, 253, 260

Newton, Isaac, 15, 16, 51, 52, 53, 182, 198, 210, 220, 241, 262, 264, 270

Nuland, Sherwin, 79, 177, 202

números irracionais, 164

óculos, 120, 130, 248

Odoacro, rei, 283

odômetros, 177

olho, humano, 31, 208, 233, 245, 246, 249

ondas de luz, 32, 235

ondas, longitudinais, 240, 242

ondas sonoras, 240, 254

ondas, transversais, 240

ondulações na água, 236-39, 237, 238, 252

ontologia, 222

óptica, 31, 94, 97, 106, 109, 110, 138, 144, 149, 165, 223, 224, 229, 230, 232, 233-4, 235, 236, 237, 241, 244, 247, 249, 251, 262

Opticae Thesaurus (Alhazen), 229

óptica, geométrica, 31, 94, 110, 144, 223, 229, 230, 232, 235, 237

órbita ocular, 253

Orfeo, (Poliziano), 81

Orfeo (Poliziano), 81

Organização Mundial de Saúde, 80

oscilação, 242-43

Otomano, império, 120

Pacioli, Luca, 60, 113, 114, 116, 122, 134, 170, 209

padrões de Chladni, 243

Pádua, Itália, 71, 163

Palazzo Belvedere, 136, 137

Palazzo Pitti, 91

Palazzo Ruccellai, 91

Palazzo Vecchio, 47, 97, 126, 128

palco móvel, 81, 108

paleografia, 174, 290n

panoramas (paisagens), 116, 123, 190

papado, 123, 136

Paragão (Leonardo), 65, 70

paralelogramos, 212-13, 215

parâmetros, 176, 211

pássaros, 12, 26, 30, 32, 44, 45, 60, 88, 127, 128, 129, 143, 148, 158, 176, 187, 196, 198, 199, 223, 259-60, 265, 266, 268

Pasteur, Louis, 174

Pávia, Itália, 71, 86, 110, 111, 113, 134, 209, 223

Pávia, Universidade de, 110, 134, 223

Pazzi, conspiração de (1478), 99

Pecham, John, 229, 236

Pedretti, Carlo, 76, 174

Pedro, são, 108

percepção, 170, 173, 209, 211, 214, 217, 221, 222, 223, 228, 239, 240, 242, 244, 246, 247, 251, 253, 256, 259, 262

percussão, 242-3, 252, 253, 254, 262

perspectiva, 16, 29, 31, 35, 55, 58, 60, 63, 66, 73, 78, 94, 100, 103, 110, 112, 143, 144, 149, 155, 165, 190, 191, 204, 205, 217, 222, 223-4, 224, 226, 227, 228, 229, 231, 233, 234, 243, 244, 245, 253, 254, 259, 262, 265

perspectiva, aérea, 228

perspectiva da cor, 228

perspectiva do desaparecimento, 228

perspectiva, linear, 100, 223-4, 224, 226, 227, 228, 231

Perugino, Pietro, 68, 93, 99, 119

peso, 43, 72, 116, 122, 138, 183, 192-3, 195, 198

Petrarca, 105

pia-máter, 246

Picasso, Pablo, 48

Piero da Vinci, Ser (pai de Leonardo), 86, 90-2, 100, 126, 131

Piero della Francesca, 228

pietra serena, 91

pintura a óleo, 66, 68

pintura de painel, 103, 120

pirâmides, 128, 204-6, 205, 212-3, 215, 224, 225, 228, 234, 236, 237, 239, 243, 244, 262, 275

Pisa, 46, 47, 125, 126, 128

Pitágoras, 40, 161, 162, 170, 182
planador de Leonardo, 199
planadores, 199
planejamento urbanístico, 73, 79-80, 104-05, 145
planetas, 21, 108, 145, 160, 161, 162, 166, 233, 234, 271
Platão, 27, 40, 155, 160, 161, 162, 163, 164, 170, 178, 203, 248, 260
Plínio, o Velho, 167, 170
Plutão, 81
Poincaré, Henri, 30, 218
poliedro, 113
polimento de lentes, 229
política, 20, 45, 72, 82, 99, 101, 109, 115-6, 124, 134, 135, 161, 234
Poliziano, Angelo, 81
Pollaiolo, Antonio e Piero del, 96
Ponte Vecchio, 91
ponto de fuga, 223, 227
pontos focais, 229
Predis, Ambrogio e Evangelista, 103-4
prensas de azeitona, 97
Príncipe, O (Maquiavel), 124
princípio da necessidade, 220-21
prismas, 212
"problema de Alhazen", 229-30
produção da voz, 255
progressões aritméticas, 204, 205
progressões, matemáticas, 204-05, 224-25
projeto, 26, 46, 59, 70, 71, 72, 73-5, 76-80, 92, 93, 94, 97, 100, 102, 106, 107, 108, 109, 120, 124, 125, 128, 129, 134, 137, 140, 141, 145, 191, 194, 196, 198, 199, 219, 255, 265, 268, 269
Projeto Cidades Saudáveis na Europa, 80
projeto paisagístico, 73, 78-9, 129, 265
Projeto para o templo centralizado, c. 1488 (Leonardo), 77
projetos ecológicos (ecodesign), 35, 269
projetos paisagísticos, 52, 57–58, 112, 118–19, 262
proporção, 70, 113, 143, 183, 191, 192, 200, 205, 206, 243, 277
Ptolomeu, 164, 166, 170, 234, 248
pupilas, 31, 244, 246, 247-50

quadrados, 164, 206, 213, 220, 277-8
quadrívio, 57
quattrocento, 67, 69, 104, 228

Queen's Gallery, exibição, 16
quiasma óptico, 253

Rafael, 40, 43, 51, 68, 118, 136
raios de luz, 31, 222, 229, 230, 231, 234-5, 236, 241, 243, 248-9, 252, 262
Ravina com aves aquáticas, c. 1483 (Leonardo), 87
Rayleigh, John Strutt, Lord, 241
redemoinhos, 16, 60, 126, 139, 185, 187, 188, 211, 217, 230
reducionismo, 35
reflexão, lei da, 229-30
refração, 229, 241, 248
Regisole pose, 71
reino celestial, 162, 233
reino terrestre, 234
religião, 51, 154, 156
Renaissance Engineers from Brunelles chi to Leonardo da Vinci (Galluzzi), 265, 284n, 304
Renascença
  arte e arquitetura na, 29-30, 34-5, 57, 68, 73, 76, 78, 90-1, 145, 189-90, 192, 204
  engenharia na, 191-92, 193-96, 198
  exploração geográfica na, 158-59, 170
  "homem universal" na, 55-84, 136-37, 266-69
  humanismo na, 55-6, 153-59, 163-64, 167, 170-71, 175
  Idade Média comparada a, 51, 153-56, 159, 160-64, 169, 172, 186, 192, 195, 229, 236, 248, 270
  Leonardo como representante da, 16, 35, 40, 42, 49-52, 55-58, 74-75, 124, 145
  literatura na, 156-58
  matemática na, 204-06
  método científico da, 27, 35, 153-71, 172, 186, 192, 194-95, 229, 234, 236, 248, 262, 270
  período tardio da, 111
  perspectiva analisada na, 31, 66, 100, 110-11, 112, 144, 149, 165, 204, 205, 222, 223-29, 224, 232, 234, 243-4, 262-63
  situação política na, 72, 85-6, 109, 115-17, 123-25, 134-35, 140-41
Renascença italiana. Ver Renascença
representações tridimensionais, 65, 76-78, 209, 223, 244
reprodução, sexual, 178, 202
res cogitans (substância pensante), 257

res extensa (substância extensa), 257
resistência do ar, 196
ressonância, 104, 242
retábulos, 226
retângulos, 164, 212, 213, 214, 274, 277
retina, 249, 250, 252, 262
retratos, 18, 34, 39, 40, 42, 43, 48, 49, 74, 97, 108, 115, 119, 120, 144, 202, 207, 219, 247
Revolução Científica, 156, 175, 179, 183, 221, 262, 270
Revolução Francesa, 73
Richter, Irma, 34
Roberts, Jane, 100
Roma, 39, 43, 49, 54, 71, 85, 86, 94, 99, 100, 108, 136, 139, 140, 142, 156, 168, 175, 183, 196, 220
Romano, Império, 55-6, 153-54, 256
Romorantin, França, 145
rotação, 188, 193
Rubaiyat (Khayyam), 165
Rubens, Peter Paul, 47, 48
Rustici, Giovan Francesco, 131

Sabachnikoff, Theodore, 148
Sala delle Asse (Salão das tábuas de madeira), 82, 83, 115
Sala del Papa, 126
San Bernardo, capela, 97
San Donato, mosteiro, 100
San Francesco Grande, igreja, 103
sangue oxigenado, 78
Santa Maria del Fiore, catedral, 91, 94, 99
Santa Maria delle Grazie, igreja, 53, 111
Santa Maria Novella, convento, 126
Santa Maria Nuova, hospital, 96, 116, 133, 146
Santíssima Annunziata, convento, 122
Santo Spirito, hospital, 137
São Jerônimo (Leonardo), 96
São João Batista (Leonardo), 139, 140, 144
São João Batista pregando a um levita e a um fariseu (Rustici), 288n
Sarton, George, 164
Savonarola, Girolamo, 123
scientia (conhecimento), 57, 59, 172
scuole d'abaco ("escolas de ábaco"), 88
senso comune (senso comum), 254, 255, 256
sexualidade, 49, 140
Sforza, Bianca Maria, 71
Sforza, castelo, 71, 82
Sforza, Francesco, 71
Sforza, Ludovico, 70, 100, 101, 117, 123

Sforza, Maximiliano, 135, 141, 234
sfumato, técnica, 31, 32, 67, 68, 130, 208
Shakespeare, William, 52, 54
Signoria (Florença), 46, 47, 125, 126, 129
simbolismo, 68, 81, 82, 139, 141
sistema circulatório, 179, 184-85, 191, 200-01
sistemas abertos, 145
Sixto IV, papa, 99
Sol, 166, 190, 229, 232, 233, 235, 241, 248
solda, 94
sólidos platônicos, 113, 114
sombras, "derivadas", 231
sombras, "originais", 231
sombreado e sombras, 31, 66, 67, 130, 231, 232, 277, 278
Stanze di Rafaello, 136
Studium Generale, 154
Summa de aritmetica geometrica proportioni et proportionalità (Pacioli), 113

Taccone, Baldassare, 81
Tao da Física, O (Capra), 16
teatro, 81, 109
tecnologia, 12, 21, 35, 75, 93, 105, 125, 141, 153, 159
teleologia, 160
temas religiosos, 122, 140
têmpera, 114
temperatura do corpo, 201
Teofrasto, 167
teologia, 155, 156, 161
teoria da complexidade, 29, 76, 217
teoria da intromissão, 248
teoria de Gaia, 27
teoria dos quatro elementos, 160
teoria dos sistemas, 17
teoria ondulatória, 240, 242
terremotos, 240
tiburio (torre central), 107
Timeu (Platão), 160, 170
tímpanos, 242
tipografia, 156, 158
Tolstói, Leon, 43
Tomás de Aquino, são, 155, 156
topologia, 29, 128, 203, 217-8, 276
topologia, combinatória 276-77
topologia, geral, 276
toro, 217
torque, 193
Torre, Marcantonio della, 134-5, 170
transcrição, "crítica", 182

transcrição, "diplomática", 182

transcrições, manuscritos, 149, 180-2

transformações, contínuas, 211, 217, 219

transformações, geométricas, 130, 137, 144, 164, 209-21, *212, 216*, 273-79, *273, 275, 277, 278, 279*

tratados, 26, 31, 44, 55, 56, 60, 65, 71, 76, 84, 110, 111, 113, 130, 131, 132, 133, 134, 140, 144, 145, 147, 154, 158, 161, 163, 164, 165, 166, 167, 168, 169, 175, 180, 202, 220, 223, 229, 231, 245, 262, 263, 277

Tratado sobre Quantidade Contínua (Leonardo), 144, 277

Trattato della pittura (Leonardo), 26, 31, 44, 56, 65, 134, 144, 147, 175, 231, 245

tremores, 239, 252

triângulos, 204, 205, 212, 214, 220, 225, 236, 274, 275, 277

triângulos, isósceles, 205, 225

trigonometria, 166

trívio, 57

Trivulziana, biblioteca, 147

Trivulzio, marechal, 134, 147

trompetes, 94, 255

turbulência, 16, 28, 44, 96, 139, 178, 187, 188, 189, 191, 201, 207, 208, 217, 220, 221

Turbulências produzidas por uma prancha retangular c. 1509-11 (Leonardo), *189*

Ufizi, Galeria, *95, 96*

Última Ceia, A (Leonardo), 34, 52, 111-16, 227

unidades-padrão, 183

universal, homem (*uomo universale*), 55-9, 266

Urbino, duque de, 147

Urbino, Itália, 68, 107

Valla, Giorgio, 275

valores morais, 44-48, 99, 120, 123-25, 126, 131, 133-34, 137, 266

Vaprio, Itália, 130, 135, 146, 147

variáveis, 206, 209, 211, 224, 231

Vasari, Giorgio, 39, 40, 43, 44, 48, 49, 54, 67, 68, 70, 71, 74, 89, 90, 91, 96, 114, 122, 130, 131, 141, 147

vegetarianismo, 45, 266

veias, 60, 117, *118, 119*, 132, 185, 186

veias de água da Terra, As (rio Arno), c. 1504 (Leonardo), *118*

Veias do braço esquerdo, c. 1507-8 (Leonardo), *119*

velocidade, 124, 128, 177, 205, 206, 240, 241

Veneza, 68, 71, 86, 99, 113, 116, 120, 135, 156, 170

ventrículos cerebrais, 251, *252*, 255

Verrocchio, Andrea del, *41*, 42, 64, 68, 71, *75*, 90, 92-8, 131, 159, 229

vetor, análise, 220

Victoria and Albert Museum, 147

Vida dos Artistas (Vasari), 39-40

Villa Melzi, 135

Vinci, Itália, 53, 86-8, 90, 91, 97

viola organista, 255

Virgem do Rochedo, A (Leonardo), 66, 67, 68, 69, 103, 104, 108, 122, 223

Virgem Maria, 64, 66, 67, 68, 69, 100, 103, 104, 108, 117, *121*, 122, 130, 223

visão, 222, 223, 228, 229, 243-44, 245-54, *249*

visão binocular, 250

visão periférica, 250

Visconti, castelo, 110

viscosidade, 188, 196

vista explodida, 63, 194

volume, 211-13, 215, 218, 276, 279

vôo, 30, 32, 60, 109, 115, *127*, 128-29, 143, 148, 158, 187, 196, *197*, 198-99, *199, 200*, 210, 223, 259-60, 265-66, *268*, 292n, 301

vórtices, 139, 184, 187-9

vórtices espiralados, 187, 188

Weimar Blatt, *252*, 254

Whitman, Walt, 43

Windsor, coleção, 71, 78, *87*, 133, *137, 139*, 147, 178, *181, 184, 185, 189, 207, 219*, 235

Witelo de Silésia, 229

Wright, Orville e Wilbur, 199

yin e yang, princípio, 49

Zeus, 81